개념과 원리를 다지고
계산력을 키우는

왕수학

개념+연산

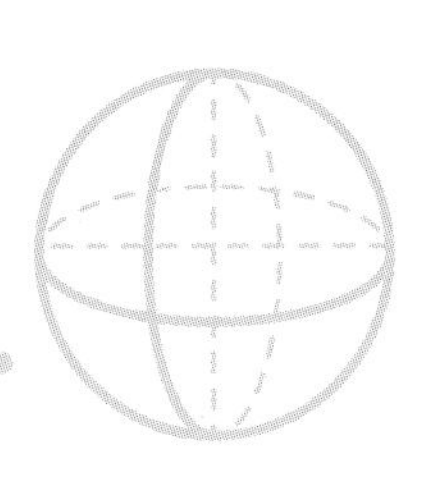

개념과 원리를 다지고
계산력을 키우는

왕수학

개념+연산

3-2

구성과 특징

왕수학의 특징

1. 왕수학 개념+연산 → 왕수학 기본 → 왕수학 실력 → 점프 왕수학 최상위 순으로 단계별 · 난이도별 학습이 가능합니다.
2. 개정교육과정 100% 반영하였습니다.
3. 기본 개념 정리와 개념을 익히는 기본문제를 수록하였습니다.
4. 문제 해결력을 키우는 다양한 창의사고력 문제를 수록하였습니다.
5. 논리력 향상을 위한 서술형 문제를 강화하였습니다.

STEP 3

원리척척

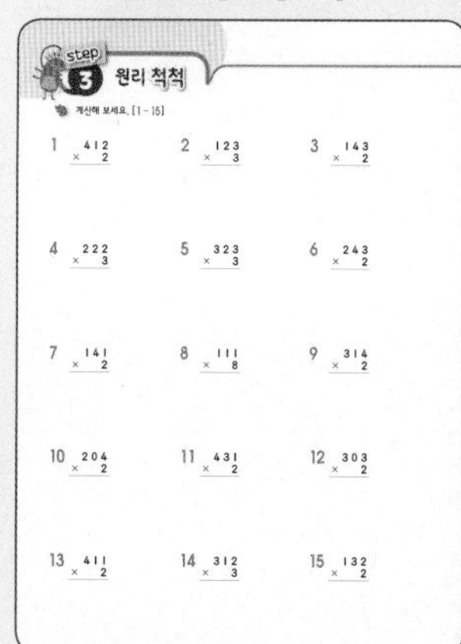

step 3 원리 척척

계산해 보세요. [1~15]

1 412×2　2 123×3　3 143×2

4 222×3　5 323×3　6 243×2

7 141×2　8 111×8　9 314×2

10 204×2　11 431×2　12 303×2

13 411×2　14 312×3　15 132×2

계산력 위주의 문제를 반복 연습하여 계산 능력을 향상 시킵니다.

STEP 2

원리탄탄

step 2 원리 탄탄

1 수 모형을 보고 □ 안에 알맞은 수를 써넣으세요.

$221 \times 3 = (200 \times 3) + (\square \times 3) + (\square \times \square)$

$221 \times 3 = \square + \square + \square = \square$

2 □ 안에 알맞은 수를 써넣으세요.

143×2: $100 \times 2 = \square$, $40 \times 2 = \square$, $3 \times 2 = \square$ → $\square$

3 계산해 보세요.

(1) 324×2　(2) 312×3

(3) 412×2　(4) 112×4

4 곱의 크기를 비교하여 ○ 안에 >, =, <를 알맞게 써넣으세요.

(1) 314×2 ○ 312×2　(2) 212×2 ○ 121×4

5 지우개가 한 상자에 223개씩 들어 있습니다. 3상자에 들어 있는 지우개는 모두 몇 개인가요?

식 ______　답 ______개

1. 일 모형 1개, 십모형 2개, 백 모형 2개를 3번씩 더해 준 것과 같습니다.

2. 각 자리의 곱을 구하고, 구한 곱의 합을 구합니다.

3. 일의 자리부터 차례로 계산합니다.

213×3: 9 ← (3×3), 30 ← (10×3), 600 ← (200×3), 639

기본 문제를 풀어 보면서 개념과 원리를 튼튼히 다집니다.

STEP 1

원리꼼꼼

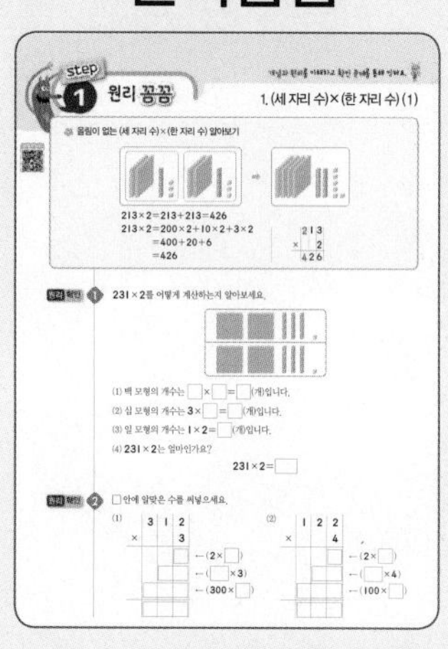

step 1 원리 꼼꼼　1. (세 자리 수)×(한 자리 수) (1)

올림이 없는 (세 자리 수)×(한 자리 수) 알아보기

$213 \times 2 = 213 + 213 = 426$

$213 \times 2 = 200 \times 2 + 10 \times 2 + 3 \times 2 = 400 + 20 + 6 = 426$

원리 확인 1 231×2를 어떻게 계산하는지 알아보세요.

(1) 백 모형의 개수는 □×□=□(개)입니다.

(2) 십 모형의 개수는 3×□=□(개)입니다.

(3) 일 모형의 개수는 1×2=□(개)입니다.

(4) 231×2는 얼마인가요? $231 \times 2 = \square$

원리 확인 2 □ 안에 알맞은 수를 써넣으세요.

(1) 312×3: ←(2×□), ←(□×3), ←(300×□)

(2) 122×4: ←(2×□), ←(□×4), ←(100×□)

교과서 개념과 원리를 각 주제별로 익히고 원리 확인 문제를 풀어보면서 개념을 이해합니다.

다음 단계로 고고!

왕수학 기본

STEP 4

유형콕콕

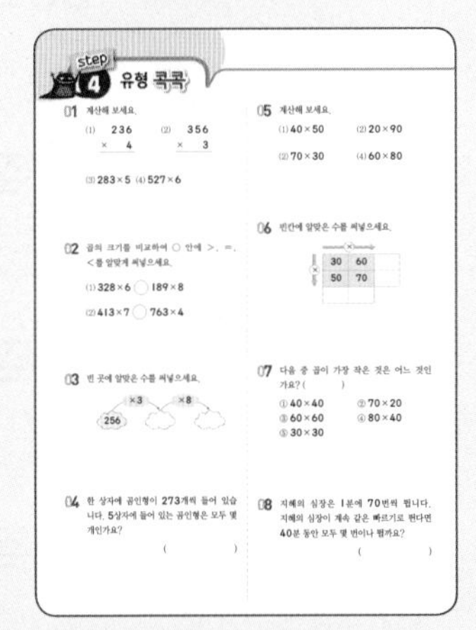

다양한 문제를 유형별로 풀어 보면서 실력을 키웁니다.

STEP 5

단원평가

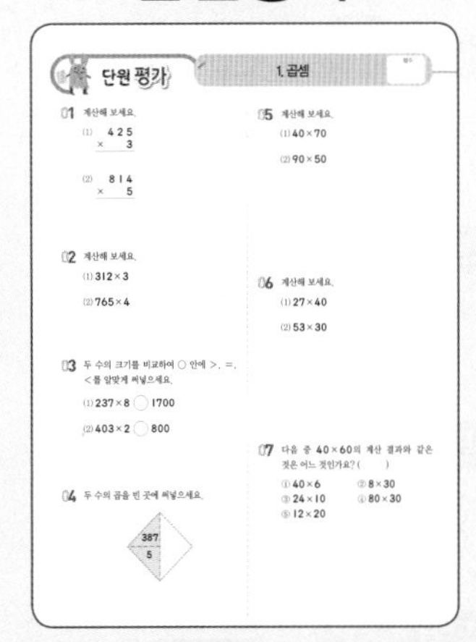

단원별 대표 문제를 풀어서 자신의 실력을 확인해 보고 학교 시험에 대비합니다.

차례 | Contents

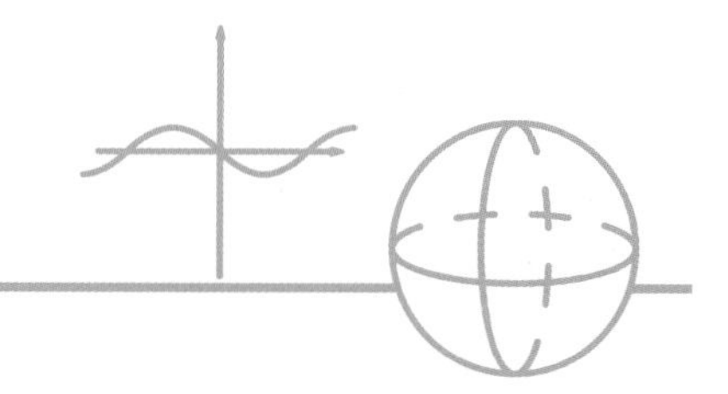

단원 1

곱셈

이번에 배울 내용

1 (세 자리 수)×(한 자리 수) (1)
2 (세 자리 수)×(한 자리 수) (2)
3 (몇십)×(몇십), (몇십몇)×(몇십)
4 (몇)×(몇십몇)
5 (몇십몇)×(몇십몇)
6 곱셈의 활용

이전에 배운 내용

- 묶어 세기, 몇의 몇 배, 곱셈식
- 곱셈구구
- (몇십몇)×(몇)

다음에 배울 내용

- (세 자리 수)×(두 자리 수)

1. (세 자리 수)×(한 자리 수) (1)

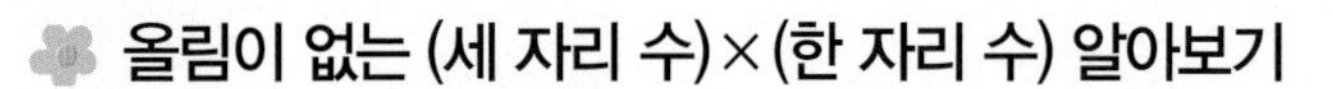

올림이 없는 (세 자리 수)×(한 자리 수) 알아보기

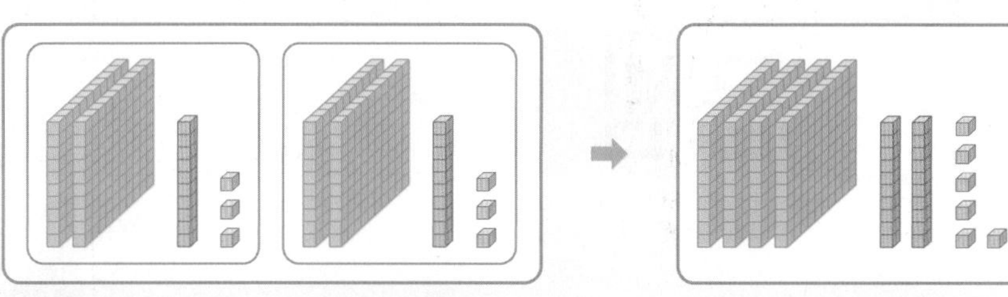

$213 \times 2 = 213 + 213 = 426$

$213 \times 2 = 200 \times 2 + 10 \times 2 + 3 \times 2$
$= 400 + 20 + 6$
$= 426$

$$\begin{array}{r} 213 \\ \times \quad 2 \\ \hline 426 \end{array}$$

원리 확인 1 231×2를 어떻게 계산하는지 알아보세요.

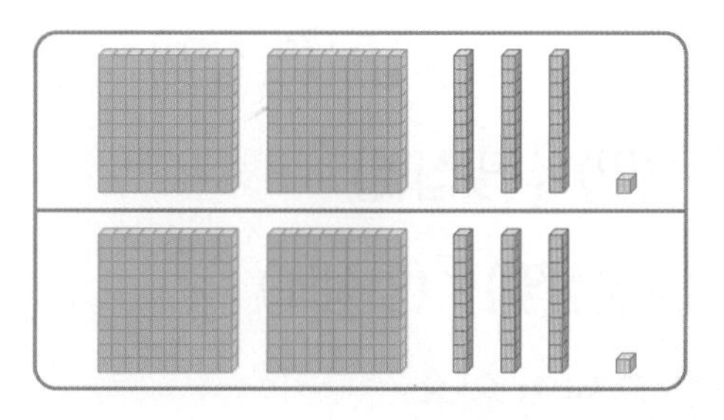

(1) 백 모형의 개수는 □×□=□(개)입니다.

(2) 십 모형의 개수는 3×□=□(개)입니다.

(3) 일 모형의 개수는 1×2=□(개)입니다.

(4) 231×2는 얼마인가요?

231×2=□

원리 확인 2 □ 안에 알맞은 수를 써넣으세요.

(1)

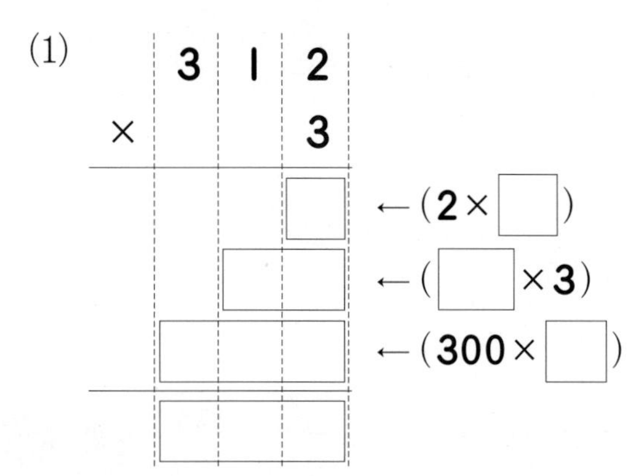

(2)

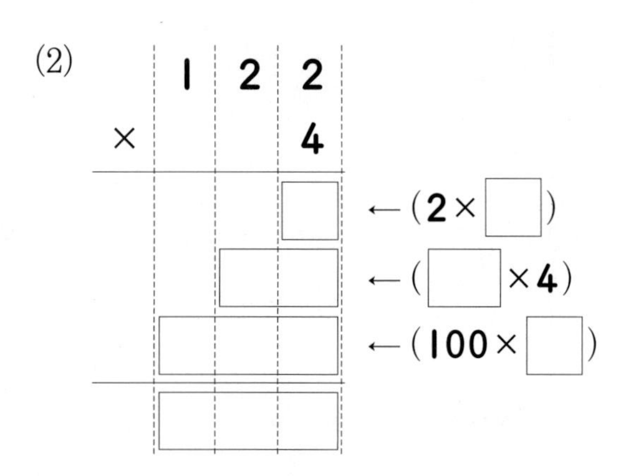

1단원

1 수 모형을 보고 □ 안에 알맞은 수를 써넣으세요.

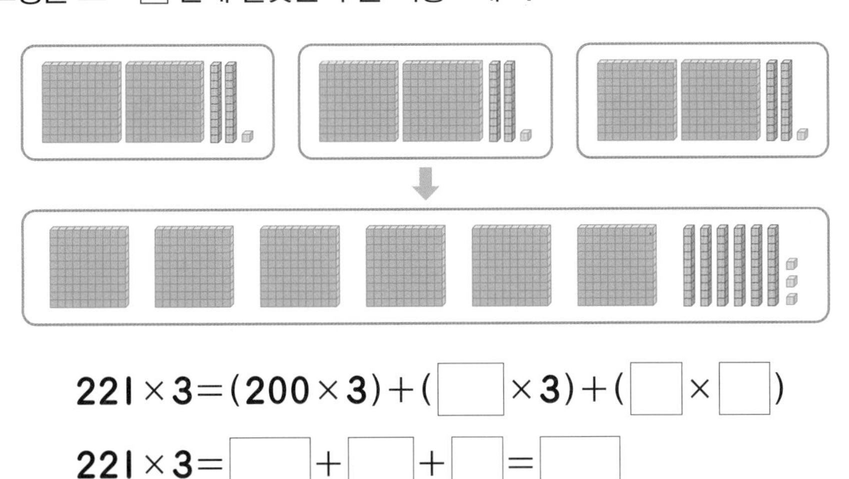

$221\times3=(200\times3)+(□\times3)+(□\times□)$

$221\times3=□+□+□=□$

2 □ 안에 알맞은 수를 써넣으세요.

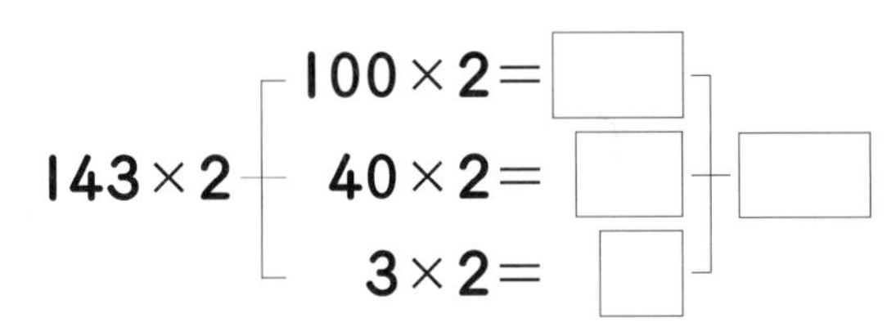

3 계산해 보세요.

(1) $\begin{array}{r} 324 \\ \times\ \ 2 \\ \hline \end{array}$

(2) $\begin{array}{r} 312 \\ \times\ \ 3 \\ \hline \end{array}$

(3) 412×2

(4) 112×4

4 곱의 크기를 비교하여 ○ 안에 >, =, <를 알맞게 써넣으세요.

(1) 314×2 ○ 312×2

(2) 212×2 ○ 121×4

5 지우개가 한 상자에 223개씩 들어 있습니다. 3상자에 들어 있는 지우개는 모두 몇 개인가요?

답 ________ 개

1. 일 모형 1개, 십모형 2개, 백 모형 2개를 3번씩 더해 준 것과 같습니다.

2. 각 자리의 곱을 구하고, 구한 곱의 합을 구합니다.

3. 일의 자리부터 차례로 계산합니다.

$\begin{array}{r} 213 \\ \times\ \ \ 3 \\ \hline 9 \\ 30 \\ 600 \\ \hline 639 \end{array}$ ← (3×3), ← (10×3), ← (200×3)

원리 척척

계산해 보세요. [1 ~ 15]

1 $\begin{array}{r} 412 \\ \times \quad 2 \\ \hline \end{array}$

2 $\begin{array}{r} 123 \\ \times \quad 3 \\ \hline \end{array}$

3 $\begin{array}{r} 143 \\ \times \quad 2 \\ \hline \end{array}$

4 $\begin{array}{r} 222 \\ \times \quad 3 \\ \hline \end{array}$

5 $\begin{array}{r} 323 \\ \times \quad 3 \\ \hline \end{array}$

6 $\begin{array}{r} 243 \\ \times \quad 2 \\ \hline \end{array}$

7 $\begin{array}{r} 141 \\ \times \quad 2 \\ \hline \end{array}$

8 $\begin{array}{r} 111 \\ \times \quad 8 \\ \hline \end{array}$

9 $\begin{array}{r} 314 \\ \times \quad 2 \\ \hline \end{array}$

10 $\begin{array}{r} 204 \\ \times \quad 2 \\ \hline \end{array}$

11 $\begin{array}{r} 431 \\ \times \quad 2 \\ \hline \end{array}$

12 $\begin{array}{r} 303 \\ \times \quad 2 \\ \hline \end{array}$

13 $\begin{array}{r} 411 \\ \times \quad 2 \\ \hline \end{array}$

14 $\begin{array}{r} 312 \\ \times \quad 3 \\ \hline \end{array}$

15 $\begin{array}{r} 132 \\ \times \quad 2 \\ \hline \end{array}$

계산해 보세요. [16~29]

16 221×4

17 403×2

18 133×3

19 124×2

20 234×2

21 214×2

22 103×2

23 231×3

24 310×3

25 113×3

26 242×2

27 321×2

28 302×3

29 122×4

step 1 원리 꼼꼼

2. (세 자리 수)×(한 자리 수) (2)

 올림이 있는 (세 자리 수)×(한 자리 수) 알아보기

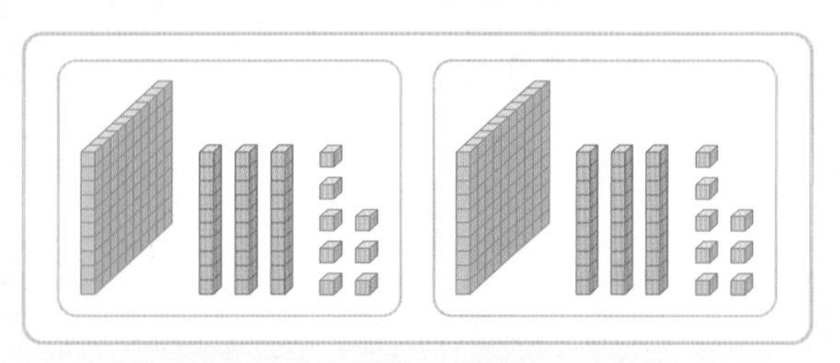

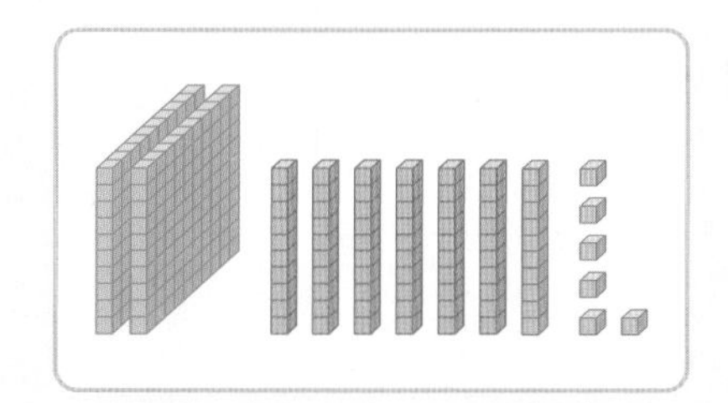

$138 \times 2 = 138 + 138 = 276$

$138 \times 2 = 100 \times 2 + 30 \times 2 + 8 \times 2$

$= 200 + 60 + 16$

$= 276$

$$\begin{array}{r} \overset{1}{1}38 \\ \times \quad 2 \\ \hline 276 \end{array}$$

원리 확인 1 254×3을 어떻게 계산하는지 알아보세요.

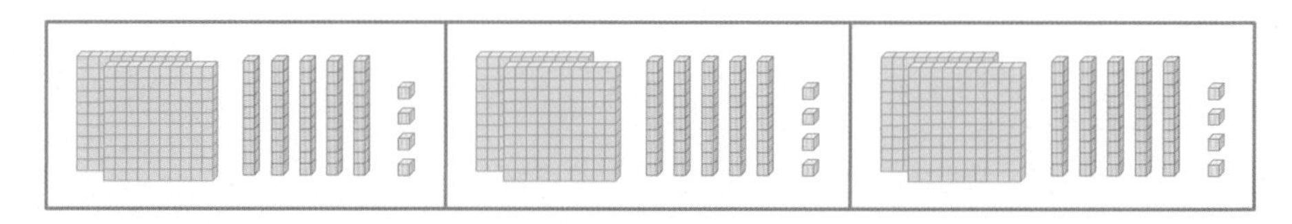

(1) 백 모형의 개수는 □×□=□(개)입니다.

(2) 십모형의 개수는 5×□=□(개)입니다.

(3) 일 모형의 개수는 4×3=□(개)입니다.

(4) 세로셈과 가로셈으로 각각 계산해 보세요.

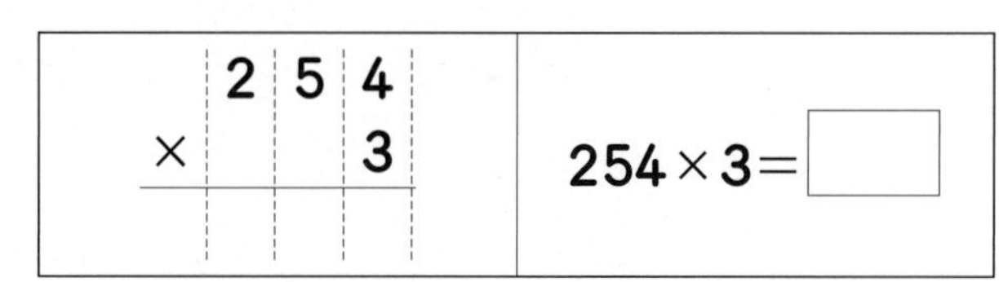

$$\begin{array}{r} 254 \\ \times \quad 3 \\ \hline \end{array}$$

254×3=□

원리 확인 2 □ 안에 알맞은 수를 써넣으세요.

(1)

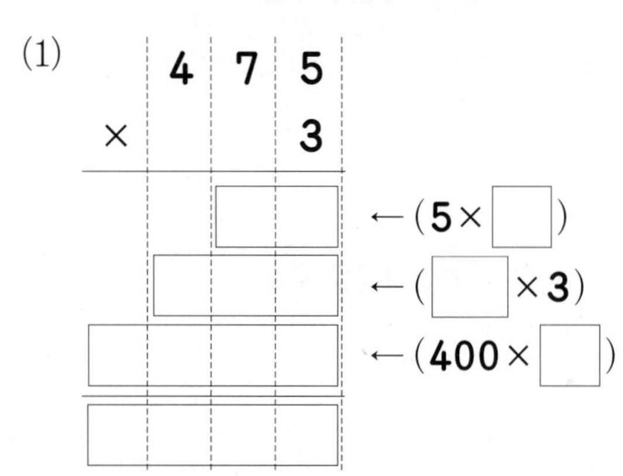

$$\begin{array}{r} 475 \\ \times \quad 3 \\ \hline \end{array}$$

□ ←(5×□)

□ ←(□×3)

□ ←(400×□)

□

(2)

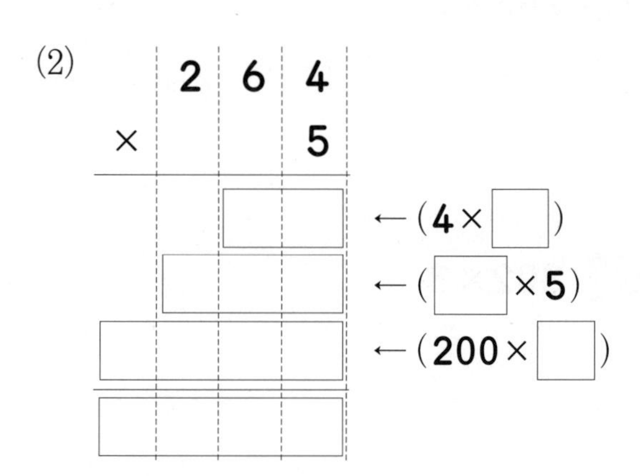

$$\begin{array}{r} 264 \\ \times \quad 5 \\ \hline \end{array}$$

□ ←(4×□)

□ ←(□×5)

□ ←(200×□)

□

1 □ 안에 알맞은 수를 써넣으세요.

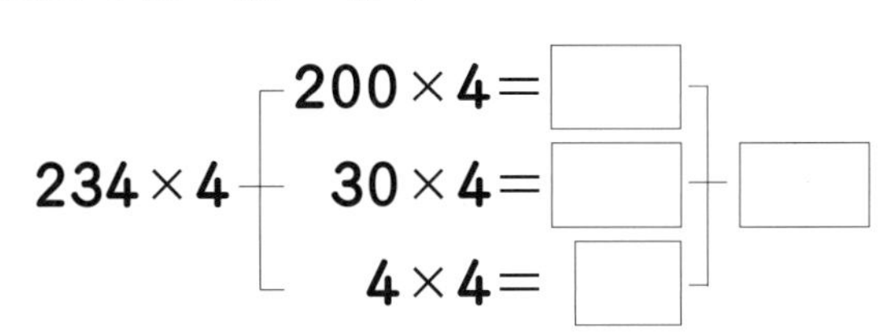

2 계산해 보세요.

(1) $\begin{array}{r} 357 \\ \times \quad 4 \\ \hline \end{array}$ (2) $\begin{array}{r} 586 \\ \times \quad 6 \\ \hline \end{array}$

(3) 375×5 (4) 653×8

2. 올림이 있는 곱셈에서는 올림한 수를 잊지 않도록 주의합니다.

3 다음을 간단히 계산하려고 합니다. 곱셈식으로 나타내고 답을 구해 보세요.

567+567+567+567+567+567+567

식 ______________  답 ______________

4 곱의 크기를 비교하여 ○ 안에 >, =, <를 알맞게 써넣으세요.

(1) 257×3 ○ 189×4 (2) 283×4 ○ 358×6

5 한 상자에 딸기가 235개씩 들어 있습니다. 6상자에 들어 있는 딸기는 모두 몇 개인가요?

  답 ______________개

원리 척척

계산해 보세요. [1 ~ 15]

1 $\begin{array}{r} 209 \\ \times \quad 3 \\ \hline \end{array}$

2 $\begin{array}{r} 127 \\ \times \quad 3 \\ \hline \end{array}$

3 $\begin{array}{r} 327 \\ \times \quad 2 \\ \hline \end{array}$

4 $\begin{array}{r} 148 \\ \times \quad 2 \\ \hline \end{array}$

5 $\begin{array}{r} 119 \\ \times \quad 5 \\ \hline \end{array}$

6 $\begin{array}{r} 207 \\ \times \quad 4 \\ \hline \end{array}$

7 $\begin{array}{r} 247 \\ \times \quad 2 \\ \hline \end{array}$

8 $\begin{array}{r} 318 \\ \times \quad 3 \\ \hline \end{array}$

9 $\begin{array}{r} 406 \\ \times \quad 2 \\ \hline \end{array}$

10 135×2

11 227×2

12 281×3

13 192×4

14 412×4

15 543×2

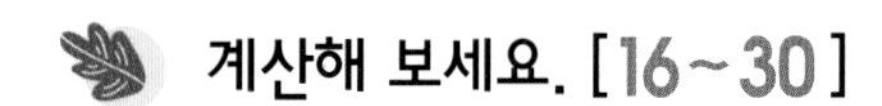

계산해 보세요. [16~30]

16 $\begin{array}{r} 847 \\ \times \quad 2 \\ \hline \end{array}$

17 $\begin{array}{r} 617 \\ \times \quad 4 \\ \hline \end{array}$

18 $\begin{array}{r} 736 \\ \times \quad 2 \\ \hline \end{array}$

19 $\begin{array}{r} 185 \\ \times \quad 4 \\ \hline \end{array}$

20 $\begin{array}{r} 296 \\ \times \quad 3 \\ \hline \end{array}$

21 $\begin{array}{r} 694 \\ \times \quad 2 \\ \hline \end{array}$

22 $\begin{array}{r} 531 \\ \times \quad 4 \\ \hline \end{array}$

23 $\begin{array}{r} 308 \\ \times \quad 9 \\ \hline \end{array}$

24 $\begin{array}{r} 174 \\ \times \quad 3 \\ \hline \end{array}$

25 154×5

26 213×6

27 377×5

28 425×3

29 782×3

30 387×8

원리 꼼꼼

3. (몇십)×(몇십), (몇십몇)×(몇십)

(몇십)×(몇십) 알아보기

$20 \times 30 = 600$

$20 \times 3 = 60$

20×3을 계산한 뒤 0을 곱의 뒤에 1개 더 붙여 줍니다.

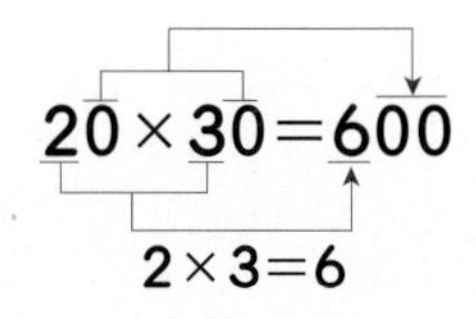

2×3=6을 계산한 뒤 0을 곱의 뒤에 2개 더 붙여 줍니다.

(몇십몇)×(몇십) 알아보기

$12 \times 10 = 120$

$12 \times 1 = 12$

12×1을 계산한 뒤 0을 곱의 뒤에 1개 더 붙여 줍니다.

$31 \times 40 = 1240$

$31 \times 4 = 124$

31×4를 계산한 뒤 0을 곱의 뒤에 1개 더 붙여 줍니다.

원리 확인 1 40×20을 어떻게 계산하는지 알아보려고 합니다. □ 안에 알맞은 수를 써넣으세요.

(1) 4×2=□이므로 40×2=□입니다.

(2) 40×20을 계산해 보세요.

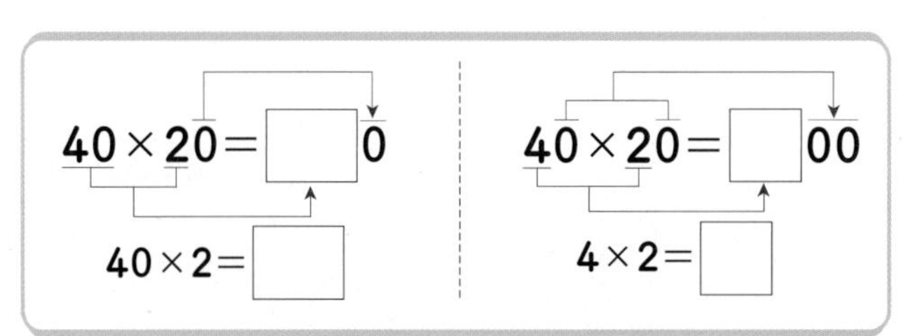

원리 확인 2 15×30을 어떻게 계산하는지 알아보려고 합니다. □ 안에 알맞은 수를 써넣으세요.

(1) 15×3=□이므로 15×30=□입니다.

(2) 15×30을 계산해 보세요.

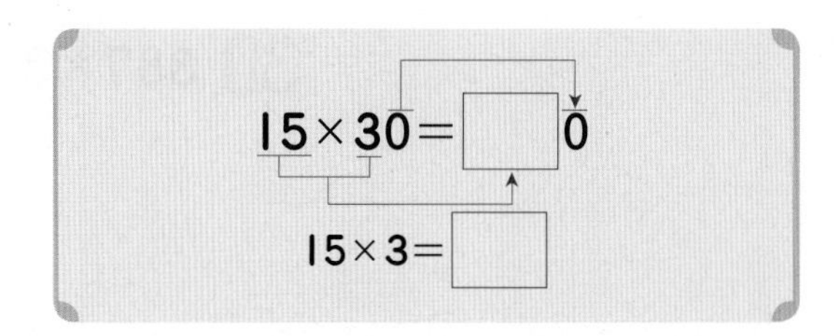

원리 탄탄

기본 문제를 통해 개념과 원리를 다져요.

1단원

1 □ 안에 알맞은 수를 써넣으세요.

(1) $4\times3=\square$

$40\times3=\square$

$40\times30=\square$

(2) $5\times7=\square$

$50\times7=\square$

$50\times70=\square$

2 □ 안에 알맞은 수를 써넣으세요.

(1)

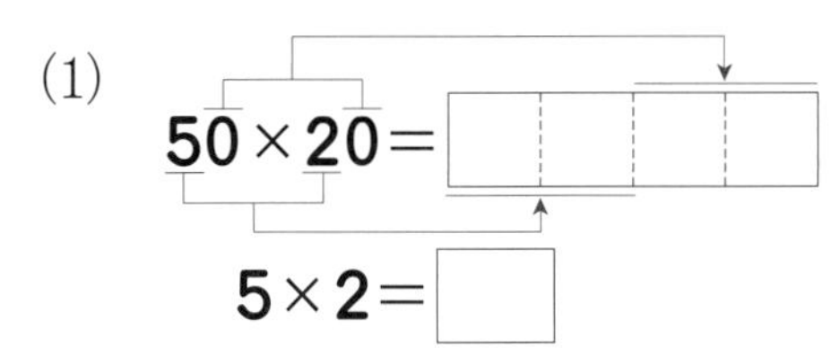

$5\times2=\square$

(2)

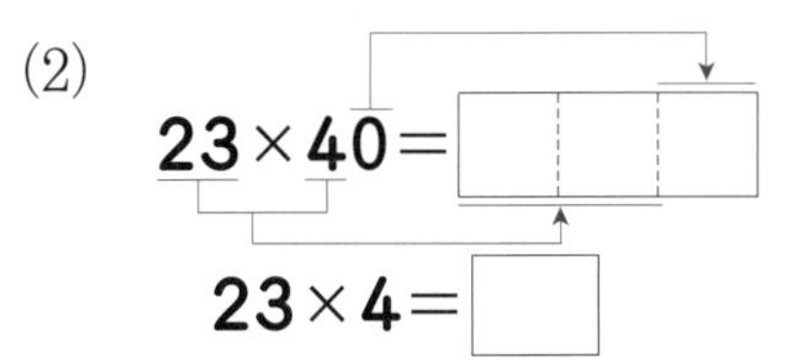

$23\times4=\square$

2. 0을 제외한 숫자끼리 곱한 후에 0의 개수만큼 0을 붙입니다.

3 계산해 보세요.

(1)

		6	0
×		3	0

(2)

		1	6
×		5	0

(3)

		4	0
×		7	0

(4)

		1	2
×		8	0

4 사과를 한 상자에 **57**개씩 넣어 **40**상자를 만들었습니다. 상자에 담긴 사과는 모두 몇 개인가요?

답 ____________ 개

원리 척척

 계산해 보세요. [1 ~ 15]

1 $\begin{array}{r} 20 \\ \times 30 \\ \hline \end{array}$

2 $\begin{array}{r} 40 \\ \times 50 \\ \hline \end{array}$

3 $\begin{array}{r} 20 \\ \times 70 \\ \hline \end{array}$

4 $\begin{array}{r} 30 \\ \times 30 \\ \hline \end{array}$

5 $\begin{array}{r} 40 \\ \times 20 \\ \hline \end{array}$

6 $\begin{array}{r} 70 \\ \times 30 \\ \hline \end{array}$

7 $\begin{array}{r} 90 \\ \times 80 \\ \hline \end{array}$

8 $\begin{array}{r} 60 \\ \times 80 \\ \hline \end{array}$

9 $\begin{array}{r} 50 \\ \times 50 \\ \hline \end{array}$

10 30×80

11 70×30

12 80×80

13 90×70

14 40×70

15 20×80

 계산해 보세요. [16~30]

16 $\begin{array}{r} 47 \\ \times 30 \\ \hline \end{array}$

17 $\begin{array}{r} 34 \\ \times 40 \\ \hline \end{array}$

18 $\begin{array}{r} 67 \\ \times 20 \\ \hline \end{array}$

19 $\begin{array}{r} 54 \\ \times 60 \\ \hline \end{array}$

20 $\begin{array}{r} 28 \\ \times 90 \\ \hline \end{array}$

21 $\begin{array}{r} 33 \\ \times 50 \\ \hline \end{array}$

22 $\begin{array}{r} 17 \\ \times 80 \\ \hline \end{array}$

23 $\begin{array}{r} 74 \\ \times 30 \\ \hline \end{array}$

24 $\begin{array}{r} 92 \\ \times 20 \\ \hline \end{array}$

25 48×40

26 72×30

27 64×30

28 78×40

29 85×20

30 27×50

원리 꼼꼼

4. (몇)×(몇십몇)

(몇)×(몇십몇) 알아보기

(몇)×(몇십몇)의 계산은 (몇)×(몇)과 (몇)×(몇십)으로 나누어서 곱한 후 두 곱을 더합니다.

$$\begin{array}{r} 4 \\ \times\ 15 \\ \hline \end{array} \Rightarrow \begin{array}{r} 4 \\ \times\ 15 \\ \hline 20 \end{array} \Rightarrow \begin{array}{r} 4 \\ \times\ 15 \\ \hline 20 \\ 40 \end{array} \Rightarrow \begin{array}{r} 4 \\ \times\ 15 \\ \hline 20 \\ 40 \\ \hline 60 \end{array}$$

원리 확인 

5×14를 어떻게 계산하는지 모눈종이로 알아보려고 합니다. 물음에 답하세요.

(1) 노란색으로 색칠된 모눈의 수를 곱셈식으로 써 보세요.

(2) 빨간색으로 색칠된 모눈의 수를 곱셈식으로 써 보세요.

식 ______________________

(3) **5×14**는 얼마인가요?

(　　　　　　)

6×23을 계산하려고 합니다. □ 안에 알맞은 수를 써넣으세요.

(1)

6×23 ─ 6×3=□ ─┐
　　　 └ 6×20=□ ─┴ □

(2)

$$\begin{array}{r} 6 \\ \times\ 23 \\ \hline \end{array} \Rightarrow \begin{array}{r} 6 \\ \times\ 23 \\ \hline \square \end{array} \Rightarrow \begin{array}{r} 6 \\ \times\ 23 \\ \hline \square \\ \square \end{array} \Rightarrow \begin{array}{r} 6 \\ \times\ 23 \\ \hline \square \\ \square \\ \hline \square \end{array}$$

원리 탄탄

기본 문제를 통해 개념과 원리를 다져요.

1 보기 와 같이 □ 안에 알맞은 수를 써넣으세요.

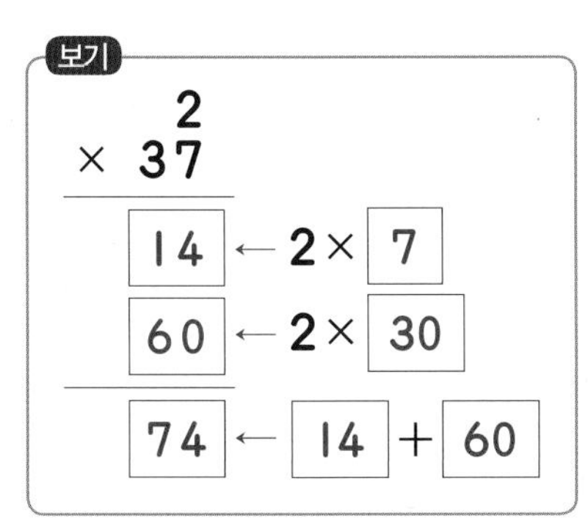

$$\begin{array}{r} 4 \\ \times\ 56 \\ \hline \square \leftarrow 4\times\square \\ \square \leftarrow 4\times\square \\ \hline \square \leftarrow \square + \square \end{array}$$

2 □ 안에 알맞은 수를 써넣으세요.

$$3\times28=(3\times8)+(3\times\square)=\square+\square=\square$$

3 □ 안에 알맞은 수를 써넣으세요.

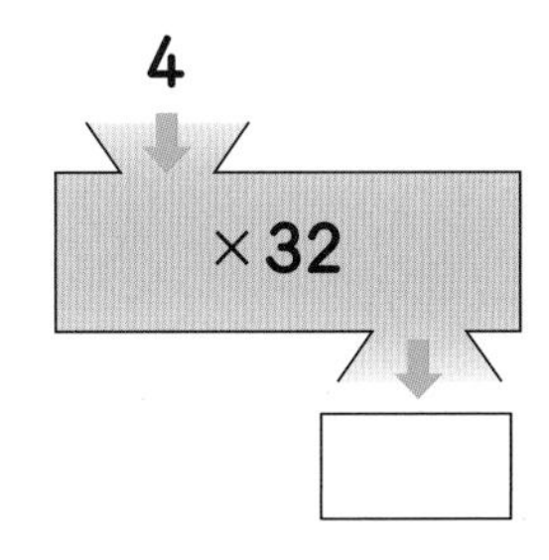

4 빈 곳에 알맞은 수를 써넣으세요.

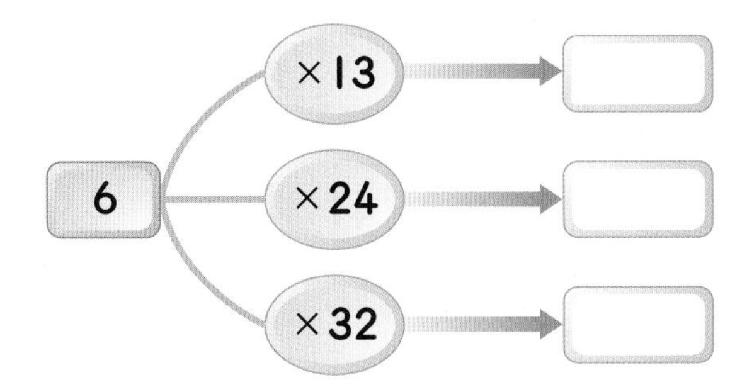

5 배가 한 상자에 6개씩 들어 있습니다. 26상자에 들어 있는 배는 모두 몇 개인가요?

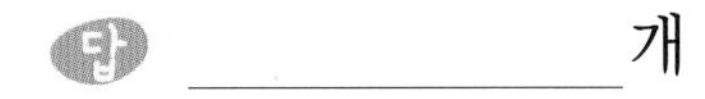

개

1. 56=50+6이므로 4×56의 값은 4×50, 4×6의 값을 더한 것과 같습니다.

1 단원

원리 척척

계산해 보세요. [1 ~ 15]

1 $\begin{array}{r} 5 \\ \times 21 \\ \hline \end{array}$

2 $\begin{array}{r} 6 \\ \times 14 \\ \hline \end{array}$

3 $\begin{array}{r} 3 \\ \times 42 \\ \hline \end{array}$

4 $\begin{array}{r} 4 \\ \times 72 \\ \hline \end{array}$

5 $\begin{array}{r} 4 \\ \times 23 \\ \hline \end{array}$

6 $\begin{array}{r} 5 \\ \times 12 \\ \hline \end{array}$

7 $\begin{array}{r} 8 \\ \times 12 \\ \hline \end{array}$

8 $\begin{array}{r} 4 \\ \times 17 \\ \hline \end{array}$

9 $\begin{array}{r} 3 \\ \times 63 \\ \hline \end{array}$

10 4×18

11 3×27

12 6×21

13 8×41

14 7×12

15 4×32

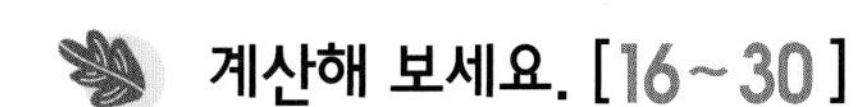

계산해 보세요. [16~30]

16 $\begin{array}{r} 4 \\ \times 63 \\ \hline \end{array}$

17 $\begin{array}{r} 6 \\ \times 37 \\ \hline \end{array}$

18 $\begin{array}{r} 5 \\ \times 47 \\ \hline \end{array}$

19 $\begin{array}{r} 6 \\ \times 36 \\ \hline \end{array}$

20 $\begin{array}{r} 8 \\ \times 42 \\ \hline \end{array}$

21 $\begin{array}{r} 7 \\ \times 35 \\ \hline \end{array}$

22 $\begin{array}{r} 9 \\ \times 22 \\ \hline \end{array}$

23 $\begin{array}{r} 8 \\ \times 42 \\ \hline \end{array}$

24 $\begin{array}{r} 3 \\ \times 77 \\ \hline \end{array}$

25 5×32

26 8×24

27 2×67

28 5×28

29 4×35

30 8×26

step 1 원리 꼼꼼

5. (몇십몇)×(몇십몇)

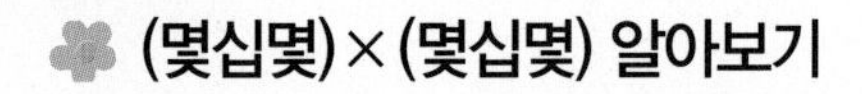

(몇십몇)×(몇십몇) 알아보기

23×34 ─ $23\times30=690$, $23\times4=92$ ─ 782

$$\begin{array}{r} 23 \\ \times\ 34 \\ \hline 92 \\ 690 \\ \hline 782 \end{array}$$

92 ← (23×4)
690 ← (23×30)

- 23×34를 계산할 때에는 23×4와 23×30을 각각 구한 뒤 더합니다.
- 올림이 있을 때에는 올림한 수를 윗자리의 곱에 더합니다.

원리 확인 1

모눈종이를 보고 25×18을 어떻게 계산하는지 알아보려고 합니다. □ 안에 알맞은 수를 써넣으세요.

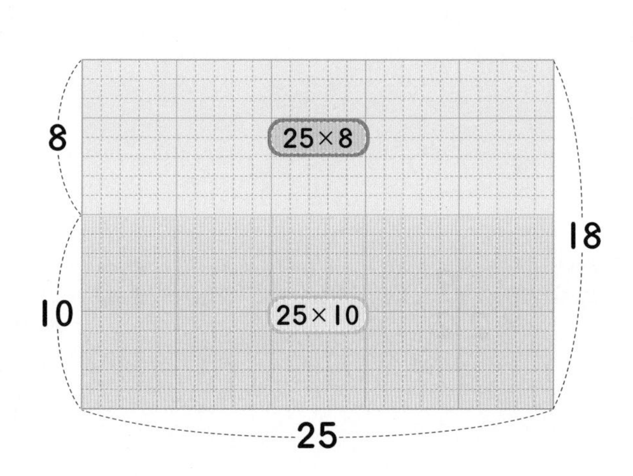

(1) 모눈 25칸씩 10줄은
25×10=□입니다.

(2) 모눈 25칸씩 8줄은
25×8=□입니다.

(3) 25×18=25×□+25×□
=□+□
=□

원리 확인 2

□ 안에 알맞은 수를 써넣으세요.

(1)

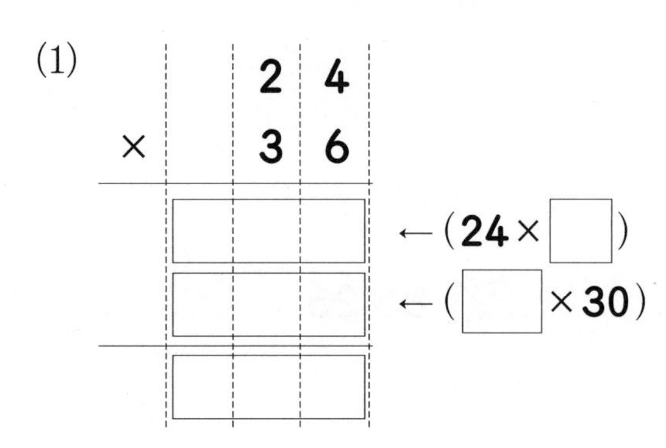

(2)

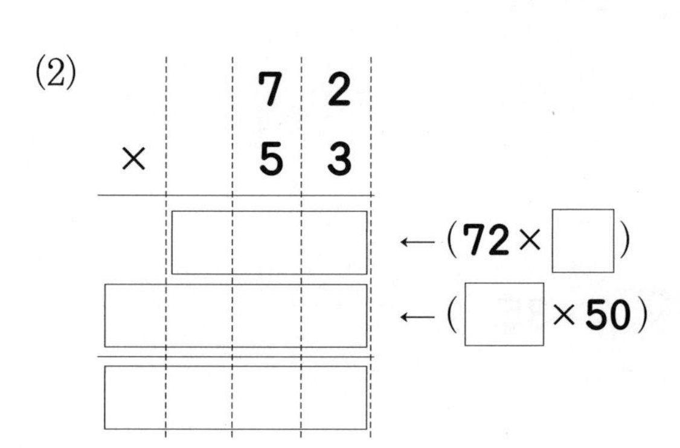

원리 탄탄

1 □ 안에 알맞은 수를 써넣으세요.

$$13\times23=(13\times3)+(13\times\square)$$
$$=\square+\square$$
$$=\square$$

> **1.** (몇십몇)×(몇십몇)의 계산
> ➡ (몇십몇)×(몇)의 곱과 (몇십몇)×(몇십)의 곱을 구해 더합니다.

2 계산해 보세요.

(1)
$$\begin{array}{r} 37 \\ \times\ 24 \\ \hline \end{array}$$

(2)
$$\begin{array}{r} 54 \\ \times\ 36 \\ \hline \end{array}$$

> **2.** 올림이 있는 곱셈에서는 올림한 수를 윗자리의 곱에 반드시 더합니다.

3 빈칸에 알맞은 수를 써넣으세요.

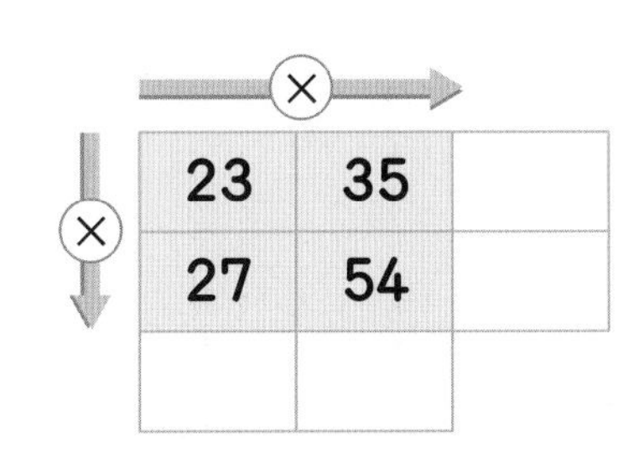

23	35	
27	54	

4 곱의 크기를 비교하여 ○ 안에 >, =, <를 알맞게 써넣으세요.

(1) 32×53 ○ 74×25　　(2) 61×37 ○ 82×26

> **4.** 곱셈을 한 후 두 수의 크기를 비교합니다.

5 도토리 줍기 체험학습에서 27명의 학생이 각각 35개씩 도토리를 주웠습니다. 학생들이 주운 도토리는 모두 몇 개인가요?

식 ______________________　 ____________개

원리 척척

계산해 보세요. [1 ~ 15]

1 $\begin{array}{r} 24 \\ \times 23 \\ \hline \end{array}$

2 $\begin{array}{r} 72 \\ \times 15 \\ \hline \end{array}$

3 $\begin{array}{r} 64 \\ \times 16 \\ \hline \end{array}$

4 $\begin{array}{r} 19 \\ \times 12 \\ \hline \end{array}$

5 $\begin{array}{r} 12 \\ \times 84 \\ \hline \end{array}$

6 $\begin{array}{r} 21 \\ \times 73 \\ \hline \end{array}$

7 $\begin{array}{r} 23 \\ \times 52 \\ \hline \end{array}$

8 $\begin{array}{r} 18 \\ \times 51 \\ \hline \end{array}$

9 $\begin{array}{r} 14 \\ \times 29 \\ \hline \end{array}$

10 16×13

11 74×12

12 24×25

13 15×31

14 42×41

15 43×13

 계산해 보세요. [16~30]

16 $\begin{array}{r} 18 \\ \times 83 \\ \hline \end{array}$

17 $\begin{array}{r} 45 \\ \times 35 \\ \hline \end{array}$

18 $\begin{array}{r} 47 \\ \times 52 \\ \hline \end{array}$

19 $\begin{array}{r} 64 \\ \times 38 \\ \hline \end{array}$

20 $\begin{array}{r} 72 \\ \times 86 \\ \hline \end{array}$

21 $\begin{array}{r} 74 \\ \times 48 \\ \hline \end{array}$

22 $\begin{array}{r} 53 \\ \times 27 \\ \hline \end{array}$

23 $\begin{array}{r} 38 \\ \times 42 \\ \hline \end{array}$

24 $\begin{array}{r} 83 \\ \times 19 \\ \hline \end{array}$

25 34×56

26 73×26

27 43×37

28 82×28

29 42×74

30 57×25

원리 꼼꼼

6. 곱셈의 활용

호두가 한 상자에 **256**개씩 들어 있습니다. **3**상자에 들어 있는 호두는 모두 몇 개인가요?

① 구하려고 하는 것이 무엇인지 알아봅니다.
➡ **3**상자에 들어 있는 호두의 수
② 주어진 조건을 알아봅니다.
➡ 한 상자에 **256**개씩 **3**상자
③ 식을 만듭니다.
➡ $256 \times 3 = 768$
④ 답을 구합니다.
➡ **768**개

장난감을 하루에 **80**개씩 만드는 기계가 있습니다. **30**일 동안에는 장난감을 모두 몇 개 만들 수 있는지 알아보세요.

(1) 구하려고 하는 것은 **30**일 동안에 만들 수 있는 ☐입니다.

(2) 장난감을 하루에 ☐개씩 만들 수 있습니다.

(3) 장난감을 ☐일 동안 만듭니다.

(4) 식을 만들면 ☐ × ☐ = ☐입니다.

(5) 장난감은 모두 ☐개 만들 수 있습니다.

학생들이 한 줄에 **12**명씩 **35**줄로 서 있습니다. 서 있는 학생들은 모두 몇 명인지 알아보세요.

(1) 구하려고 하는 것은 ☐입니다.

(2) 학생들이 한 줄에 ☐명씩 서 있습니다.

(3) 학생들이 ☐줄로 서 있습니다.

(4) 식을 만들면 ☐ × ☐ = ☐입니다.

(5) 서 있는 학생들은 모두 ☐명입니다.

step 2 원리 탄탄

기본 문제를 통해 개념과 원리를 다져요.

1 동화책이 한 줄에 140권씩 5줄 꽂혀 있습니다. 동화책은 모두 몇 권인지 알아보려고 합니다. □ 안에 알맞은 수를 써넣으세요.

(1) 구하려고 하는 것: □줄에 꽂혀 있는 동화책의 수

(2) 주어진 조건: □줄에 꽂혀 있는 동화책의 수

(3) 식: □ $\times$ 5 = □

(4) 동화책은 모두 □ 권입니다.

2 지혜는 하루에 줄넘기를 130번씩 합니다. 4일 동안에는 줄넘기를 모두 몇 번 하게 되나요?

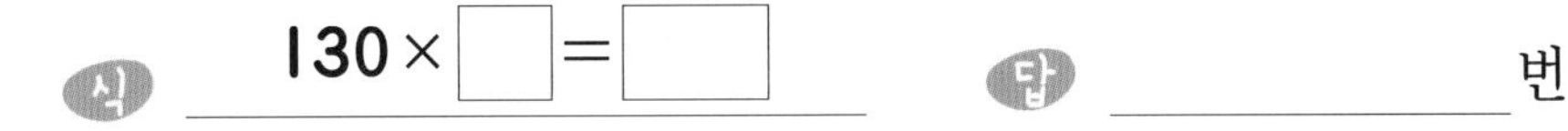

식 130 $\times$ □ = □ 답 ________ 번

3 운동장에 학생들이 한 줄에 30명씩 20줄로 서 있습니다. 운동장에 서 있는 학생은 모두 몇 명인가요?

식 30 $\times$ □ = □ 답 ________ 명

4 버스 한 대에는 45명이 탈 수 있습니다. 버스 28대에는 모두 몇 명이 탈 수 있나요?

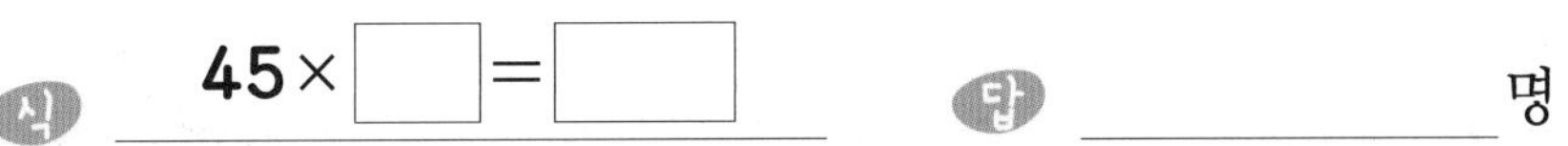

식 45 $\times$ □ = □ 답 ________ 명

4. $45 \times 28 = 90 \times 14$ (45 $\times$ 2 → 90, 28 $\div$ 2 → 14)

1 한별이가 다니는 초등학교에는 한 학년의 학생이 **124**명씩 있습니다. 한별이네 학교의 전체 학생 수는 모두 몇 명인가요?

식 ______________________ 답 __________ 명

2 지혜는 하루에 책을 **98**쪽씩 읽었습니다. **8**일 동안에는 책을 모두 몇 쪽 읽었나요?

식 ______________________ 답 __________ 쪽

3 계란 한 판에는 계란이 **30**개 들어 있습니다. 계란 **40**판에는 모두 몇 개의 계란이 들어 있나요?

식 ______________________ 답 __________ 개

4 사탕이 한 봉지에 **27**개씩 들어 있습니다. **40**봉지에 들어 있는 사탕은 모두 몇 개인가요?

식 ______________________ 답 __________ 개

5 한 상자에 구슬이 **33**개씩 들어 있습니다. 모두 **24**상자가 있다면, 구슬은 모두 몇 개인가요?

식 ______________________ 답 __________ 개

6 한 개의 주머니에 구슬이 **246**개씩 들어 있습니다. **3**개의 주머니에 들어 있는 구슬은 모두 몇 개인가요?

식 ______________________ 답 __________ 개

7 석기는 줄넘기를 매일 **134**번씩 했습니다. 석기가 **5**일 동안 줄넘기를 모두 몇 번 했나요?

식 ______________________ 답 __________ 번

8 어느 초콜릿 공장에서는 한 시간에 초콜릿을 **423**개씩 만든다고 합니다. 이 공장에서는 **4**시간 동안 모두 몇 개의 초콜릿을 만들 수 있나요?

식 ______________________ 답 __________ 개

9 버스 한 대에 **40**명씩 탈 수 있습니다. 버스 **25**대에는 모두 몇 명이 탈 수 있나요?

식 ______________________ 답 __________ 명

10 예슬이는 놀이공원에 가서 줄을 섰습니다. 줄을 선 사람을 세어 보니 한 줄에 **15**명씩 **20**줄이었습니다. 줄을 선 사람은 모두 몇 명인가요?

식 ______________________ 답 __________ 명

11 도화지 한 장에 별을 **16**개씩 그린다면 도화지 **24**장에는 별을 모두 몇 개 그릴 수 있나요?

식 ______________________ 답 __________ 개

12 상연이는 길이가 **31** mm인 종이테이프 **28**장을 그림과 같이 겹치지 않게 이어 붙였습니다. 이어 붙인 종이테이프의 전체 길이는 몇 mm인가요?

31 mm …

식 ______________________ 답 __________ mm

step 4 유형 콕콕

01 계산해 보세요.

(1)
$$\begin{array}{r} 236 \\ \times \quad 4 \\ \hline \end{array}$$

(2)
$$\begin{array}{r} 356 \\ \times \quad 3 \\ \hline \end{array}$$

(3) 283×5 (4) 527×6

02 곱의 크기를 비교하여 ○ 안에 >, =, <를 알맞게 써넣으세요.

(1) 328×6 ○ 189×8

(2) 413×7 ○ 763×4

03 빈 곳에 알맞은 수를 써넣으세요.

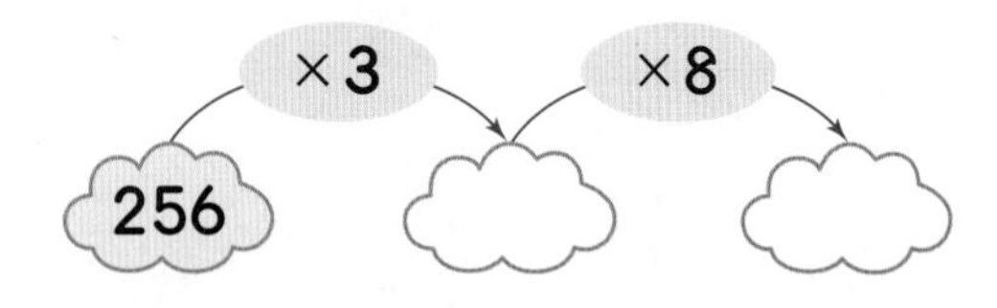

04 한 상자에 곰인형이 **273**개씩 들어 있습니다. **5**상자에 들어 있는 곰인형은 모두 몇 개인가요?

(　　　　　　)

05 계산해 보세요.

(1) 40×50 (2) 20×90

(2) 70×30 (4) 60×80

06 빈칸에 알맞은 수를 써넣으세요.

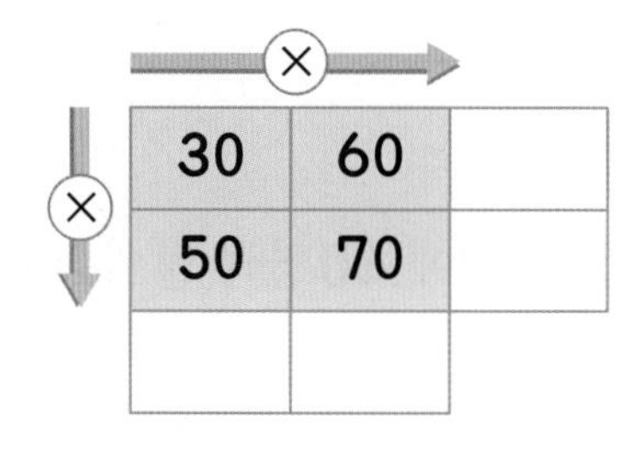

07 다음 중 곱이 가장 작은 것은 어느 것인가요? (　　　　)

① 40×40 ② 70×20
③ 60×60 ④ 80×40
⑤ 30×30

08 지혜의 심장은 **1**분에 **70**번씩 뜁니다. 지혜의 심장이 계속 같은 빠르기로 뛴다면 **40**분 동안 모두 몇 번이나 뛸까요?

(　　　　　　)

09 계산해 보세요.

(1) $\begin{array}{r} 23 \\ \times 30 \\ \hline \end{array}$ (2) $\begin{array}{r} 5 \\ \times 66 \\ \hline \end{array}$

(3) 56×60 (4) 7×83

10 빈칸에 알맞은 수를 써넣으세요.

23	×40	920
45		
57		
86		

11 곱이 가장 작은 것부터 차례대로 기호를 써 보세요.

㉠ 39×70 ㉡ 73×20
㉢ 56×80 ㉣ 47×50

( )

12 꽃 한 송이를 만드는 데 색 테이프 **46** cm가 필요합니다. 꽃 **50**송이를 만들려면 색 테이프가 몇 cm 필요한가요?

( )

13 계산해 보세요.

(1) $\begin{array}{r} 58 \\ \times 29 \\ \hline \end{array}$ (2) $\begin{array}{r} 48 \\ \times 65 \\ \hline \end{array}$

(3) 37×54 (4) 81×47

14 가장 큰 수와 가장 작은 수의 곱을 구해 보세요.

47, 39, 18

( )

15 곱이 같은 것끼리 선으로 이어 보세요.

54×12 • • 72×49

56×63 • • 45×10

18×25 • • 24×27

16 색종이가 한 묶음에 **25**장씩 있습니다. 색종이 **67**묶음은 모두 몇 장인가요?

( )

점수

01 계산해 보세요.

(1)
$$\begin{array}{r} 4\,2\,5 \\ \times \quad 3 \\ \hline \end{array}$$

(2)
$$\begin{array}{r} 8\,1\,4 \\ \times \quad 5 \\ \hline \end{array}$$

02 계산해 보세요.

(1) 312×3

(2) 765×4

03 두 수의 크기를 비교하여 ○ 안에 >, =, <를 알맞게 써넣으세요.

(1) 237×8 ○ 1700

(2) 403×2 ○ 800

04 두 수의 곱을 빈 곳에 써넣으세요.

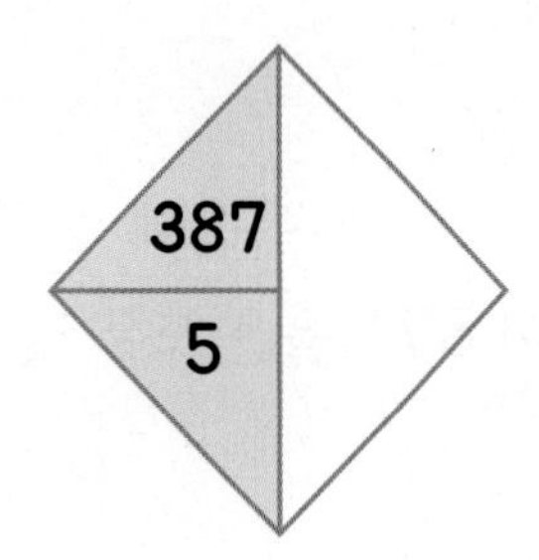

05 계산해 보세요.

(1) 40×70

(2) 90×50

06 계산해 보세요.

(1) 27×40

(2) 53×30

07 다음 중 40×60의 계산 결과와 같은 것은 어느 것인가요? (　　　)

① 40×6　② 8×30

③ 24×10　④ 80×30

⑤ 12×20

1 단원

08 □ 안에 알맞은 수를 써넣으세요.

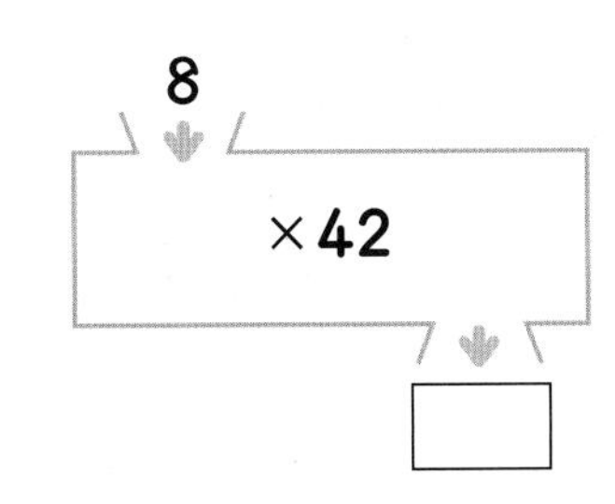

09 계산해 보세요.

(1)
$$\begin{array}{r} 4\,8 \\ \times\,5\,4 \\ \hline \end{array}$$

(2)
$$\begin{array}{r} 7\,2 \\ \times\,5\,6 \\ \hline \end{array}$$

10 계산해 보세요.

(1) 29×18

(2) 62×39

11 두 수의 곱을 빈 곳에 써넣으세요.

(1)

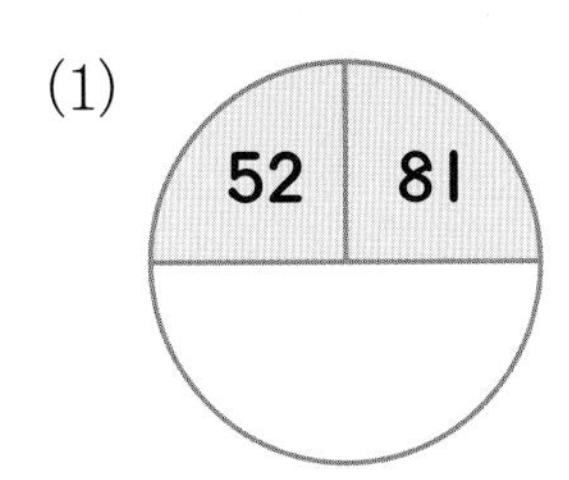

(2)

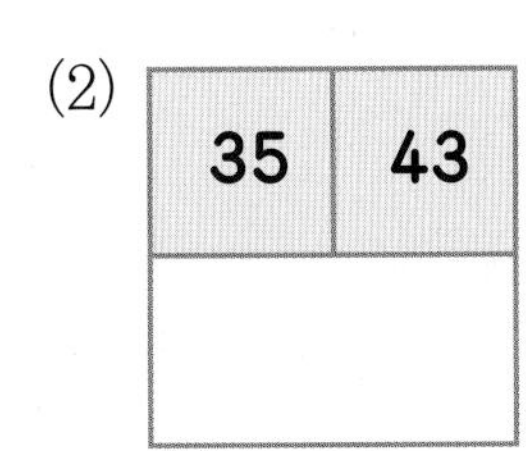

12 계산 결과를 비교하여 ○ 안에 >, =, <를 알맞게 써넣으세요.

42×18 ○ 24×32

13 같은 것끼리 선으로 이어 보세요.

23×61 •	• 1188
44×27 •	• 1102
58×19 •	• 1403

14 다음 계산에서 잘못된 곳을 찾아 바르게 고쳐 보세요.

$$\begin{array}{r} 3\,7 \\ \times\,6\,2 \\ \hline 7\,4 \\ 2\,2\,2 \\ \hline 2\,9\,6 \end{array}$$ ➡ □

15 빈칸에 알맞은 수를 써넣으세요.

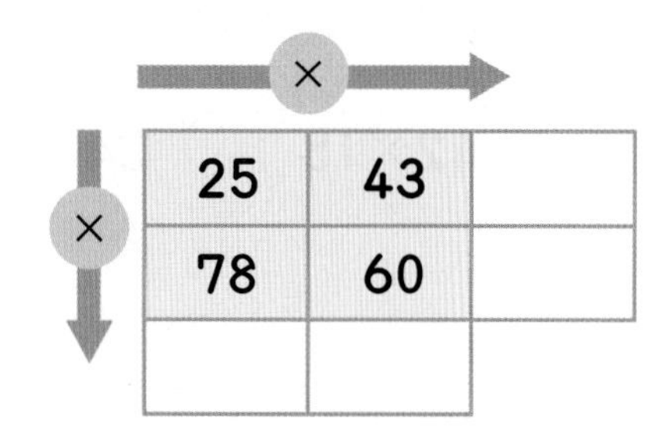

16 다음 중 계산 결과가 다른 하나는 어느 것인가요? (　　　)

① 36×20　② 25×32
③ 18×40　④ 48×15
⑤ 16×45

17 다음 곱셈 중 계산 결과가 가장 큰 것을 찾아 써 보세요.

42×13　138×4　50×18

(　　　　　　)

18 빈 곳에 알맞은 수를 써넣으세요.

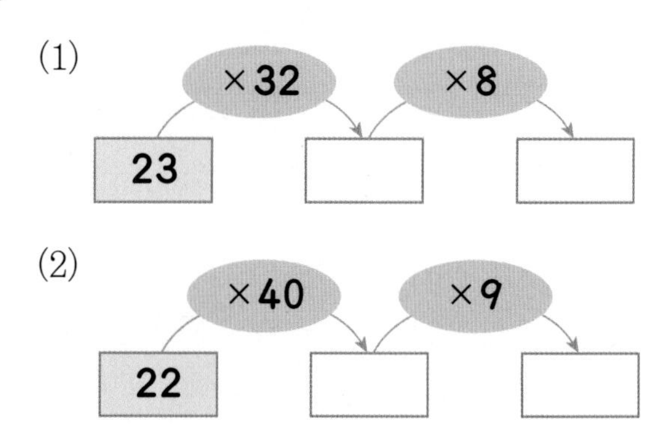

□ 안에 알맞은 숫자를 써넣으세요. [19~20]

19

```
      4 □
   ×  5 4
  ───────
    1 □ 8
  □ □ 5 0
  ───────
  2 5 3 8
```

20

```
      6 8
   ×  □ □
  ───────
    6 1 2
  2 0 □ 0
  ───────
  □ 6 5 □
```

단원 2

나눗셈

이번에 배울 내용

1. (몇십)÷(몇) (1)
2. (몇십몇)÷(몇) (1)
3. (몇십)÷(몇) (2)
4. (몇십몇)÷(몇) (2)
5. (몇십몇)÷(몇) (3)
6. (몇십몇)÷(몇) (4)
7. (세 자리 수)÷(한 자리 수) (1)
8. (세 자리 수)÷(한 자리 수) (2)
9. 계산 결과가 맞는지 확인하기

이전에 배운 내용

- 등분제, 포함제의 나눗셈의 이해
- 곱셈식에서 나눗셈의 몫 알아보기

다음에 배울 내용

- 몇십으로 나누기
- 두 자리 수로 나누기

원리 꼼꼼

1. (몇십)÷(몇) (1)

내림이 없는 (몇십)÷(몇)

• $40 \div 2$의 계산

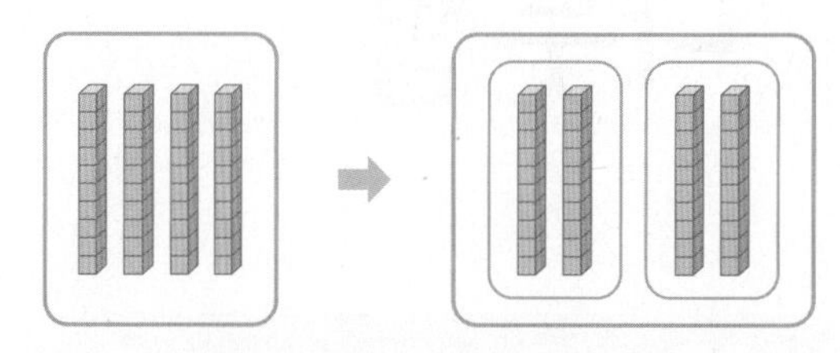

• 십모형 4개를 똑같이 두 묶음으로 나누면 한 묶음에 십모형이 2개씩이므로 $40 \div 2$의 몫은 20입니다.

• 나누는 수가 같을 때 나누어지는 수가 10배가 되면 몫도 10배가 됩니다.

$$4 \div 2 = 2 \Rightarrow 40 \div 2 = 20$$

(4 → 40: 10배, 2 → 20: 10배)

1 그림을 보고 $60 \div 2$를 어떻게 계산하는지 알아보려고 합니다. □ 안에 알맞은 수를 써넣으세요.

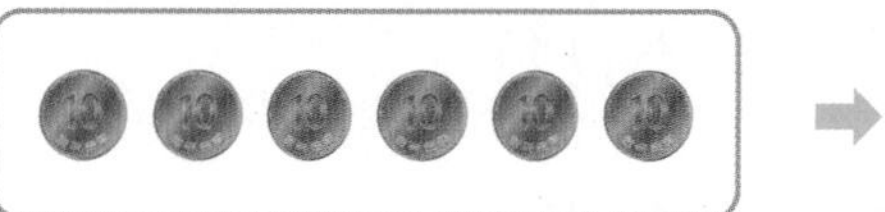

(1) 10원짜리 동전 6개를 2곳으로 똑같이 나누면 한 곳에는 10원짜리 동전이 $6 \div 2 =$ □(개)씩입니다.

(2) 한 곳에 있는 10원짜리 동전은 □개이므로 □원입니다.

(3) 10원짜리 동전 6개를 2곳으로 똑같이 나누면 한 곳에는 $60 \div 2 =$ □(원)씩입니다.

2 수 모형을 보고 □ 안에 알맞은 수를 써넣으세요.

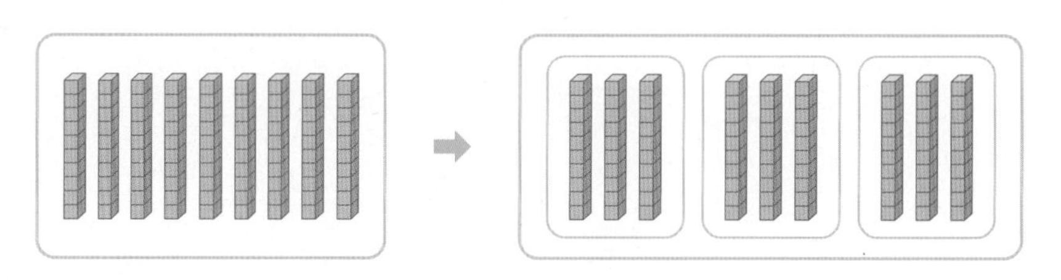

$90 \div 3 =$ □

step 2 원리 탄탄

기본 문제를 통해 개념과 원리를 다져요.

1 수 모형을 보고 □ 안에 알맞은 수를 써넣으세요.

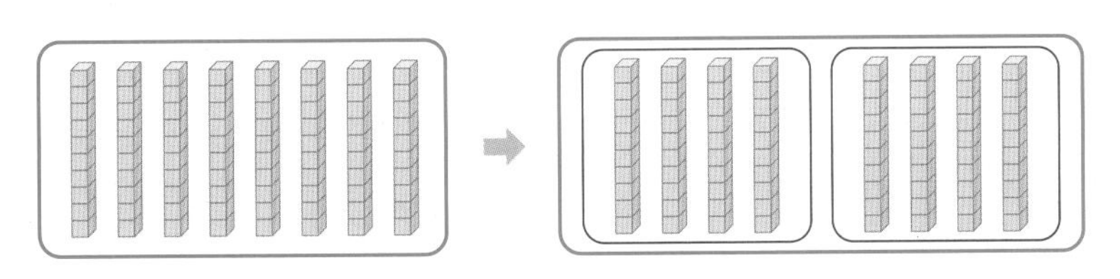

$80 \div 2 = \square$

2 □ 안에 알맞은 수를 써넣으세요.

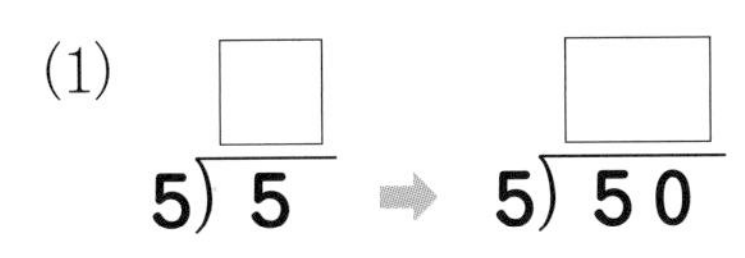

(1) $5\overline{)5}$ = □ → $5\overline{)50}$ = □

(2) $3\overline{)6}$ = □ → $3\overline{)60}$ = □

2. 나누는 수가 같을 때 나누어지는 수가 10배가 되면 몫도 10배가 됩니다.

3 □ 안에 알맞은 수를 써넣으세요.

(1) $20 \div 2 = \square$ (2) $70 \div 7 = \square$

(3) $90 \div 3 = \square$ (4) $80 \div 4 = \square$

4 사탕 30개를 한 사람에게 3개씩 나누어 준다면 몇 명이 나누어 가질 수 있나요?

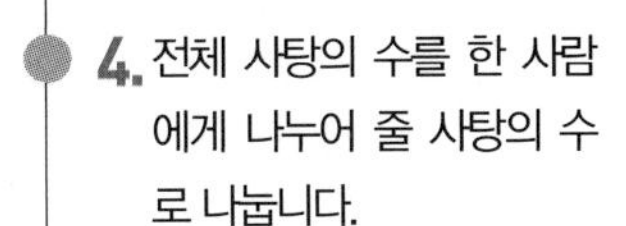

4. 전체 사탕의 수를 한 사람에게 나누어 줄 사탕의 수로 나눕니다.

식 ____________ 답 ____________ 명

5 귤 40개를 2개의 바구니에 똑같이 나누어 담으면 한 바구니에 몇 개씩 담을 수 있나요?

식 ____________ 답 ____________ 개

2 단원

3 원리 척척

 □ 안에 알맞은 수를 써넣으세요. [1~5]

1

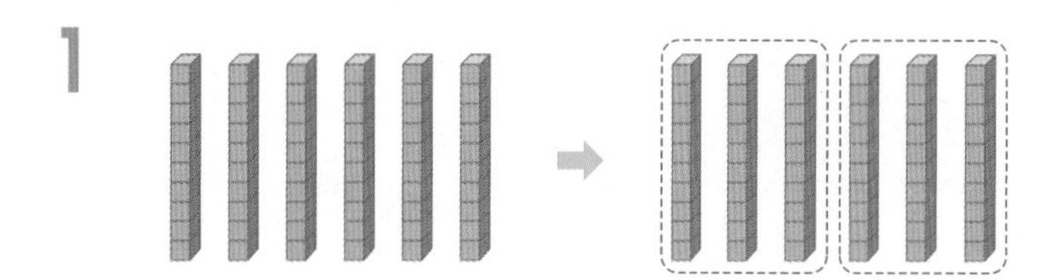

$60 \div 2 = \square$

2

$80 \div 2 = \square$

3

$60 \div 3 = \square$

4

$90 \div 3 = \square$

5

$80 \div 4 = \square$

□ 안에 알맞은 수를 써넣으세요. [6~17]

6 $6\div3=\square$ ➡ $60\div3=\square$

7 $4\div4=\square$ ➡ $40\div4=\square$

8 $6\div6=\square$ ➡ $60\div6=\square$

9 $6\div2=\square$ ➡ $60\div2=\square$

10 $9\div3=\square$ ➡ $90\div3=\square$

11 $7\div7=\square$ ➡ $70\div7=\square$

12 $4\overline{)\,8}$ (몫: □) ➡ $4\overline{)\,80}$ (몫: □)

13 $2\overline{)\,8}$ (몫: □) ➡ $2\overline{)\,80}$ (몫: □)

14 $3\overline{)\,3}$ (몫: □) ➡ $3\overline{)\,30}$ (몫: □)

15 $8\overline{)\,8}$ (몫: □) ➡ $8\overline{)\,80}$ (몫: □)

16 $9\overline{)\,9}$ (몫: □) ➡ $9\overline{)\,90}$ (몫: □)

17 $5\overline{)\,5}$ (몫: □) ➡ $5\overline{)\,50}$ (몫: □)

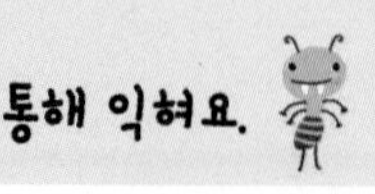

원리 꼼꼼

2. (몇십몇)÷(몇) (1)

내림이 없는 (몇십몇)÷(몇)

• 36÷3의 계산

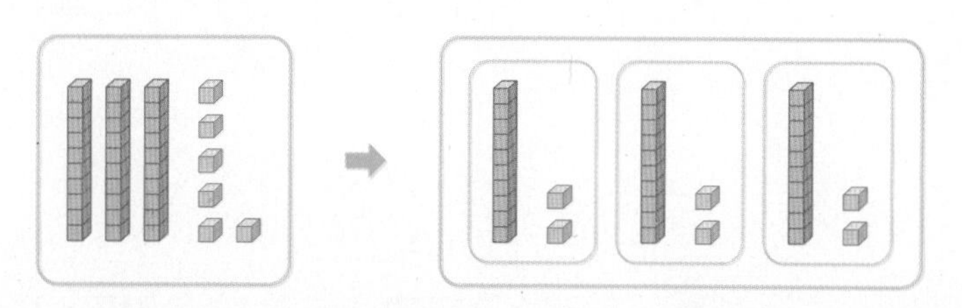

6÷3=2
36÷3=12
30÷3=10

• 십모형 3개, 일 모형 6개를 똑같이 세 묶음으로 나누면 한 묶음에 십모형 1개, 일 모형 2개이므로 36÷3의 몫은 12입니다.

원리 확인 1 그림을 보고 46÷2를 어떻게 계산하는지 알아보려고 합니다. □ 안에 알맞은 수를 써넣으세요.

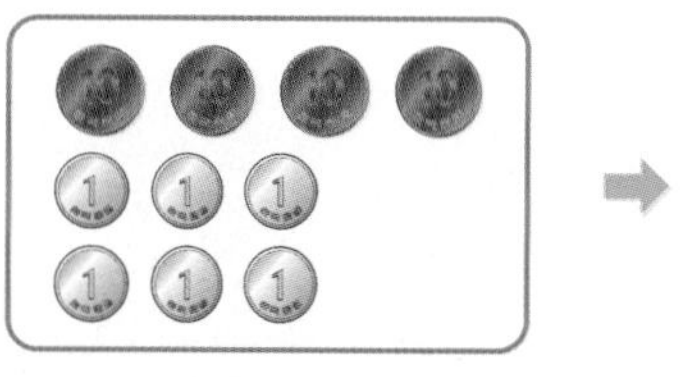

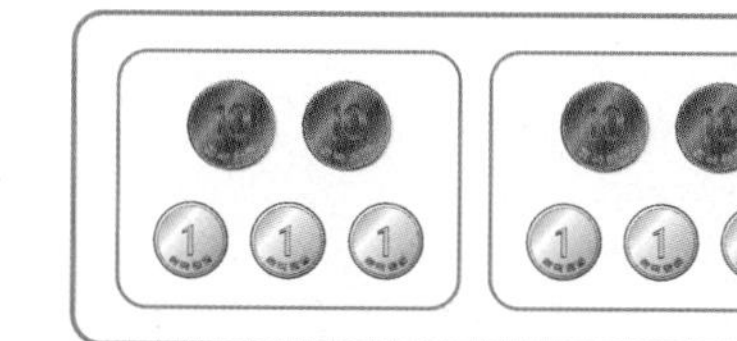

(1) 10원짜리 동전 4개를 2곳으로 똑같이 나누면 한 곳에는 10원짜리 동전이 4÷2=□(개)씩입니다.

(2) 1원짜리 동전 6개를 2곳으로 똑같이 나누면 한 곳에는 1원짜리 동전이 6÷2=□(개)씩입니다.

(3) 한 곳에 있는 동전은 46÷2=□(원)입니다.

원리 확인 2 수 모형을 보고 □ 안에 알맞은 수를 써넣으세요.

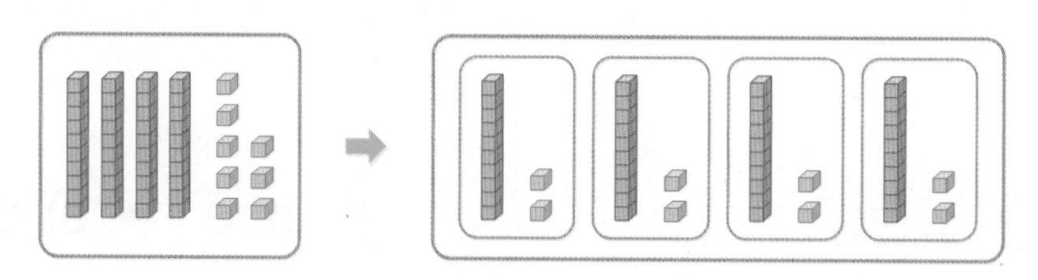

48÷4=□

step 2 원리 탄탄

기본 문제를 통해 개념과 원리를 다져요.

1 수 모형을 보고 □ 안에 알맞은 수를 써넣으세요.

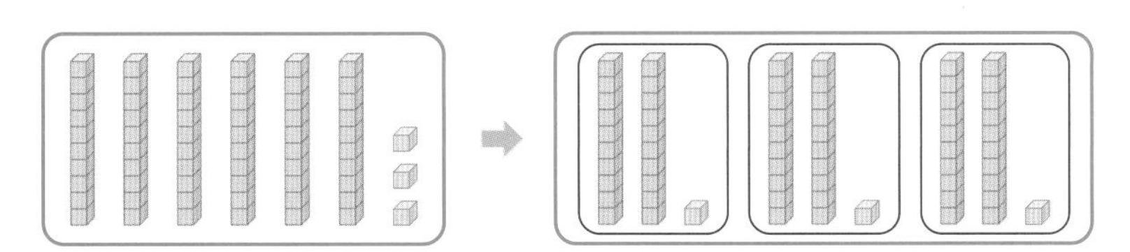

$63 \div 3 = \square$

2 보기 와 같은 방법으로 나눗셈의 몫을 구하려고 합니다. □ 안에 알맞은 숫자를 써넣으세요.

보기

$$\begin{array}{r} 12 \\ 4\overline{)48} \\ \underline{4} \\ 8 \\ \underline{8} \\ 0 \end{array}$$

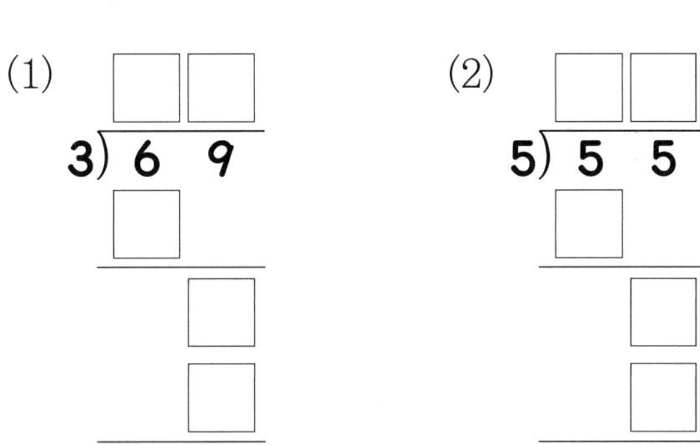

(1) $3\overline{)69}$ (2) $5\overline{)55}$

2. (몇십)÷(몇)의 몫을 먼저 구하고, (몇)÷(몇)의 몫을 구합니다.

3 □ 안에 알맞은 수를 써넣으세요.

(1) $96 \div 3 = \square$ (2) $84 \div 4 = \square$

4 과학책 66권을 한 상자 안에 6권씩 넣으려고 합니다. 상자는 모두 몇 개 필요한가요?

 ______________ 개

5 빵 24개를 2개의 봉지에 똑같게 나누어 담으면 한 봉지에 몇 개씩 나누어 담을 수 있나요?

 ______________ 개

2 단원

step 3 원리 척척

□ 안에 알맞은 수를 써넣으세요. [1~5]

1 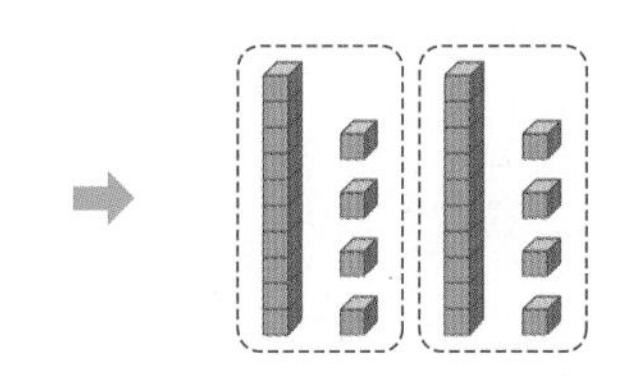

$28\div2=\square$

2 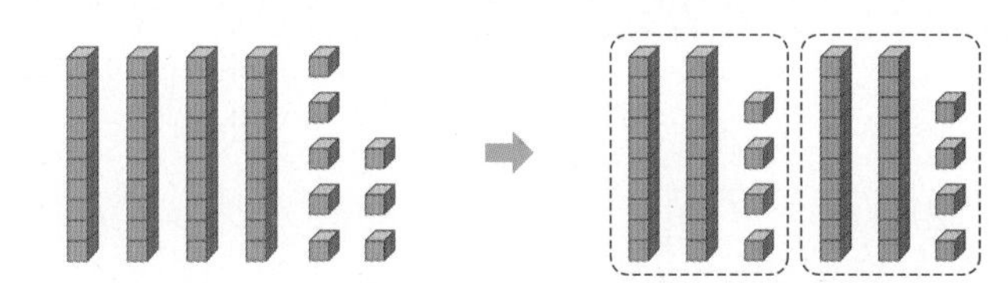

$48\div2=\square$

3

$39\div3=\square$

4 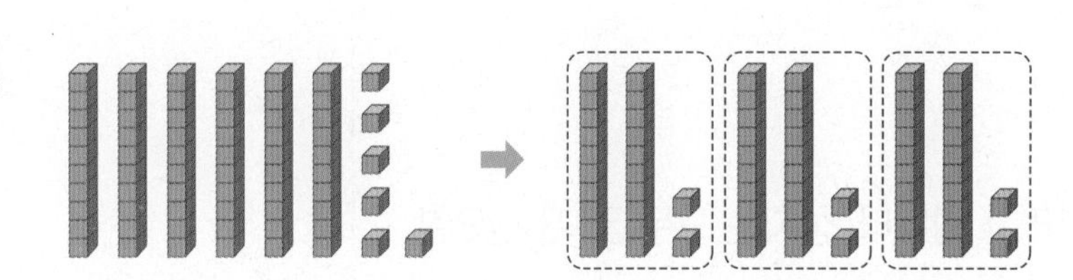

$66\div3=\square$

5 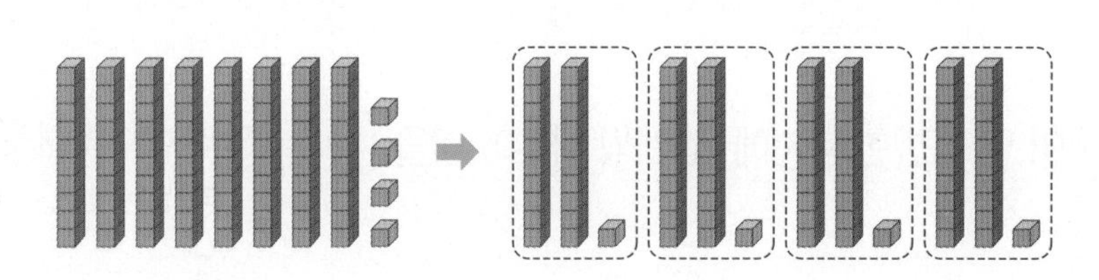

$84\div4=\square$

계산해 보세요. [6~17]

6 $2\overline{)46}$

7 $9\overline{)99}$

8 $3\overline{)93}$

9 $3\overline{)33}$

10 $2\overline{)26}$

11 $2\overline{)42}$

12 $96 \div 3$

13 $64 \div 2$

14 $88 \div 2$

15 $66 \div 6$

16 $88 \div 4$

17 $68 \div 2$

원리 꼼꼼

3. (몇십)÷(몇) (2)

내림이 있는 (몇십)÷(몇)

• 70÷2의 계산

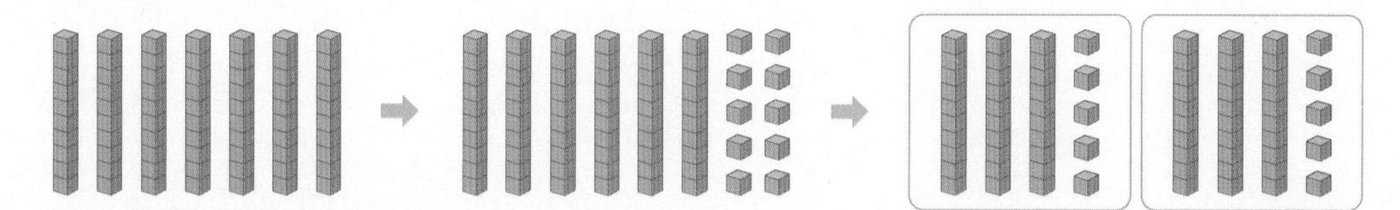

십 모형 7개를 2묶음으로 똑같이 묶으면 한 묶음에는 십모형이 3개, 일 모형이 5개이므로 70÷2=35입니다.

$70 \div 2 = 35$

$2\overline{)70}$ ➡ 몫 30, $2\overline{)70}$, 60 ← 2×30 ➡ 몫 5와 30 → 35, $2\overline{)70}$, 60, 10, 10 ← 2×5, 0

60÷5를 어떻게 계산하는지 바둑돌로 알아보려고 합니다. 물음에 답하세요.

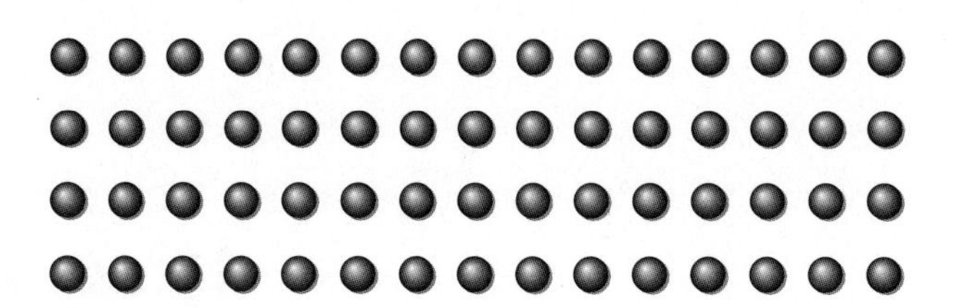

(1) 바둑돌 60개를 ◯로 묶어서 똑같이 5묶음으로 만들어 보세요.

(2) 한 묶음에는 바둑돌이 몇 개 있나요?

( )

(3) 한 묶음에 있는 바둑돌의 수를 구하는 나눗셈식을 써 보세요.

(4) □ 안에 알맞은 수를 써넣으세요.

$5\overline{)60}$ ➡ 몫 □, $5\overline{)6\ 0}$, □ ➡ 몫 □□, $5\overline{)6\ 0}$, □, □, □, 0

원리 탄탄

기본 문제를 통해 개념과 원리를 다져요.

1 수 모형을 보고 □ 안에 알맞은 수를 써넣으세요.

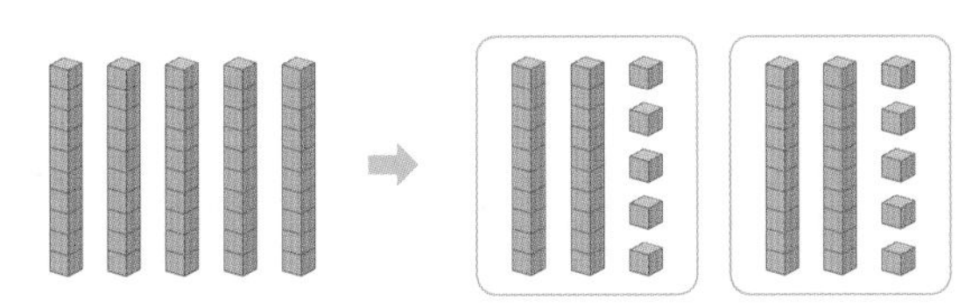

$50 \div 2 = \square$

2 □ 안에 알맞은 수를 써넣으세요.

(1)

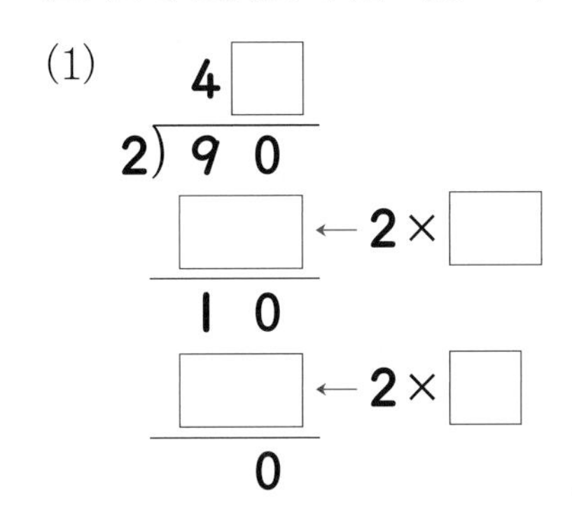

(2)

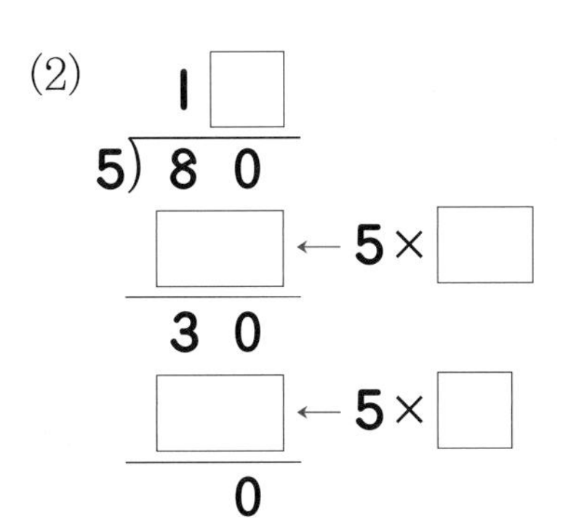

3 빈 곳에 알맞은 수를 써넣으세요.

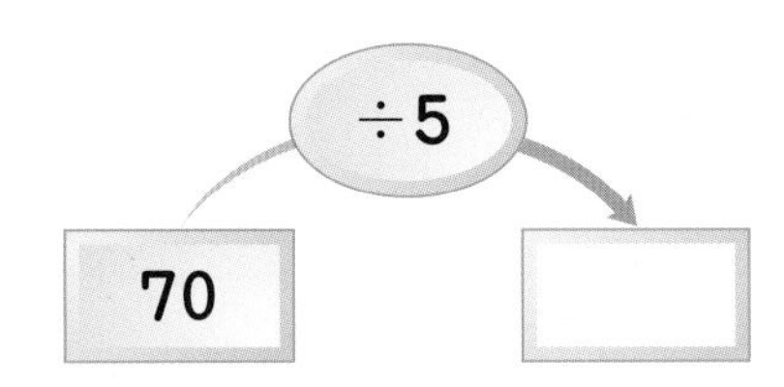

4 다음 수를 6으로 나누면 몫은 얼마인가요?

10이 9개인 수

(　　　　　　)

5 도토리를 90개 주웠습니다. 이 도토리를 다람쥐 5마리에게 똑같이 나누어 주려면 한 마리에 몇 개씩 나누어 줄 수 있나요?

식 ____________________ 답 ____________ 개

2 단원

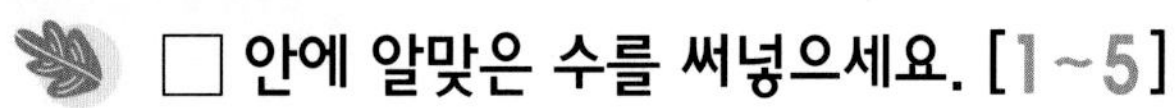
□ 안에 알맞은 수를 써넣으세요. [1~5]

1

$30 \div 2 =$ □

2

$50 \div 2 =$ □

3

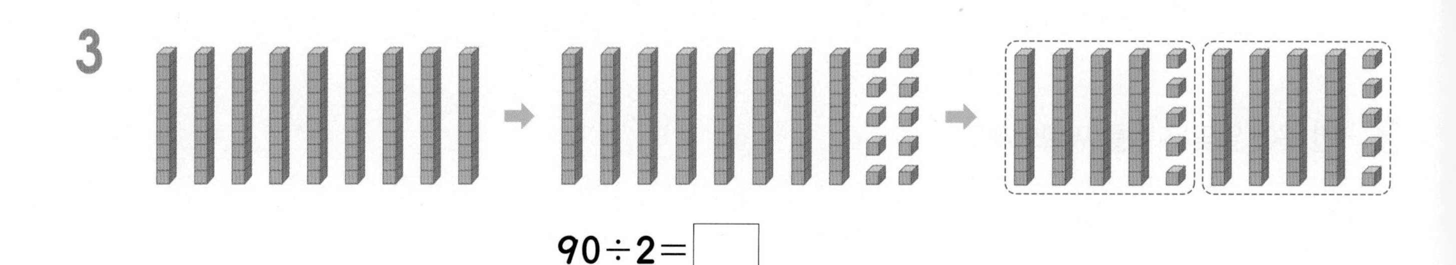

$90 \div 2 =$ □

4

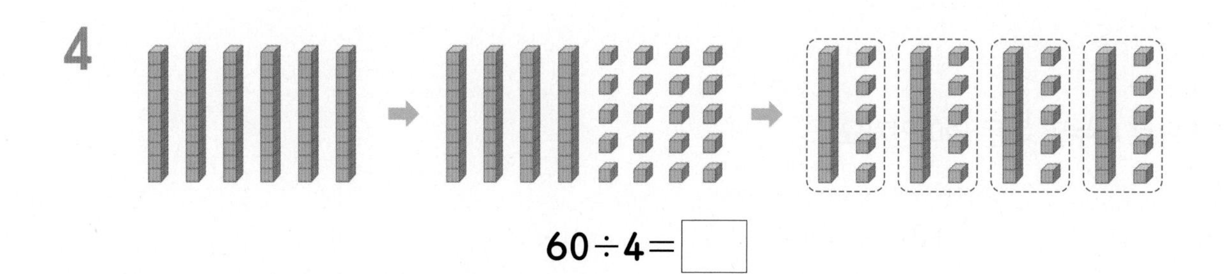

$60 \div 4 =$ □

5

$70 \div 5 =$ □

□ 안에 알맞은 수를 써넣으세요. [6 ~ 13]

6

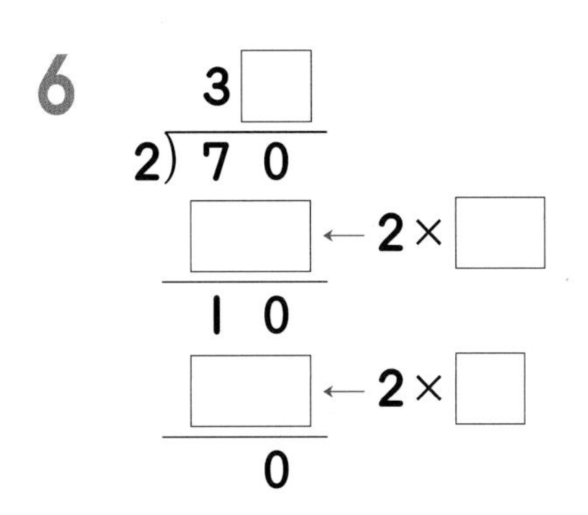

7

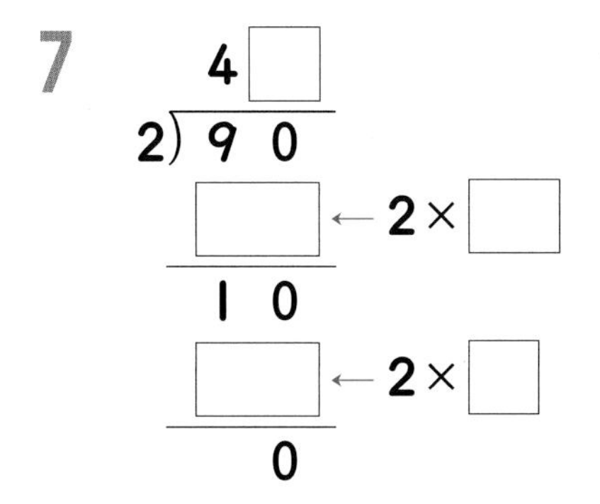

8

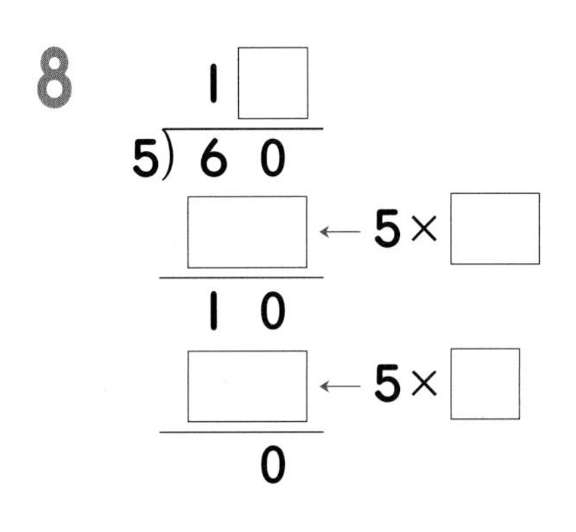

9

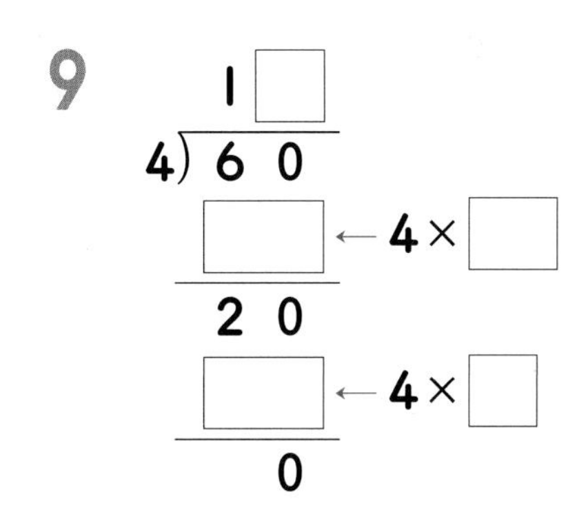

10

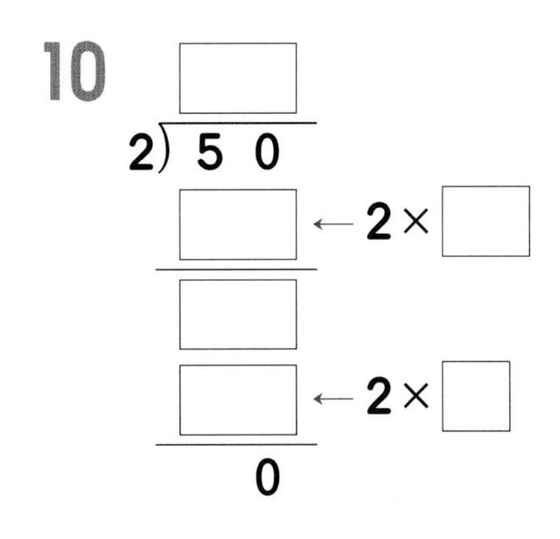

11

□
5) 8 0
□ ← 5 × □
□
□ ← 5 × □
0

12

□
5) 9 0
□ ← 5 × □
□
□ ← 5 × □
0

13

□
6) 9 0
□ ← 6 × □
□
□ ← 6 × □
0

원리 꼼꼼

4. (몇십몇)÷(몇) (2)

내림이 있고 나머지가 없는 (몇십몇)÷(몇)

• **45**÷**3**의 계산

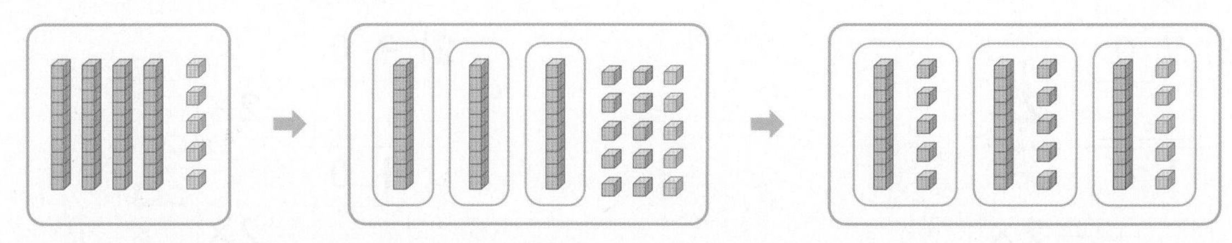

① 십모형 **4**개를 **3**곳으로 똑같이 나누면 한 곳에 **1**개씩이고 십 모형 **1**개가 남습니다.

② ①에서 남은 십 모형 **1**개를 일 모형으로 바꾸면 일 모형은 모두 **15**개가 됩니다.

③ 일 모형 **15**개를 **3**곳으로 똑같이 나누면 한 곳에 **5**개씩입니다.

$$\begin{array}{r} 15 \\ 3\overline{)45} \\ 3 \\ \hline 15 \\ 15 \\ \hline 0 \end{array}$$

15 ← 몫, 0 ← 나머지

➡ **45**를 **3**곳으로 똑같이 나누면 한 곳에 **15**씩이므로 **45**÷**3**=**15**입니다.

원리 확인 1 그림을 보고 **74**÷**2**를 어떻게 계산하는지 알아보려고 합니다. □ 안에 알맞은 수를 써넣으세요.

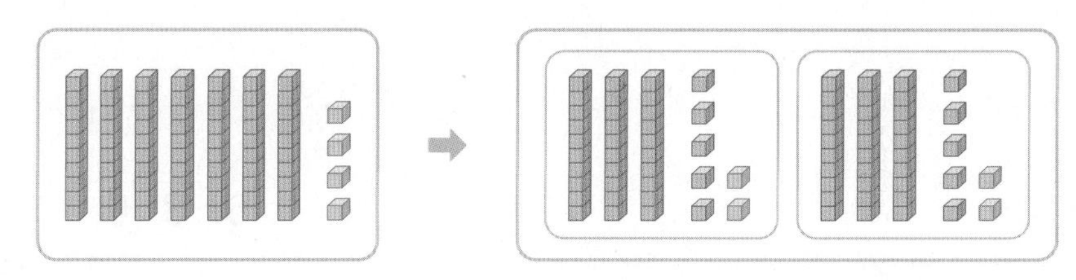

(1) 십 모형 **7**개를 **2**곳으로 똑같이 나누면 한 곳에 □개씩이고 십 모형 □개가 남습니다.

(2) (1)에서 남은 십 모형 □개를 일 모형으로 바꾸면 일 모형은 모두 □+**4**=□(개)가 됩니다.

(3) (2)에서 일 모형 □개를 **2**곳으로 똑같이 나누면 한 곳에 □개씩입니다.

(4) **74**를 **2**곳으로 똑같이 나누면 한 곳에 □씩이므로 **74**÷**2**=□입니다.

원리 탄탄

1 수 모형을 보고 □ 안에 알맞은 숫자를 써넣으세요.

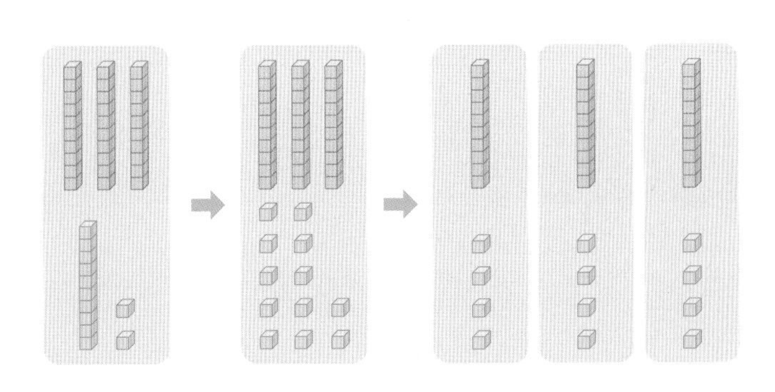

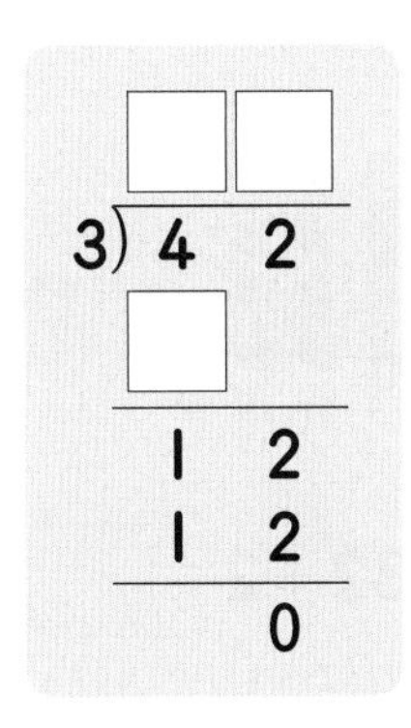

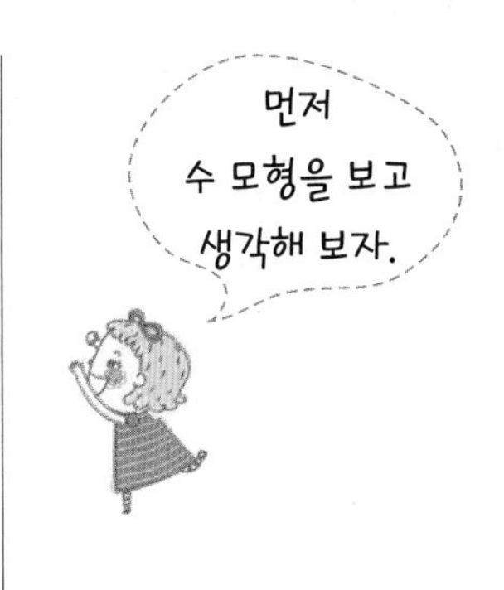

2 보기 와 같은 방법으로 나눗셈의 몫을 구하려고 합니다. □ 안에 알맞은 숫자를 써넣으세요.

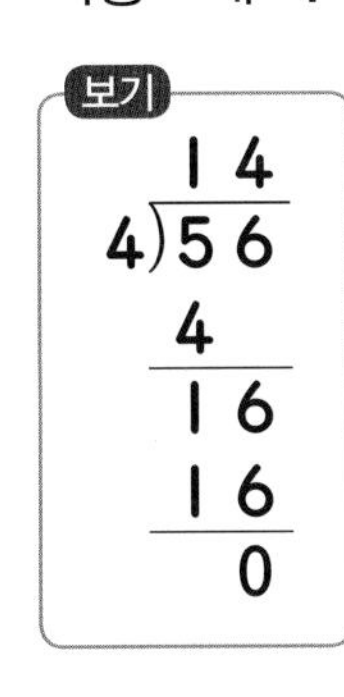

(1)

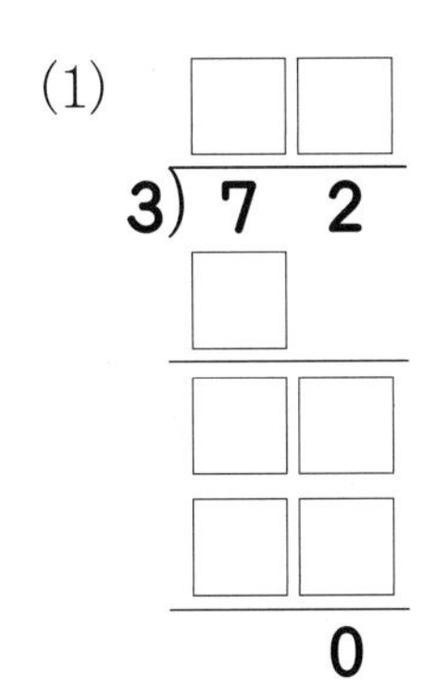

(2)

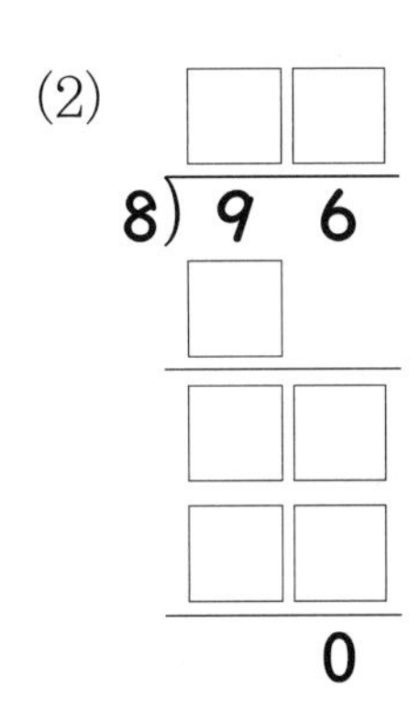

2. 내림에 주의하여 계산합니다.

3 □ 안에 알맞은 수를 써넣으세요.

(1) 6)78

(2) 7)84

4 연필 **84**자루를 학생 한 명에게 **3**자루씩 나누어 주려고 합니다. 연필은 몇 명에게 나누어 줄 수 있나요?

식 ______________ 답 ______________ 명

5 고구마 **75**개를 **5**봉지에 똑같이 나누어 담으면 한 봉지에 몇 개씩 담을 수 있나요?

식 ______________ 답 ______________ 개

원리 척척

 □ 안에 알맞은 수를 써넣으세요. [1~5]

1

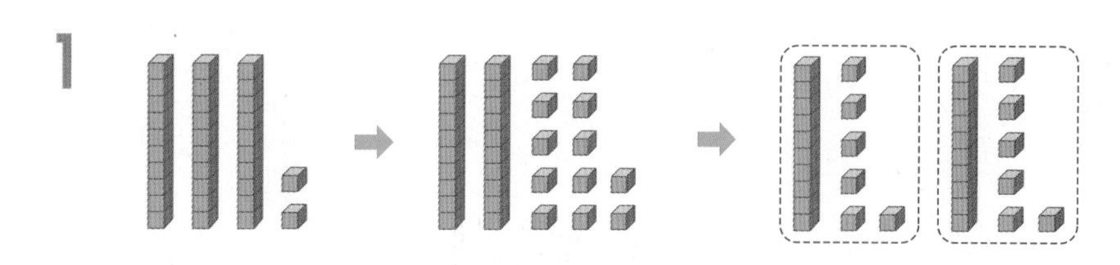

32÷2=□

2

42÷3=□

3

52÷4=□

4

54÷2=□

5

75÷3=□

계산해 보세요. [6~17]

6 $3\overline{)72}$

7 $7\overline{)91}$

8 $4\overline{)68}$

9 $5\overline{)85}$

10 $3\overline{)87}$

11 $6\overline{)84}$

12 $54 \div 3$

13 $72 \div 6$

14 $58 \div 2$

15 $76 \div 4$

16 $96 \div 6$

17 $95 \div 5$

5. (몇십몇)÷(몇) (3)

나머지가 있는 (몇십몇)÷(몇)

• 17÷5의 계산

$$\begin{array}{r} 3 \\ 5\overline{)17} \\ 15 \\ \hline 2 \end{array}$$

3←몫, 2←나머지

17을 5로 나누면 몫은 3이고 2가 남습니다. 이때 2를 17÷5의 나머지라고 합니다.

➡ 17÷5=3 ··· 2

• 35÷5의 계산

$$\begin{array}{r} 7 \\ 5\overline{)35} \\ 35 \\ \hline 0 \end{array}$$

7←몫, 0←나머지

35를 5로 나누면 몫은 7이고 나머지가 없습니다. 나머지가 없을 때 35는 5로 나누어떨어진다고 합니다.

➡ 35÷5=7

1 수 모형을 보고 □ 안에 알맞은 수를 써넣으세요.

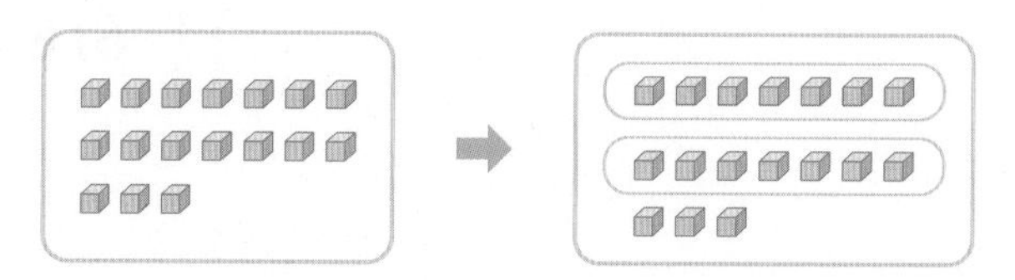

(1) 17을 7씩 묶으면 □묶음이 되고 □개가 남습니다.

(2) 17을 7로 나누면 몫이 □이고 나머지가 □입니다.

2 그림을 보고 □ 안에 알맞은 수를 써넣으세요.

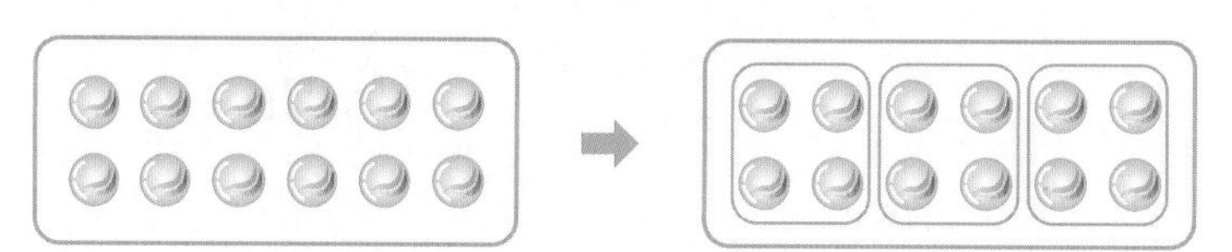

12÷4=□

$$\begin{array}{r} \square \\ 4\overline{)12} \\ 12 \\ \hline \square \end{array}$$

원리 탄탄

기본 문제를 통해 개념과 원리를 다져요.

1 나눗셈의 몫과 나머지를 빈칸에 써넣으세요.

(1)

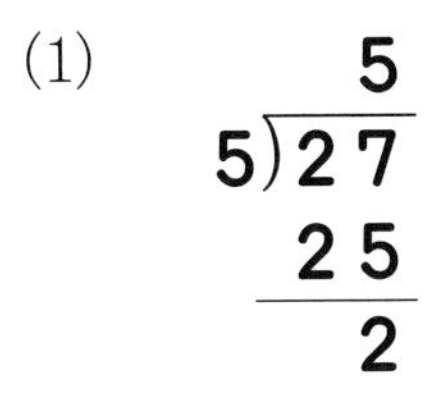

$$\begin{array}{r} 5 \\ 5\overline{)27} \\ 25 \\ \hline 2 \end{array}$$

몫	
나머지	

(2)

$$\begin{array}{r} 5 \\ 8\overline{)46} \\ 40 \\ \hline 6 \end{array}$$

몫	
나머지	

2 수 모형을 보고 □ 안에 알맞은 수를 써넣으세요.

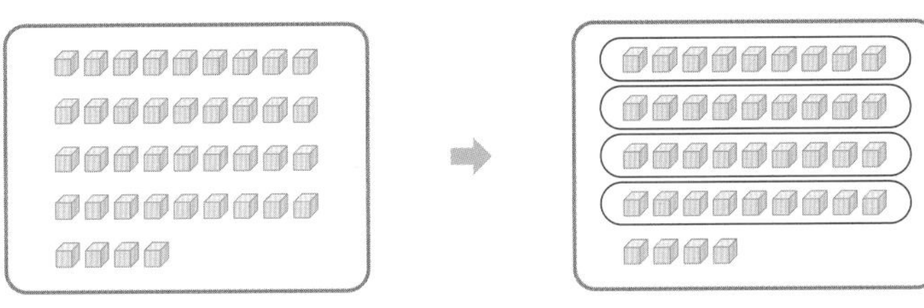

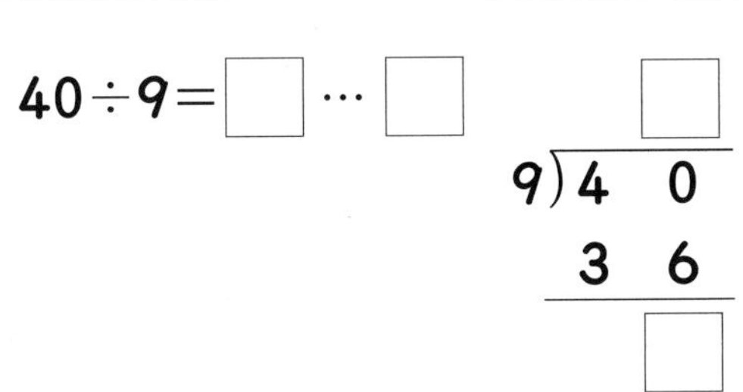

$40 \div 9 = \square \cdots \square$

$$\begin{array}{r} \square \\ 9\overline{)40} \\ 36 \\ \hline \square \end{array}$$

3 나눗셈의 몫과 나머지를 구하려고 합니다. □ 안에 알맞은 수를 써넣으세요.

(1) $44 \div 6 = \square \cdots \square$ (2) $45 \div 7 = \square \cdots \square$

4 다음 나눗셈에서 잘못된 곳을 바르게 고치고, 그 이유를 써 보세요.

$$\begin{array}{r} 7 \\ 4\overline{)34} \\ 28 \\ \hline 6 \end{array}$$

5 지혜네 반 학생 수는 **22**명입니다. 한 모둠의 학생 수를 **6**명으로 하여 모둠을 만들면 몇 모둠이 되고, 몇 명이 남나요?

식 ______________________

답 ______ 모둠 ______ 명

1. 7을 2로 나누면 몫은 3이고 1이 남습니다. 이때, 1을 $7 \div 2$의 나머지라고 합니다.

나머지는 항상 나누는 수보다 작아야 합니다.

2 단원

원리 척척

계산을 하여 몫과 나머지를 써 보세요. [1 ~ 10]

1 $4\overline{)23}$ 몫 (　　　) 나머지 (　　　)

2 $5\overline{)27}$ 몫 (　　　) 나머지 (　　　)

3 $8\overline{)36}$ 몫 (　　　) 나머지 (　　　)

4 $7\overline{)37}$ 몫 (　　　) 나머지 (　　　)

5 $9\overline{)71}$ 몫 (　　　) 나머지 (　　　)

6 $3\overline{)11}$ 몫 (　　　) 나머지 (　　　)

7 $6\overline{)50}$ 몫 (　　　) 나머지 (　　　)

8 $2\overline{)17}$ 몫 (　　　) 나머지 (　　　)

9 $8\overline{)77}$ 몫 (　　　) 나머지 (　　　)

10 $7\overline{)59}$ 몫 (　　　) 나머지 (　　　)

□ 안에 알맞은 수를 써넣으세요. [11~24]

11 $43 \div 6 = \square \cdots \square$

12 $56 \div 9 = \square \cdots \square$

13 $15 \div 2 = \square \cdots \square$

14 $38 \div 5 = \square \cdots \square$

15 $30 \div 4 = \square \cdots \square$

16 $44 \div 7 = \square \cdots \square$

17 $25 \div 3 = \square \cdots \square$

18 $66 \div 8 = \square \cdots \square$

19 $49 \div 9 = \square \cdots \square$

20 $11 \div 2 = \square \cdots \square$

21 $20 \div 3 = \square \cdots \square$

22 $55 \div 7 = \square \cdots \square$

23 $79 \div 8 = \square \cdots \square$

24 $27 \div 6 = \square \cdots \square$

원리 꼼꼼

6. (몇십몇)÷(몇) (4)

내림이 있고 나머지가 있는 (몇십몇)÷(몇)

• **73÷2**의 계산

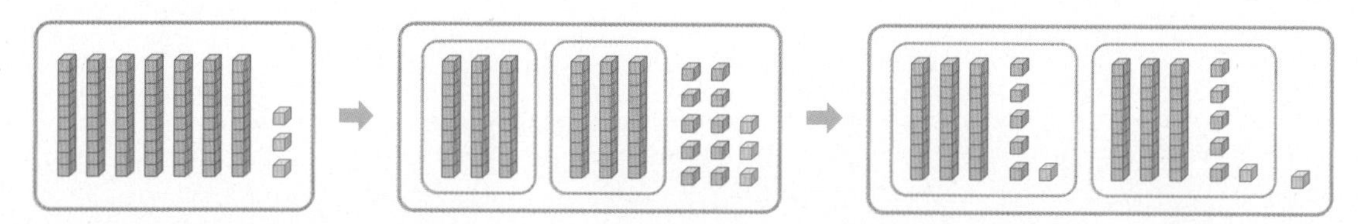

① 십 모형 **7**개를 **2**곳으로 똑같이 나누면 한 곳에 **3**개씩이고 십 모형 **1**개가 남습니다.

② ①에서 남은 십 모형 **1**개를 일 모형으로 바꾸면 일 모형은 모두 **13**개가 됩니다.

③ 일 모형 **13**개를 **2**곳으로 똑같이 나누면 한 곳에 **6**개씩이고 일 모형 **1**개가 남습니다.

```
    36 ← 몫
 2)73
    6
    13
    12
     1 ← 나머지
```

➡ **73**을 **2**곳으로 똑같이 나누면 한 곳에 **36**씩이고 나머지가 **1**이므로 **73÷2=36 … 1** 입니다.

원리 확인 

그림을 보고 **47÷3**을 어떻게 계산하는지 알아보려고 합니다. □ 안에 알맞은 수를 써넣으세요.

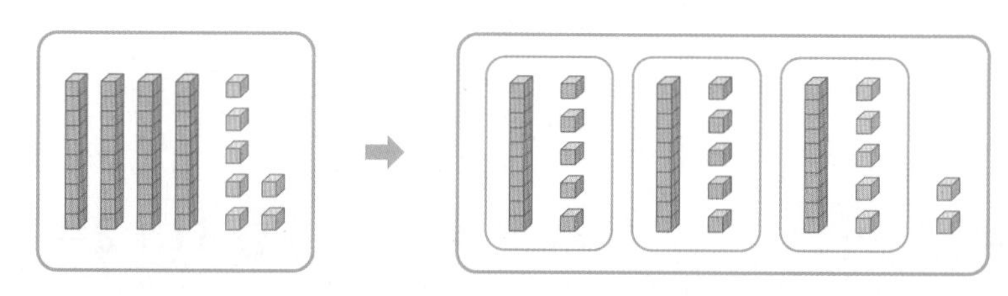

(1) 십 모형 **4**개를 **3**곳으로 똑같이 나누면 한 곳에 □개씩이고 십 모형 □개가 남습니다.

(2) (1)에서 남은 십 모형 □개를 일 모형으로 바꾸면 일 모형은 모두 □**+7=**□(개)가 됩니다.

(3) (2)에서 일 모형 □개를 **3**곳으로 똑같이 나누면 한 곳에 □개씩이고 □개가 남습니다.

(4) **47**을 **3**곳으로 똑같이 나누면 한 곳에 □씩이고 나머지가 □이므로 **47÷3=**□…□입니다.

1 

□ 안에 알맞은 숫자를 써넣으세요.

(1)

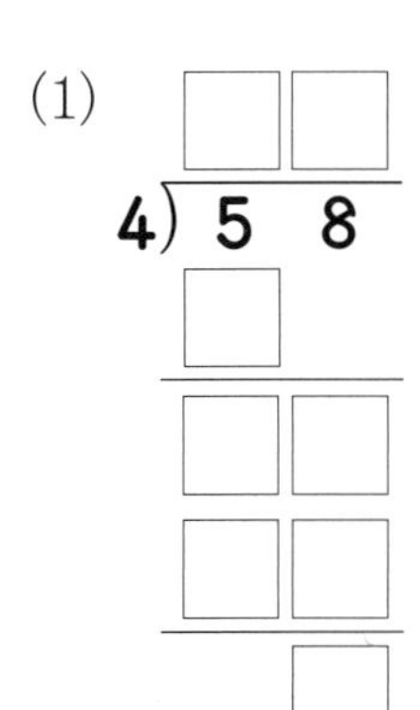

(2)

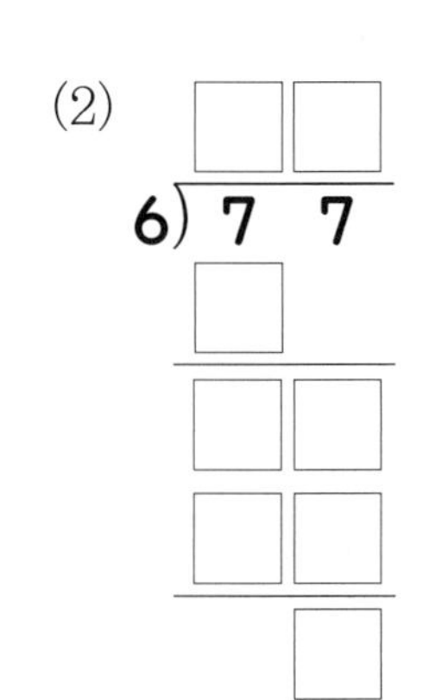

2 계산해 보세요.

(1) $5\overline{)74}$

(2) $7\overline{)82}$

> 2. 십의 자리의 몫부터 구하고, 나머지가 나누는 수보다 작도록 일의 자리의 몫을 정합니다.

3 □ 안에 알맞은 수를 써넣으세요.

(1)

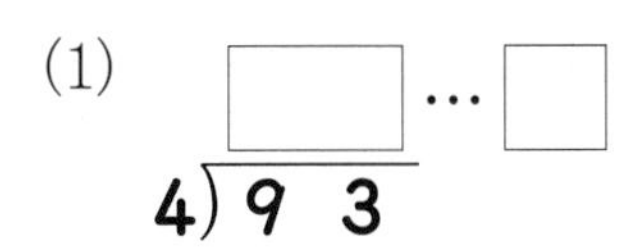

(2)

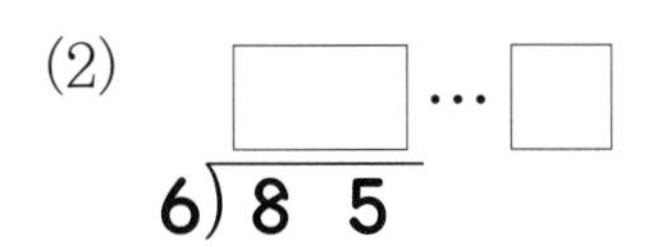

4 색종이 4장으로 꽃 모양 하나를 만들 수 있습니다. 색종이 54장으로는 꽃 모양을 몇 개 만들 수 있나요?

( )

> 4. 전체 색종이 수를 꽃 모양 하나를 만드는 데 필요한 색종이 수로 나눕니다.

5 사탕 94개를 한 모둠에 6개씩 나누어 준다면 몇 모둠까지 나누어 줄 수 있으며, 나머지는 몇 개인가요?

식 

 답 ______ 모둠 ______ 개

□ 안에 알맞은 수를 써넣으세요. [1~5]

1

$31 \div 2 = \square \cdots \square$

2

$43 \div 3 = \square \cdots \square$

3

$73 \div 2 = \square \cdots \square$

4

$51 \div 4 = \square \cdots \square$

5

$53 \div 3 = \square \cdots \square$

계산해 보세요. [6~17]

6 $7\overline{)86}$

7 $5\overline{)63}$

8 $3\overline{)76}$

9 $2\overline{)97}$

10 $4\overline{)78}$

11 $6\overline{)97}$

12 $49 \div 3$

13 $95 \div 7$

14 $57 \div 2$

15 $88 \div 5$

16 $83 \div 6$

17 $75 \div 4$

step 1 원리 꼼꼼

7. (세 자리 수)÷(한 자리 수) (1)

동영상강의

나머지가 없는 (세 자리 수)÷(한 자리 수)

• **520÷4**의 계산

```
   1              1 3              1 3 0
4)5 2 0   ➡   4)5 2 0   ➡   4)5 2 0
  4               4                4
  1               1 2              1 2
                  1 2              1 2
                    0                  0
```

5÷4 / 52÷4 / 520÷4

• **520÷4**의 몫은 **52÷4**의 몫의 **10**배입니다.
• **520**에서 백의 자리부터 순서대로 계산합니다.

원리 확인 1 색종이 **200**장을 **2**명이 똑같이 나누어 가지려고 합니다. □ 안에 알맞은 수를 써넣으세요.

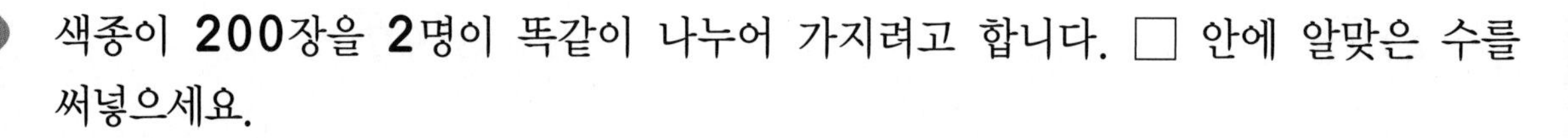

(1) 색종이 **2**장을 **2**명이 똑같이 나누어 가지면 한 명이 □장씩 가질 수 있습니다.

(2) 색종이 **20**장을 **2**명이 똑같이 나누어 가지면 한 명이 □장씩 가질 수 있습니다.

(3) 색종이 **200**장을 **2**명이 똑같이 나누어 가지면 한 명이 □장씩 가질 수 있습니다.

원리 확인 2 **235÷5**의 나눗셈을 하려고 합니다. □ 안에 알맞은 수를 써넣으세요.

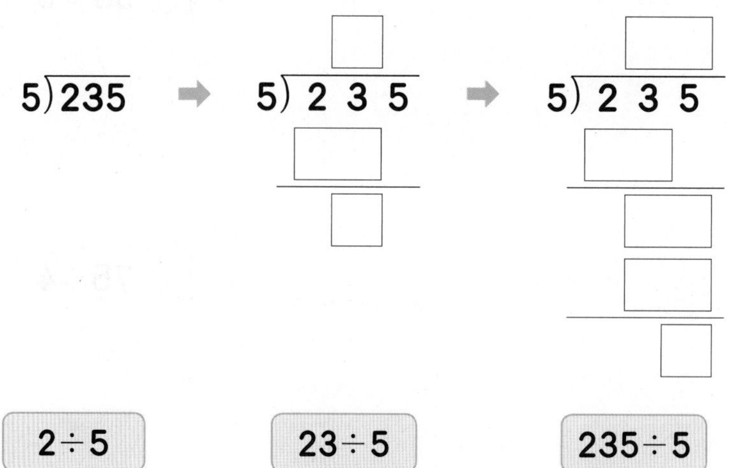

1 500÷5의 계산 방법을 알아보고 □ 안에 알맞은 수를 써넣으세요.

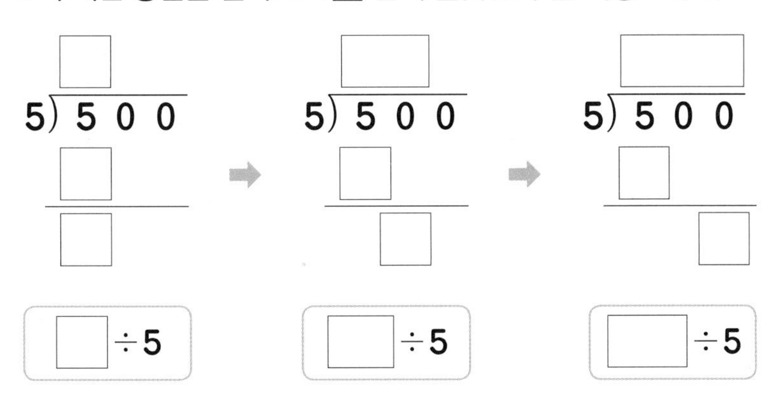

2 □ 안에 알맞은 수를 써넣으세요.

```
      □
3) 7 5 0
   6 0 0 ← 3×□
   1 5 0
   1 5 0 ← 3×□
       0
```

3 계산해 보세요.

(1) 5)225

(2) 6)450

4 몫의 크기를 비교하여 ○ 안에 >, =, <를 알맞게 써넣으세요.

648÷8 ○ 462÷7

5 다음 나눗셈이 나누어떨어지게 하려고 합니다. □ 안에 들어갈 수 있는 숫자 중 가장 큰 숫자를 써넣으세요.

63□÷9

원리 척척

 □ 안에 알맞은 수를 써넣으세요. [1~9]

1
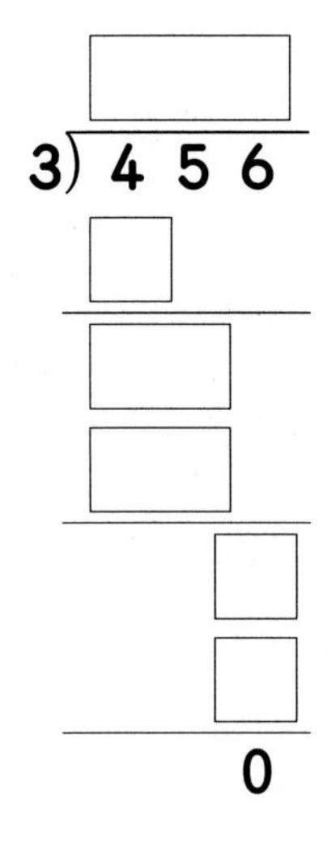

2
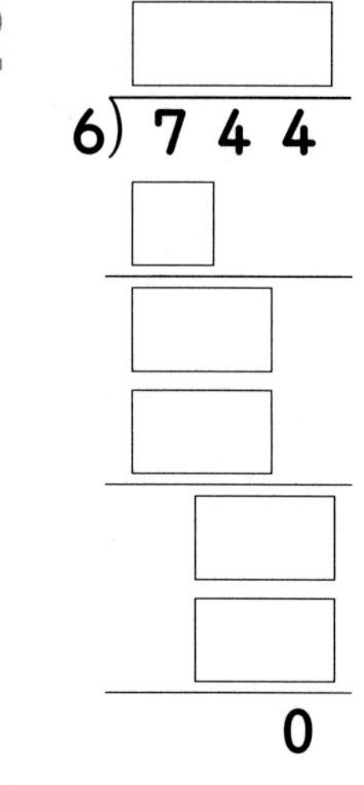

3
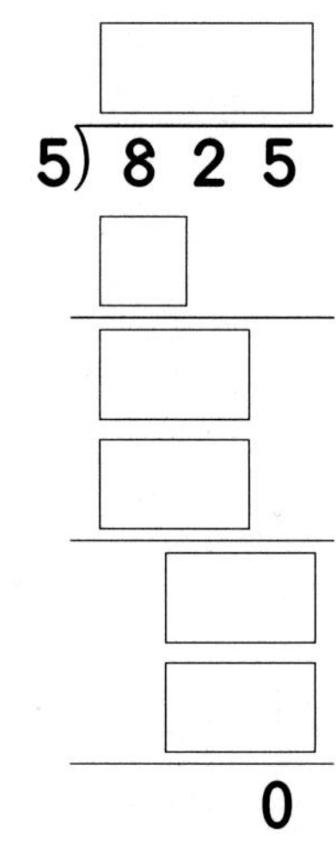

4
4) 6 2 8
0

5
7) 8 4 7
0

6
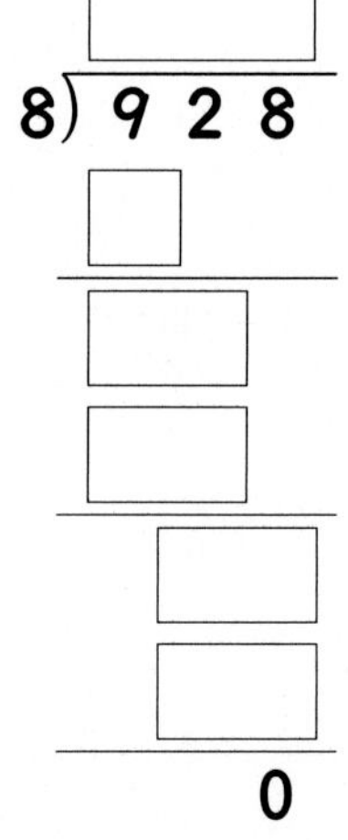

7
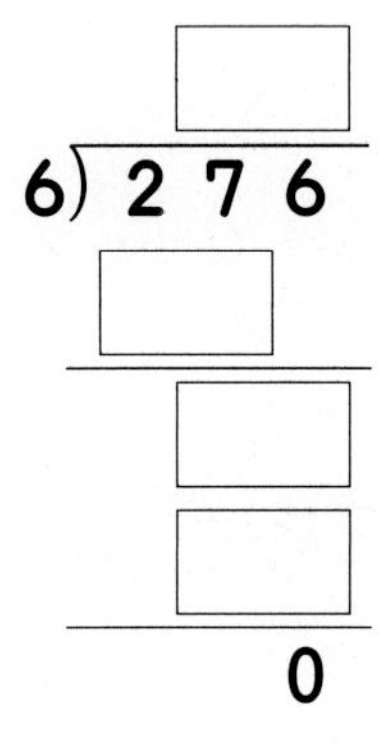

8
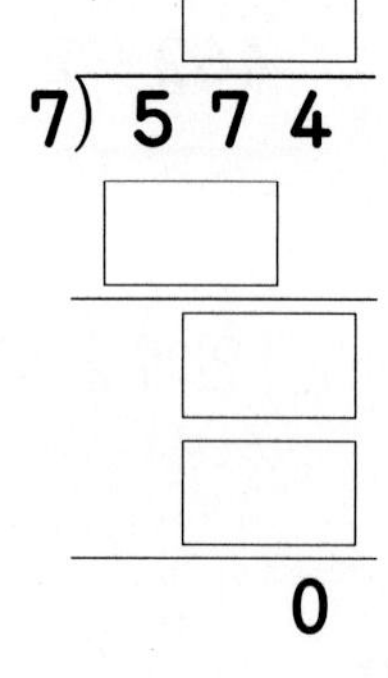

9
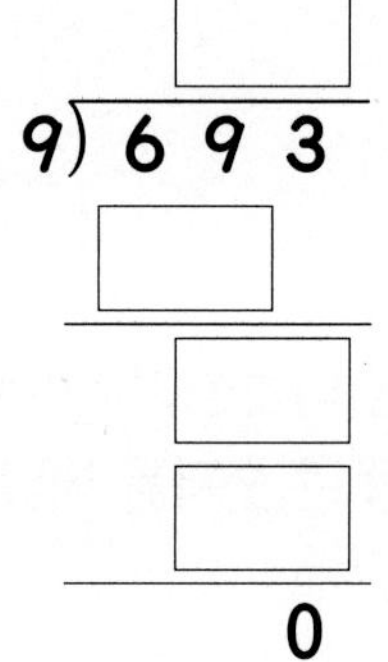

계산해 보세요. [10~24]

10 $4\overline{)800}$

11 $3\overline{)600}$

12 $2\overline{)420}$

13 $5\overline{)535}$

14 $4\overline{)624}$

15 $3\overline{)486}$

16 $5\overline{)345}$

17 $6\overline{)336}$

18 $7\overline{)441}$

19 $900 \div 3$

20 $824 \div 4$

21 $765 \div 5$

22 $621 \div 9$

23 $544 \div 8$

24 $364 \div 7$

원리 꼼꼼

8. (세 자리 수)÷(한 자리 수) (2)

나머지가 있는 (세 자리 수)÷(한 자리 수)

• **226÷4**의 계산

```
4)226    →     5      →     56
              4)226        4)226
                20           20
                 2           26
                             24
                              2
```

2÷4	22÷4	226÷4

백의 자리부터 순서대로 **4**로 나누어 가면서 계산하면 **2**가 남습니다.

원리 확인 

409÷4의 나눗셈을 하려고 합니다. □ 안에 알맞은 수를 써넣으세요.

```
   □           □□           □□□
4)409   →   4)409   →    4)409
  □            □            □
  □            □              9
                              □
                              □
```

➡ 백의 자리에서 □를 **4**로 나누고, 십의 자리에서는 나눌 수 없으므로 일의 자리 수 □를 **4**로 나누면 □이 남습니다.

원리 확인 

257÷3의 나눗셈을 하려고 합니다. □ 안에 알맞은 수를 써넣으세요.

```
                □            □□
3)257   →    3)257   →    3)257
               □□           □□
                □            □7
                             □□
                              □
```

원리 탄탄

기본 문제를 통해 개념과 원리를 다져요.

1 □ 안에 알맞은 수를 써넣으세요.

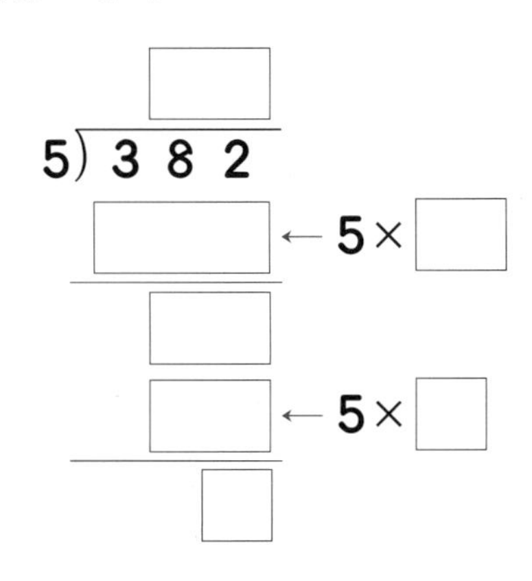

2 계산해 보세요.

(1) $5\overline{)374}$

(2) $6\overline{)352}$

3 나눗셈의 몫과 나머지를 구하여 □ 안에 알맞은 수를 써넣으세요.

(1) $237 \div 5 =$ □ … □

(2) $809 \div 8 =$ □ … □

4 나머지가 가장 큰 나눗셈부터 차례대로 기호를 써 보세요.

㉠ $349 \div 5$　㉡ $327 \div 6$
㉢ $425 \div 7$　㉣ $569 \div 8$

(　　　　　　)

5 4장의 숫자 카드를 모두 사용하여 (세 자리 수)÷(한 자리 수)의 나눗셈식을 만들려고 합니다. 몫이 가장 크게 될 때 나눗셈의 몫과 나머지를 구해 보세요.

0　4　5　9

(　　　　　　)

원리 척척

 □ 안에 알맞은 수를 써넣으세요. [1~9]

1

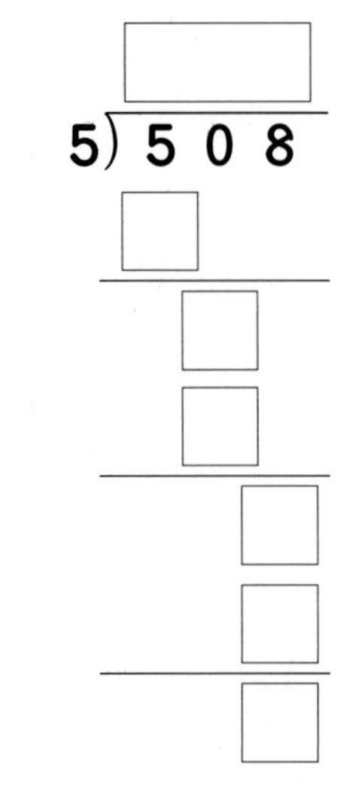

2

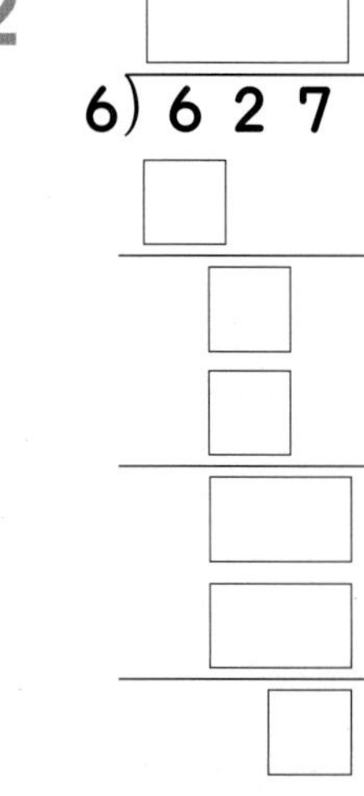

3

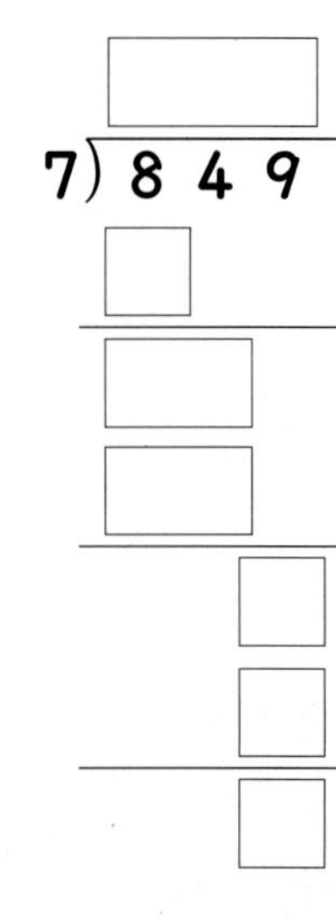

4

3) 7 5 7

5

4) 5 7 5

6

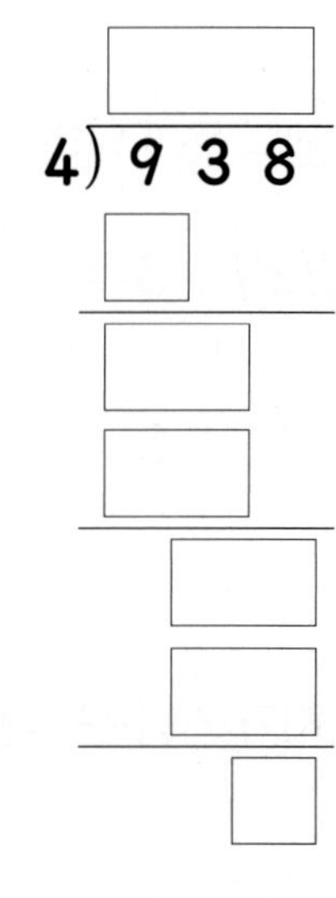

7

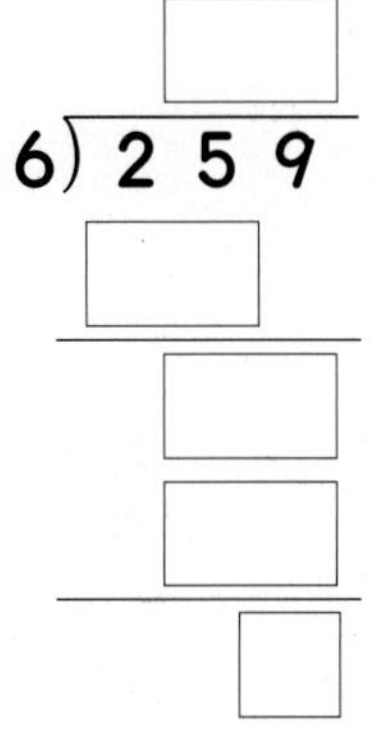

8

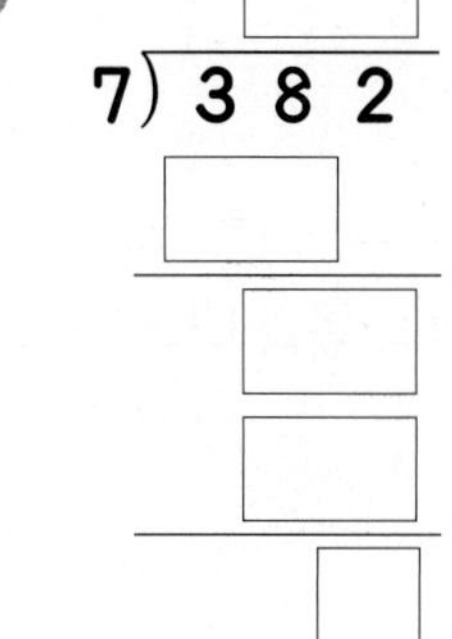

9

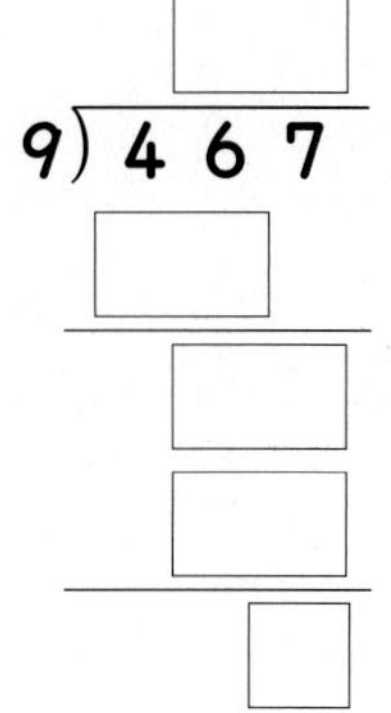

계산을 하여 몫과 나머지를 써 보세요. [10~17]

10 $4\overline{)469}$

몫 (　　　　)
나머지 (　　　　)

11 $5\overline{)516}$

몫 (　　　　)
나머지 (　　　　)

12 $5\overline{)723}$

몫 (　　　　)
나머지 (　　　　)

13 $6\overline{)815}$

몫 (　　　　)
나머지 (　　　　)

14 $6\overline{)293}$

몫 (　　　　)
나머지 (　　　　)

15 $7\overline{)397}$

몫 (　　　　)
나머지 (　　　　)

16 $8\overline{)625}$

몫 (　　　　)
나머지 (　　　　)

17 $9\overline{)328}$

몫 (　　　　)
나머지 (　　　　)

step 1 원리 꼼꼼

9. 계산 결과가 맞는지 확인하기

나머지가 있는 나눗셈의 계산 결과가 맞는지 확인하기

동영상강의

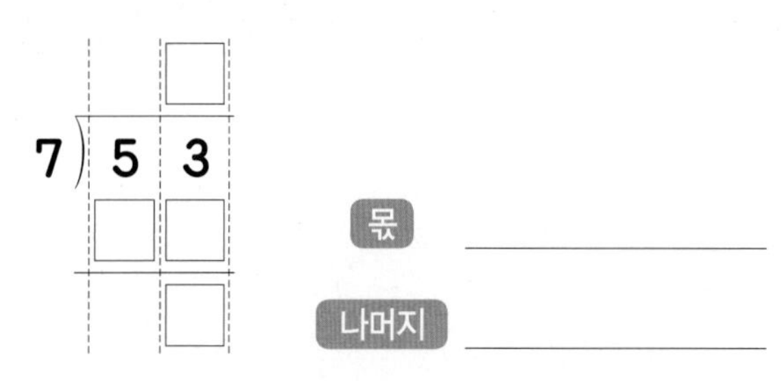

$29 \div 6 = 4 \cdots 5$ → $6 \times 4 = 24$ (몫) → $24 + 5 = 29$ (나머지)

나누는 수에 몫을 곱하고 나머지를 더하면 나누어지는 수가 되어야 합니다.

원리 확인 1 $53 \div 7$을 계산하고, 계산 결과가 맞는지 확인해 보세요.

(1) 세로로 계산하여 몫과 나머지를 구해 보세요.

$7 \overline{)\,5\ 3}$

몫 ______

나머지 ______

(2) 계산 결과가 맞는지 확인해 보세요.

확인 $7 \times \square = \square$

→ $\square + \square = \square$

원리 확인 2 $47 \div 5$를 계산하고, 계산 결과가 맞는지 확인해 보세요.

$5 \overline{)\,47}$

몫 ______ 나머지 ______

확인 $5 \times \square = \square$

→ $\square + \square = \square$

원리 탄탄

1 관계있는 것끼리 선으로 이어 보세요.

나눗셈 결과		확인
$74 \div 8 = 9 \cdots 2$ •		• $9 \times 8 = 72$ ↓ $72 + 4 = 76$
$76 \div 9 = 8 \cdots 4$ •		• $8 \times 9 = 72$ ↓ $72 + 2 = 74$

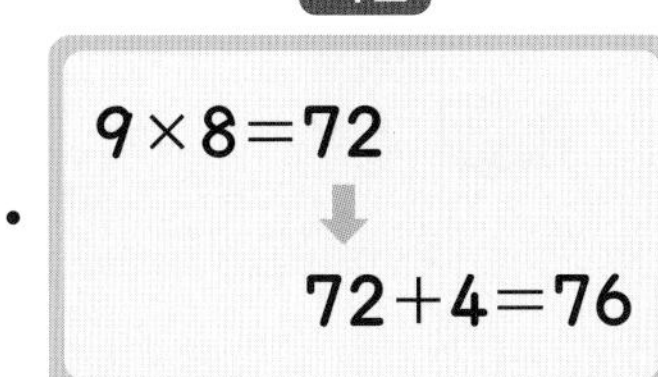

2 $96 \div 7$을 계산하고 계산 결과가 맞는지 확인해 보세요.

$7\overline{)96}$

몫 ________

나머지 ________

확인 $7 \times \square = \square$

↓

$\square + \square = \square$

3 사탕 92개를 한 봉지에 8개씩 넣으려면 봉지는 몇 개 필요하고, 남는 사탕은 몇 개인지 □ 안에 알맞은 수를 써넣으세요.

$92 \div 8 = \square \cdots \square$ 확인 $8 \times \square = \square$

↓

$\square + \square = \square$

4 어떤 수를 6으로 나누었더니 몫이 14, 나머지가 3이 되었습니다. 어떤 수는 얼마인지 구해 보세요.

(　　　　　　)

1. 확인
나누는 수 × 몫 + 나머지
= 나누어지는 수

4. (어떤 수)$\div 6 = 14 \cdots 3$

2 단원

원리 척척

 □ 안에 알맞은 수를 써넣으세요. [1~6]

1

43÷6=7 ··· 1 ➡

확인 6×□=□
⬇
□+□=□

2

59÷7=8 ··· 3 ➡

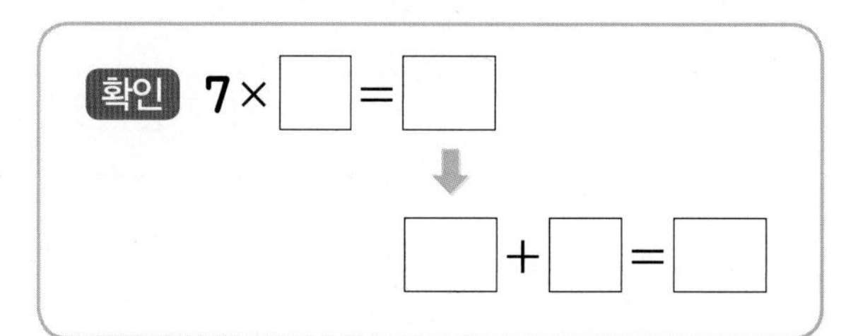

3

83÷9=9 ··· 2 ➡

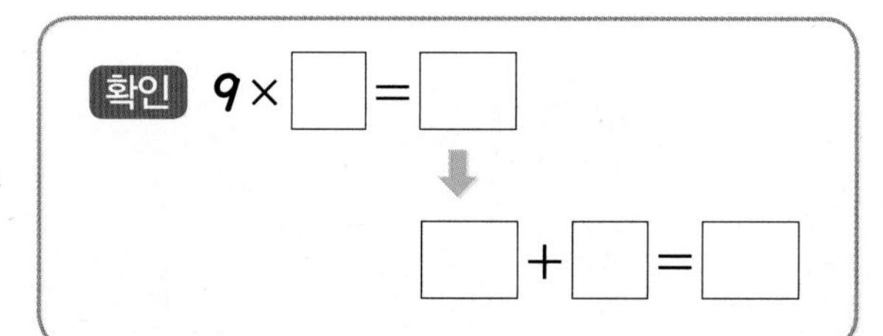

4

123÷6=20 ··· 3 ➡

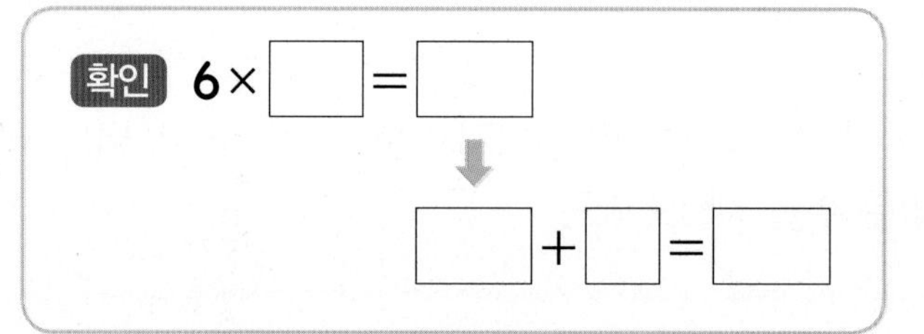

5

145÷4=36 ··· 1 ➡

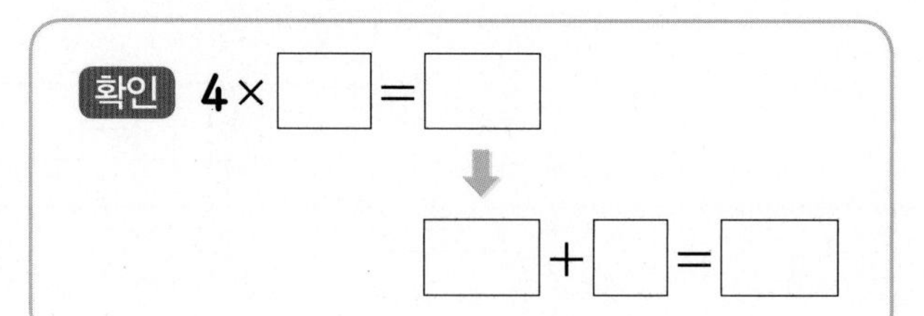

6

178÷9=19 ··· 7 ➡

확인 9×□=□
⬇
□+□=□

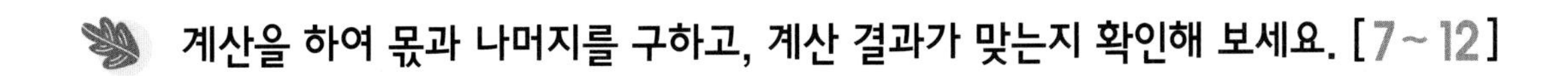

계산을 하여 몫과 나머지를 구하고, 계산 결과가 맞는지 확인해 보세요. [7 ~ 12]

7

$9\overline{)84}$

몫 ________

나머지 ________

확인 $9 \times \square = \square$

$\square + \square = \square$

8

$6\overline{)74}$

몫 ________

나머지 ________

확인 $6 \times \square = \square$

$\square + \square = \square$

9

$8\overline{)130}$

몫 ________

나머지 ________

확인 $8 \times \square = \square$

$\square + \square = \square$

10

$7\overline{)248}$

몫 ________

나머지 ________

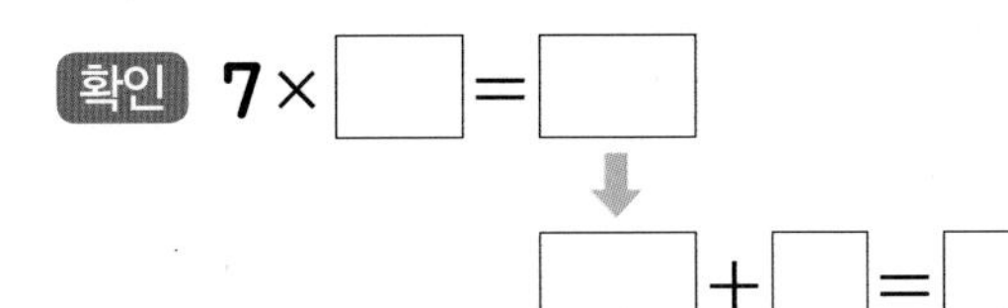

확인 $7 \times \square = \square$

$\square + \square = \square$

11

$8\overline{)327}$

몫 ________

나머지 ________

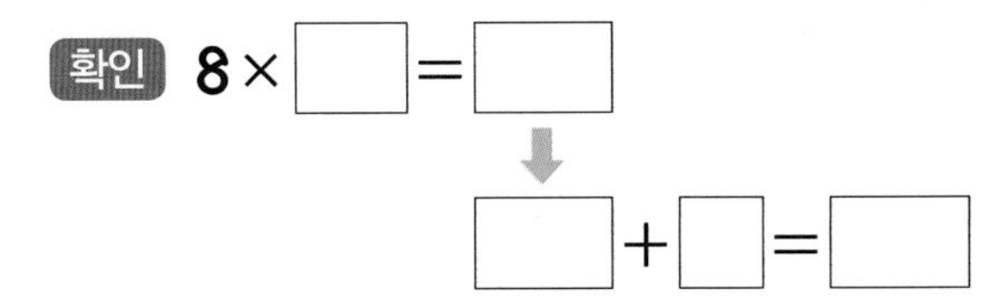

확인 $8 \times \square = \square$

$\square + \square = \square$

12

$5\overline{)409}$

몫 ________

나머지 ________

확인 $5 \times \square = \square$

$\square + \square = \square$

2 단원

01 빈칸에 알맞은 수를 써넣으세요.

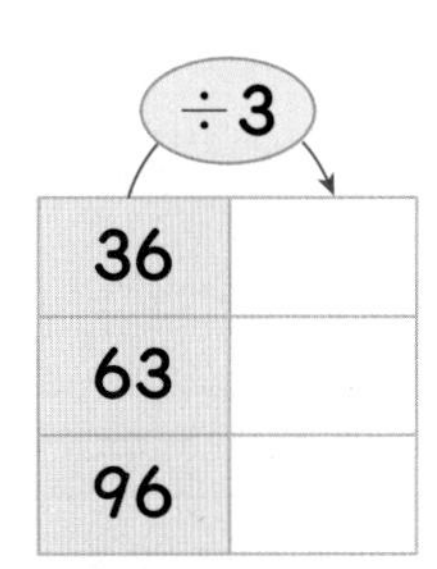

÷3	
36	
63	
96	

02 몫의 크기를 비교하여 ○ 안에 >, =, <를 알맞게 써넣으세요.

(1) 70÷7 ◯ 90÷3

(2) 80÷4 ◯ 40÷2

03 몫이 다른 하나를 찾아 기호를 써 보세요.

㉠ 27÷3	㉡ 36÷4
㉢ 45÷5	㉣ 66÷6

( )

04 사탕 69개를 학생 한 명에게 3개씩 나누어 주려고 합니다. 사탕은 몇 명에게 나누어 줄 수 있나요?

식 ____________

답 ________ 명

05 다음 나눗셈 중 나누어떨어지는 것은 어느 것인가요? ( )

① 43÷3 ② 54÷4 ③ 57÷5
④ 68÷6 ⑤ 72÷4

06 어떤 수를 5로 나누었을 때 나머지가 될 수 없는 수를 고르세요. ( )

① 0 ② 1 ③ 2
④ 4 ⑤ 5

07 나머지가 가장 큰 나눗셈을 찾아 기호를 써 보세요.

㉠ 46÷7	㉡ 37÷5
㉢ 57÷9	㉣ 72÷8

( )

08 귤 54개를 한 접시에 7개씩 나누어 담으려고 합니다. 귤은 몇 접시가 되고, 몇 개가 남나요?

식 ____________

답 ______ 접시, ______ 개

09 나눗셈의 몫을 찾아 선으로 이어 보세요.

$54 \div 2$ •	• 27
$78 \div 3$ •	• 13
$65 \div 5$ •	• 26

10 몫이 30보다 큰 것을 찾아 기호를 써 보세요.

㉠ $48 \div 3$	㉡ $80 \div 5$
㉢ $91 \div 7$	㉣ $68 \div 2$

( )

11 다음 나눗셈 중 몫이 가장 작은 것은 어느 것인가요? ( )

① $70 \div 5$ ② $98 \div 7$ ③ $96 \div 8$
④ $64 \div 4$ ⑤ $51 \div 3$

12 키위 3개로 주스 한 잔을 만들 수 있습니다. 키위 72개로는 주스를 몇 잔 만들 수 있나요?

식 ________________

답 ________ 잔

13 다음 나눗셈 중 나머지가 가장 큰 것은 어느 것인가요? ( )

① $47 \div 3$ ② $57 \div 4$ ③ $69 \div 5$
④ $73 \div 6$ ⑤ $86 \div 7$

14 사과 88개를 한 봉지에 5개씩 나누어 담으면 몇 봉지까지 담을 수 있고, 몇 개가 남나요?

식 ________________

답 ______ 봉지, ______ 개

15 나머지가 가장 큰 나눗셈부터 차례대로 기호를 써 보세요.

㉠ $167 \div 4$	㉡ $192 \div 6$
㉢ $194 \div 8$	㉣ $143 \div 2$

( )

16 구슬 250개를 9명에게 똑같이 나누어 주려고 합니다. 한 명에게 구슬을 몇 개씩 줄 수 있고 몇 개가 남나요?

식 ________________

답 ______ , ______

단원 평가

2. 나눗셈

점수

01 수 모형을 보고 □ 안에 알맞은 수를 써넣으세요.

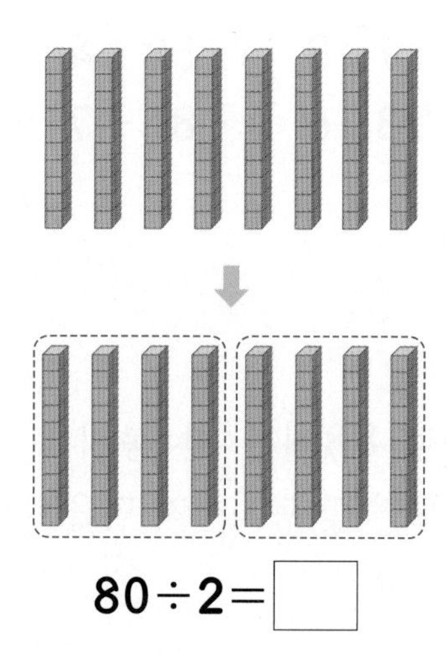

$80 \div 2 = \square$

02 □ 안에 알맞은 수를 써넣으세요.

(1) $6 \div 3 = \square$ ➡ $60 \div 3 = \square$

(2) $8 \div 4 = \square$ ➡ $80 \div 4 = \square$

03 수 모형을 보고 □ 안에 알맞은 수를 써넣으세요.

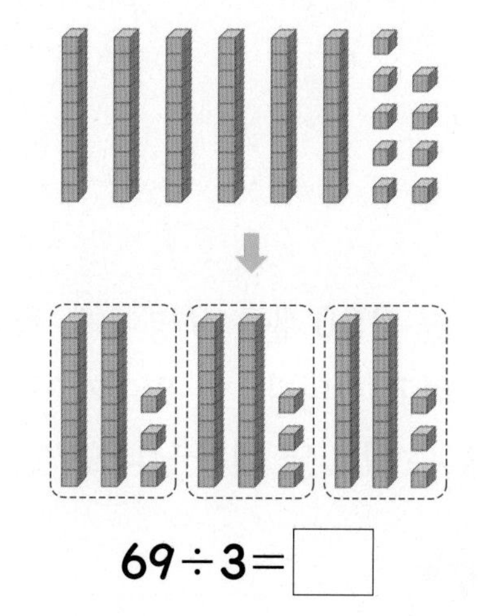

$69 \div 3 = \square$

04 □ 안에 알맞은 수를 써넣으세요.

(1) $36 \div 3 = \square$

(2) $68 \div 2 = \square$

나눗셈의 몫과 나머지를 구해 보세요. [5~6]

05 $6\overline{)38}$

몫 (　　　　)
나머지 (　　　　)

06 $8\overline{)75}$

몫 (　　　　)
나머지 (　　　　)

07 다음 중 나머지가 **5**가 될 수 없는 식의 기호를 써 보세요.

㉠ $\square \div 8$	㉡ $\square \div 7$
㉢ $\square \div 6$	㉣ $\square \div 5$

(　　　　　)

08 계산해 보세요.

(1) $5\overline{)74}$　　　(2) $8\overline{)94}$

09 다음 나눗셈 중 몫이 가장 큰 것은 어느 것인가요? (　　　　)

① $96 \div 6$　② $80 \div 5$　③ $76 \div 4$
④ $90 \div 3$　⑤ $62 \div 2$

10 $84 \div \square$의 몫을 가장 크게 할 때, 다음 중 $\square$ 안에 들어갈 수는 어느 것인가요?

(　　　　)

① 2　② 3　③ 4
④ 6　⑤ 7

11 몫의 크기를 비교하여 ○ 안에 >, =, <를 알맞게 써넣으세요.

$84 \div 4$ ○ $96 \div 3$

12 빈 곳에 알맞은 수를 써넣으세요.

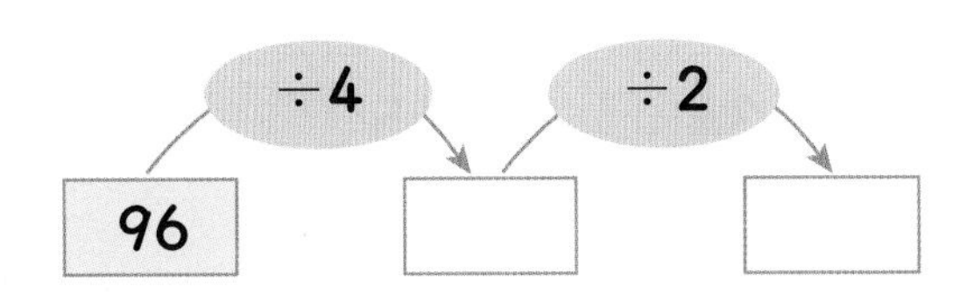

13 계산에서 잘못된 곳을 찾아 바르게 고쳐 보세요.

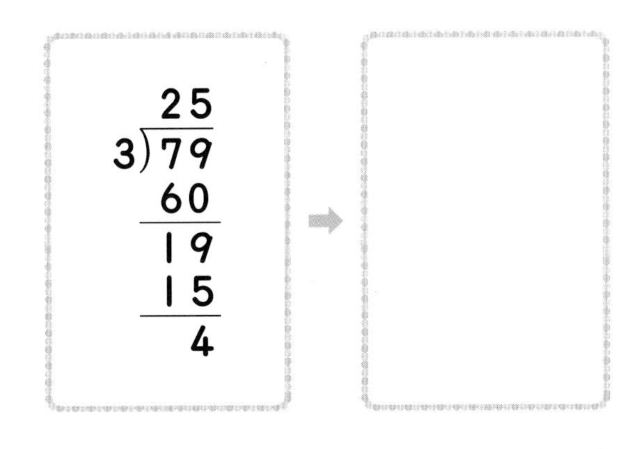

14 빈칸에 알맞은 수를 써넣으세요.

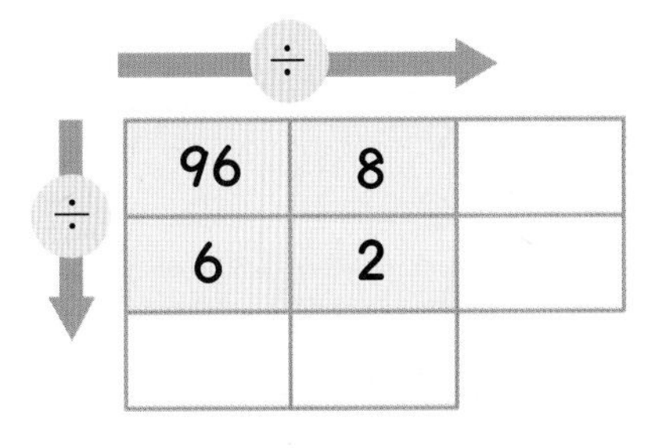

2 단원

15 다음 중 4로 나누었을 때 나누어떨어지는 수는 어느 것인가요? (　　　)

① 34　② 45　③ 52
④ 63　⑤ 74

16 다음 중 몫이 가장 큰 것은 어느 것인가요? (　　　)

① 54÷3　② 65÷5
③ 80÷8　④ 84÷6
⑤ 24÷2

17 다음 중 나머지가 가장 큰 것은 어느 것인가요? (　　　)

① 47÷4　② 25÷4
③ 71÷6　④ 82÷9
⑤ 35÷2

18 다음 중 9로 나누어떨어지는 것은 어느 것인가요? (　　　)

① 145　② 163　③ 170
④ 189　⑤ 199

19 나머지가 가장 작은 나눗셈부터 차례대로 기호를 써 보세요.

㉠ 149÷3　㉡ 183÷7
㉢ 164÷5　㉣ 144÷3

(　　　　　　　)

20 □ 안에 알맞은 숫자를 써넣으세요.

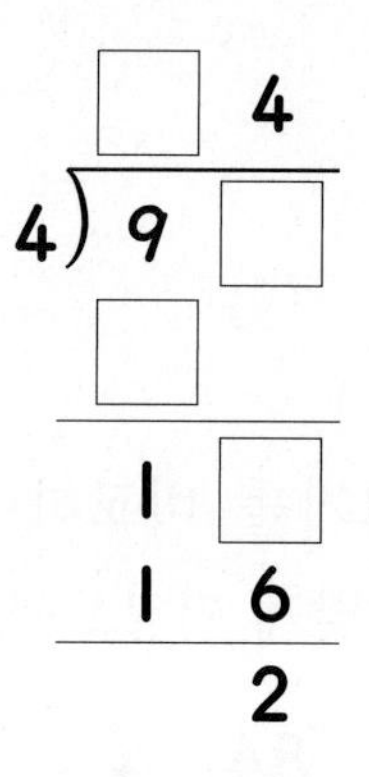

단원 3

원

이번에 배울 내용

1 원의 중심과 반지름, 지름 알아보기

2 원의 성질 알아보기

3 원 그리기

4 원을 이용하여 여러 가지 모양 그리기

이전에 배운 내용

- 여러 가지 물건 관찰하여 원 모양 찾기
- 원의 의미 이해하기

다음에 배울 내용

- 원주와 원주율 알아보기
- 원의 넓이 어림하기
- 원의 넓이 구하기

원리 꼼꼼

1. 원의 중심과 반지름, 지름 알아보기

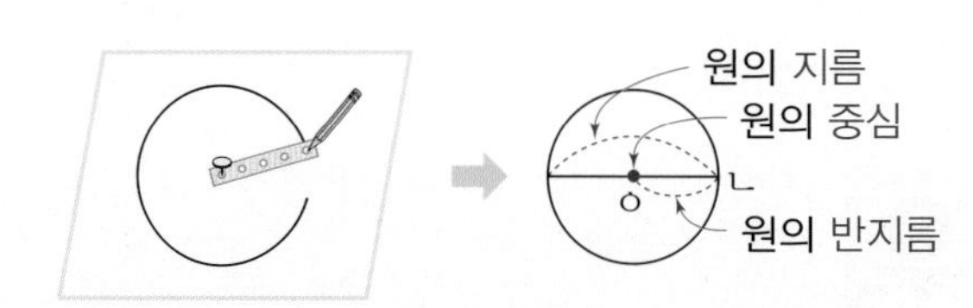

원을 그릴 때에 누름 못이 꽂혔던 점 ㅇ을 원의 중심이라 하고, 원의 중심 ㅇ과 원 위의 한 점을 이은 선분을 원의 반지름이라고 합니다. 또 원 위의 두 점을 이은 선분이 원의 중심 ㅇ을 지날 때, 이 선분을 원의 지름이라고 합니다.

원리 확인 1 두꺼운 종이를 이용하여 원을 그려 보았습니다. 다음을 알아보세요.

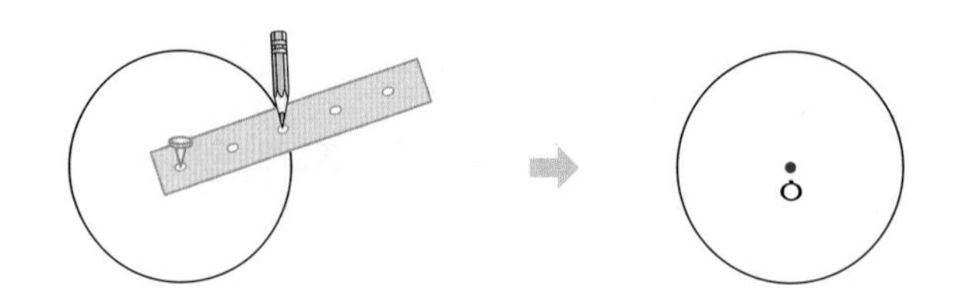

(1) 원을 그릴 때에 누름 못이 꽂혔던 점 ㅇ을 [ ]이라 합니다.

(2) 원 위에 점을 한 개 찍고 점 ㅇ과 이어 보세요.

(3) 위 (2)에서 이은 선분을 [ ]이라고 합니다.

원리 확인 2 다음 원에서 원의 중심을 찾아 써 보세요.

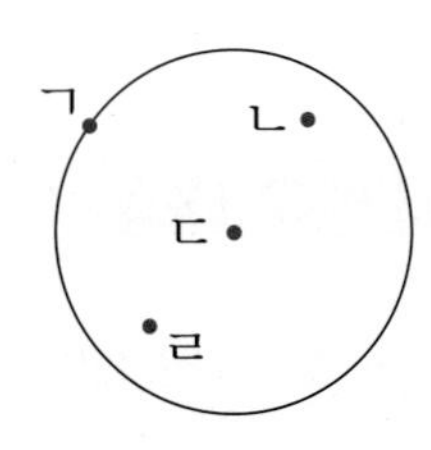

( )

원리 확인 3 다음 원의 가운데에 있는 점은 원의 중심입니다. 반지름과 지름을 1개씩 그려 보세요.

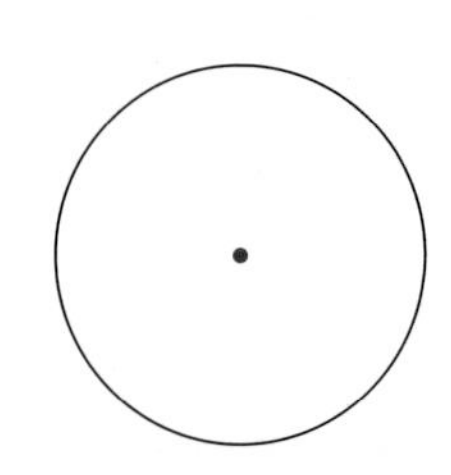

원리 탄탄

기본 문제를 통해 개념과 원리를 다져요.

1 다음 원에서 원의 반지름을 찾아 써 보세요.

(1)

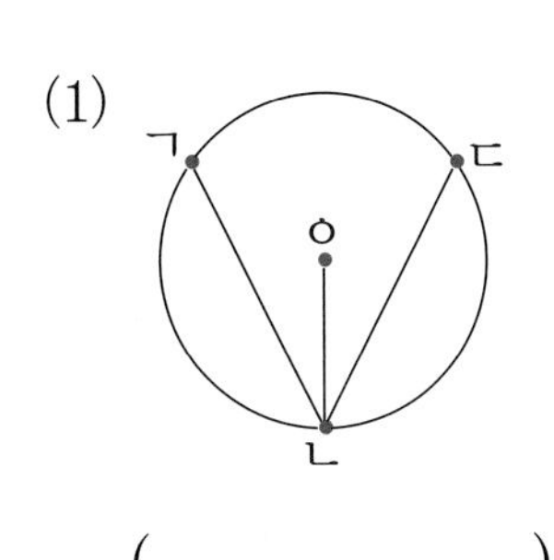

(　　　　　)

(2)

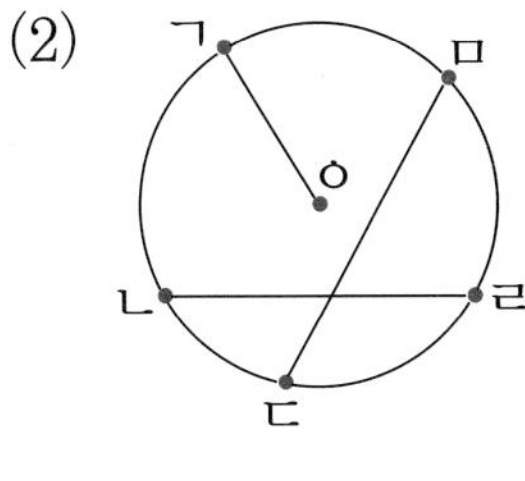

(　　　　　)

2 다음 원에서 원의 반지름은 몇 cm인지 써 보세요.

(1)

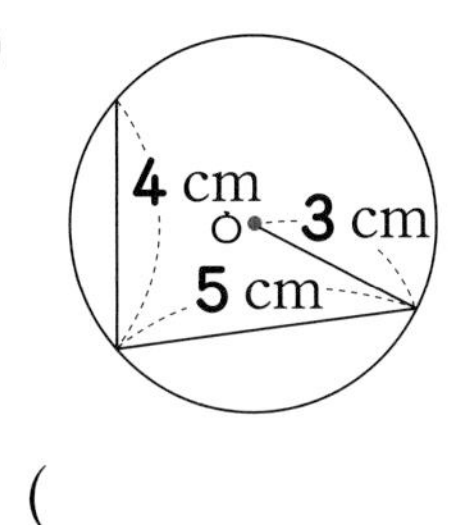

(　　　　　)

(2)

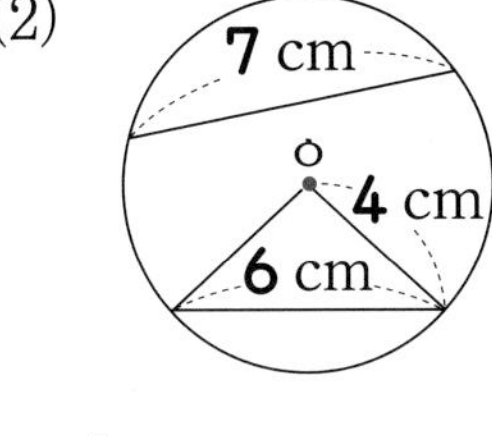

(　　　　　)

3 다음 원에서 원의 지름은 몇 cm인지 써 보세요.

(1)

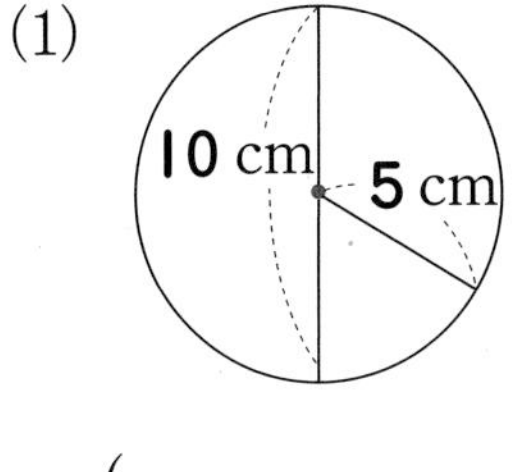

(　　　　　)

(2)

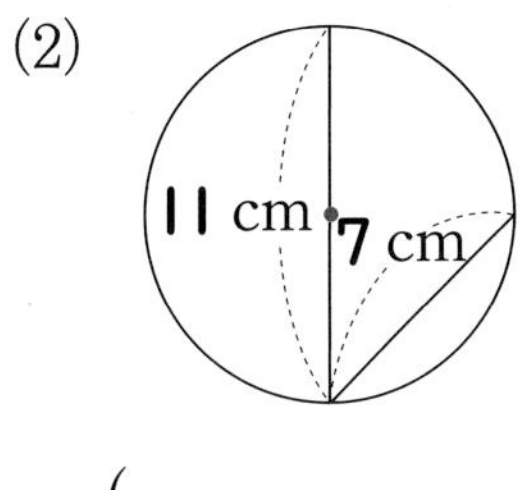

(　　　　　)

4 점 ㅇ은 각 원의 중심입니다. 지름을 1개 그리고, 반지름과 지름의 길이를 재어 보세요.

(1)

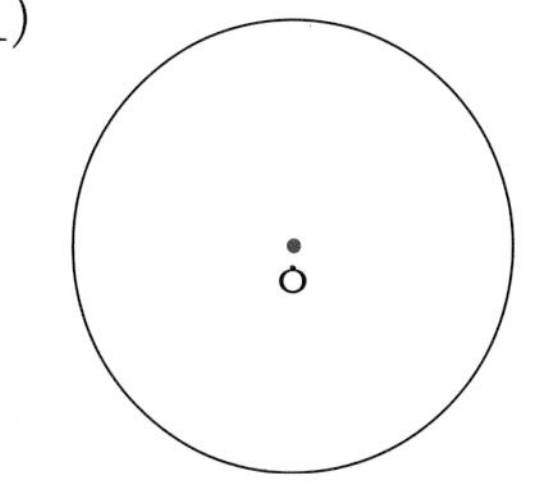

반지름 (　　　　　)

지름 (　　　　　)

(2)

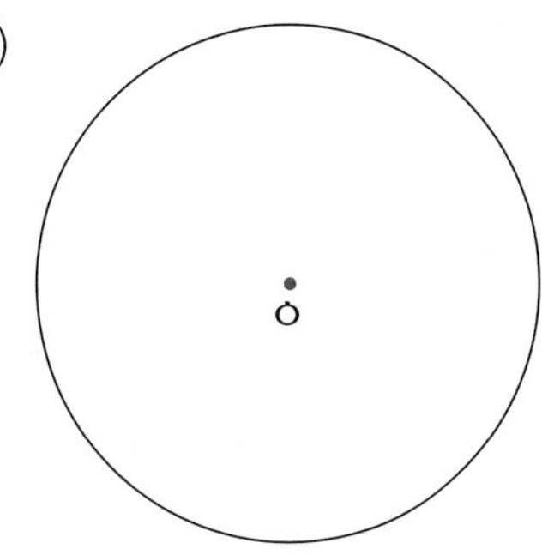

반지름 (　　　　　)

지름 (　　　　　)

1. 원의 중심과 원 위의 한 점을 이은 선분을 원의 반지름이라고 합니다.

3 단원

원리 척척

 원의 중심을 찾아 써 보세요. [1~2]

1

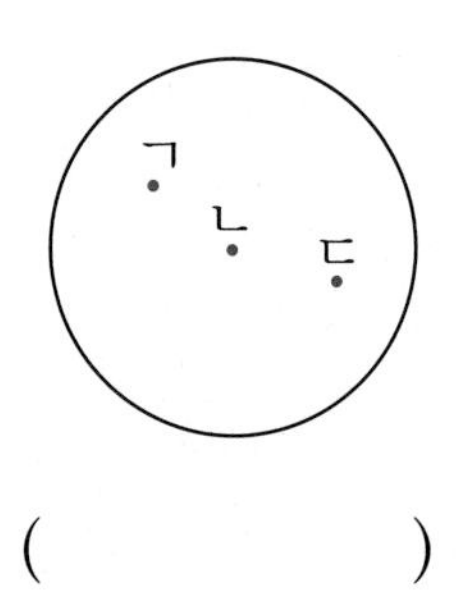

(　　　　　)

2

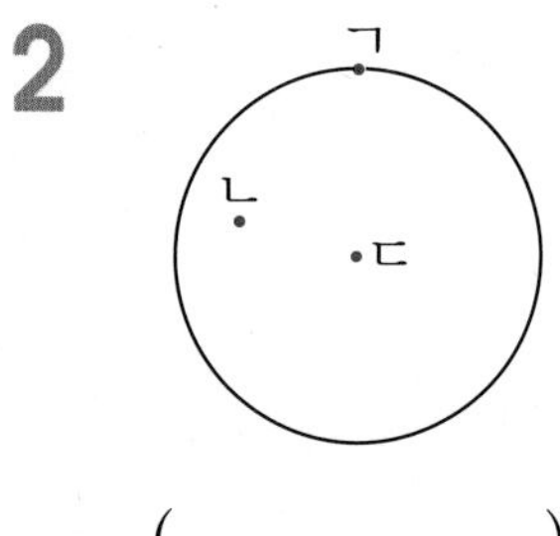

(　　　　　)

점 ㅇ은 원의 중심입니다. 원의 반지름을 나타내는 선분을 찾아 써 보세요. [3~6]

3

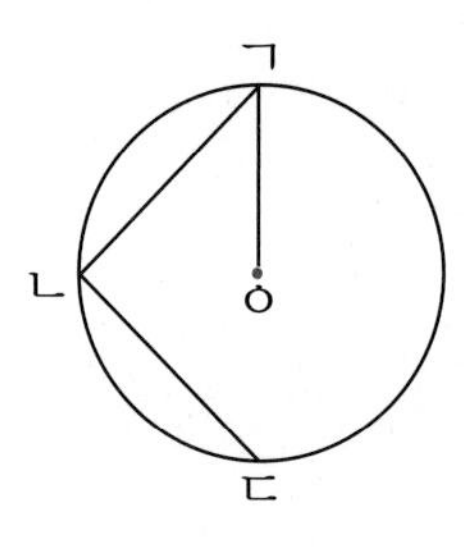

(　　　　　)

4

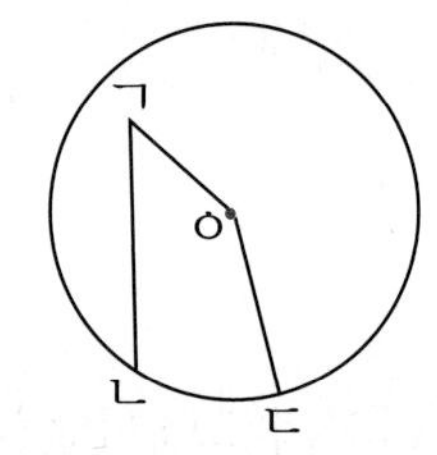

(　　　　　)

5

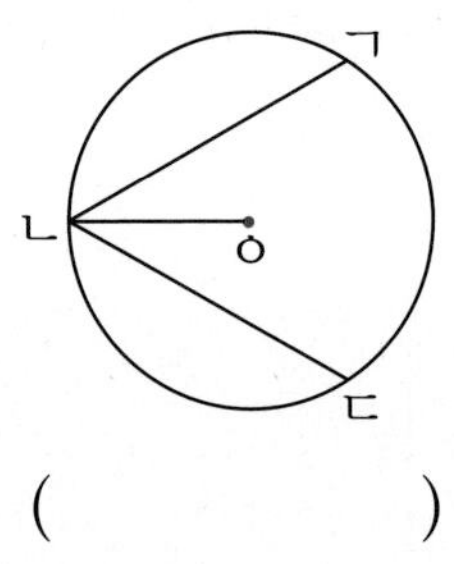

(　　　　　)

6

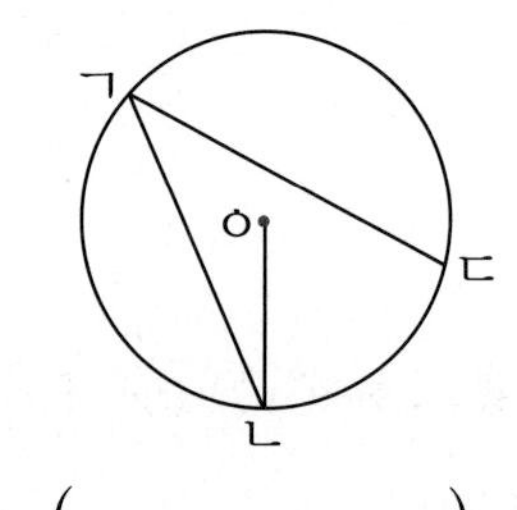

(　　　　　)

점 ㅇ은 원의 중심입니다. 원의 반지름을 1개 그어 보고 길이를 재어 보세요. [7~8]

7

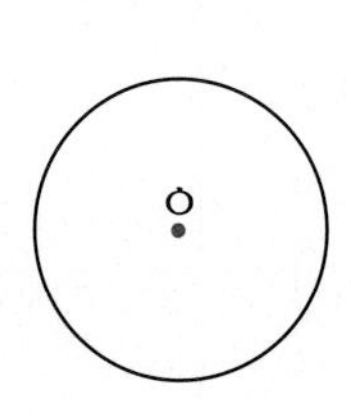

□ cm

8

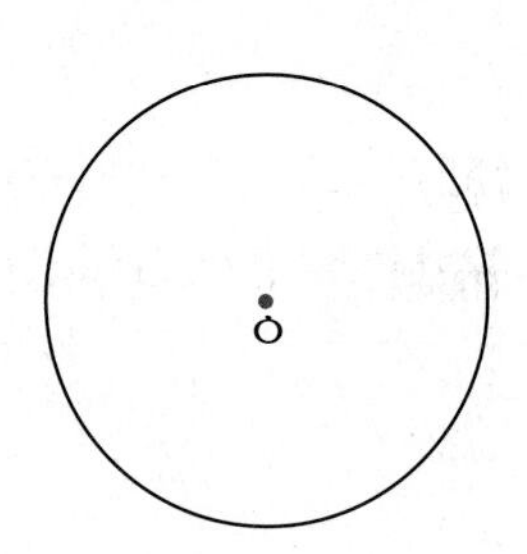

□ cm □ mm

점 ㅇ은 원의 중심입니다. 원의 지름을 나타내는 선분을 찾아 써 보세요. [9~14]

9

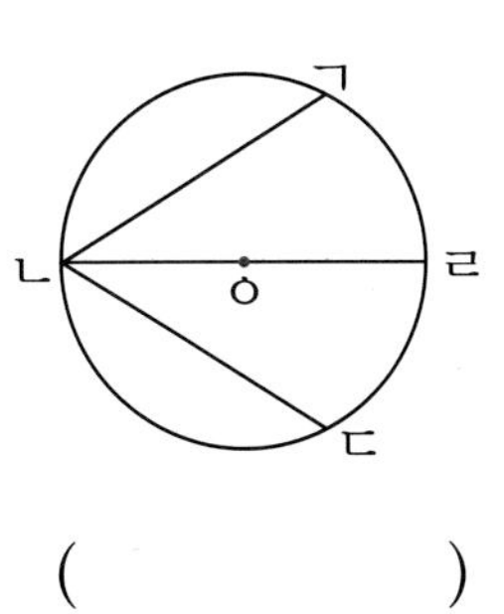

(　　　　　)

10

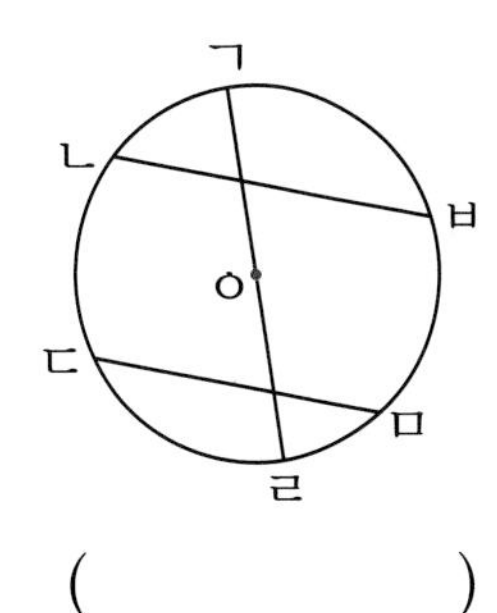

(　　　　　)

11

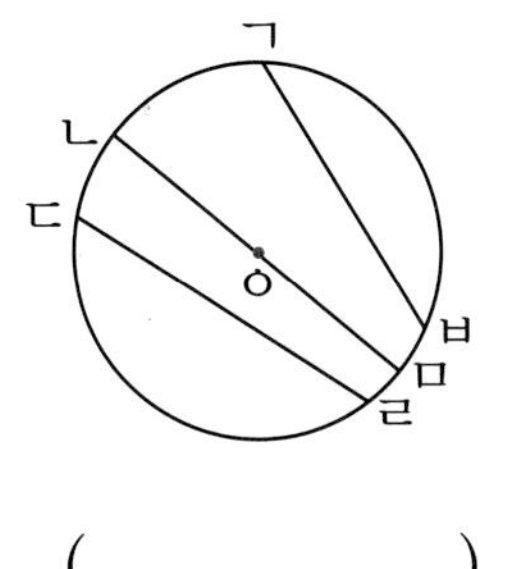

(　　　　　)

12

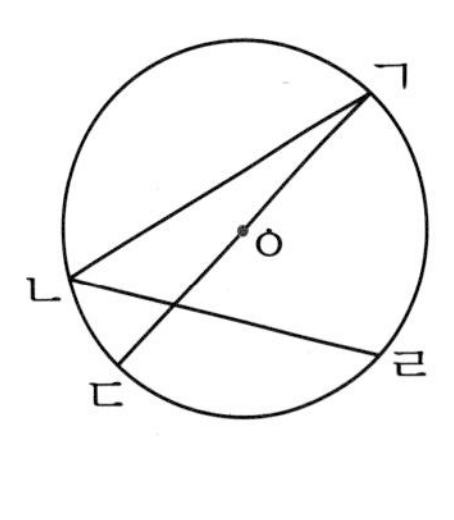

(　　　　　)

13

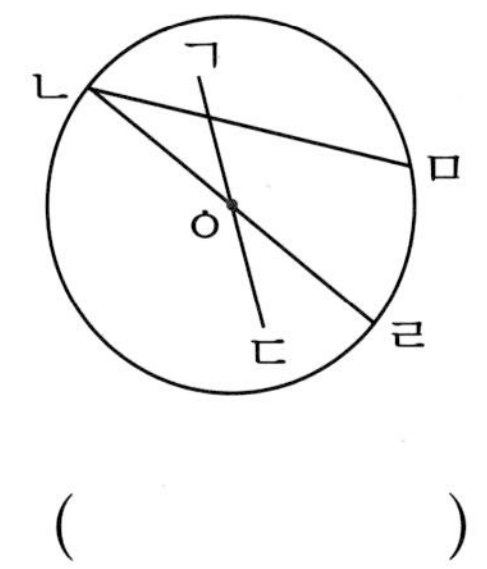

(　　　　　)

14

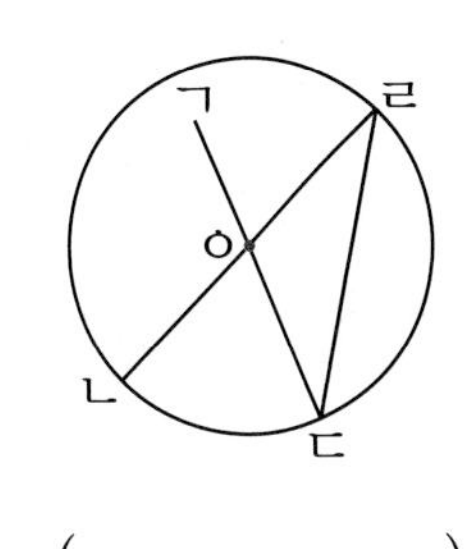

(　　　　　)

점 ㅇ은 원의 중심입니다. 원의 지름을 1개 그어 보고 길이를 재어 보세요. [15~16]

15

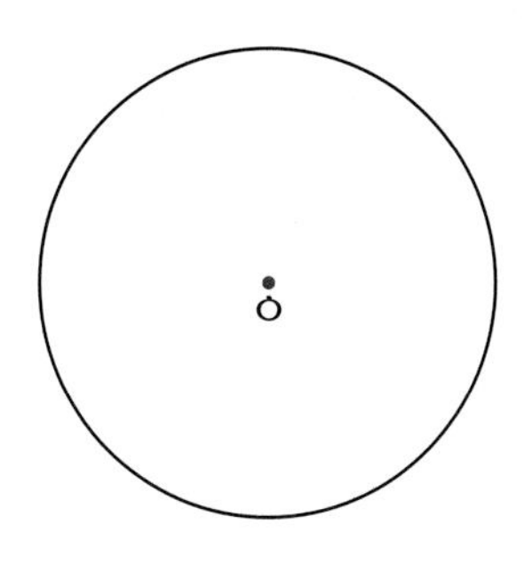

☐ cm ☐ mm

16

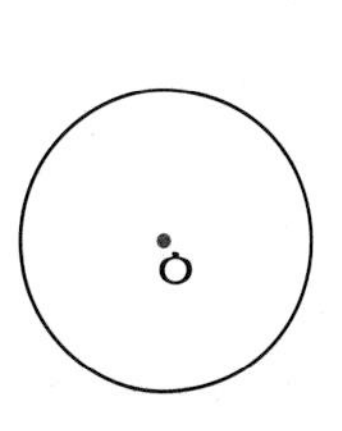

☐ cm

원리 꼼꼼

2. 원의 성질 알아보기

지름의 성질

- 원을 둘로 똑같이 나누는 선분입니다.
- 원 안에 그을 수 있는 가장 긴 선분입니다.
- 원의 중심을 지나는 선분입니다.

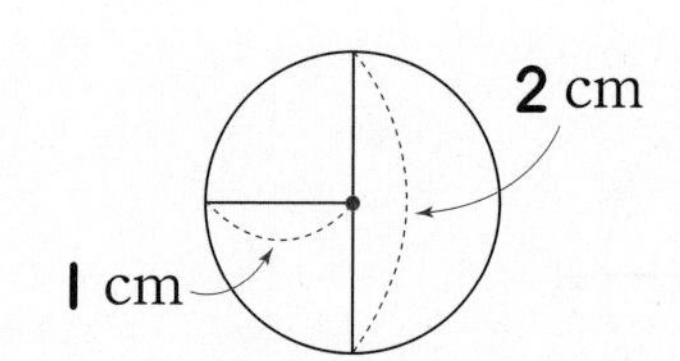

반지름과 지름의 관계

- 한 원에서 지름은 반지름의 **2**배입니다.

원리 확인 1 □ 안에 알맞은 말을 써넣으세요.

(1) 원을 둘로 똑같이 나누는 선분을 □이라고 합니다.

(2) 지름은 한 원에서 가장 □ 선분이고 원의 중심을 지납니다.

(3) 원의 중심을 지나는 선분은 무수히 □ 그릴 수 있습니다.

원리 확인 2 지름의 성질을 알아보세요.

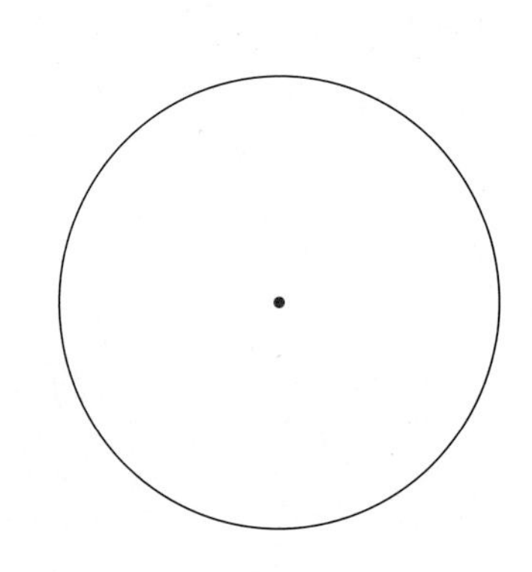

(1) 지름을 **3**개 그려 보세요.

(2) 지름을 자로 재어 보면 □ cm입니다.

(3) 지름의 길이는 모두 (같습니다, 다릅니다).

원리 확인 3 원의 반지름과 지름과의 관계를 알아보세요.

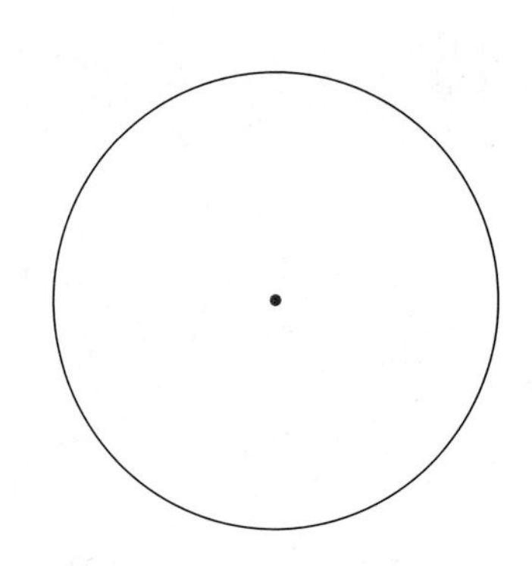

(1) 반지름과 지름을 각각 **1**개 그려 보세요.

(2) 반지름과 지름을 각각 자로 재어 보면
□ cm, □ cm입니다.

(3) 지름은 반지름의 □배입니다.

원리 탄탄

1 오른쪽 그림을 보고 물음에 답하세요.

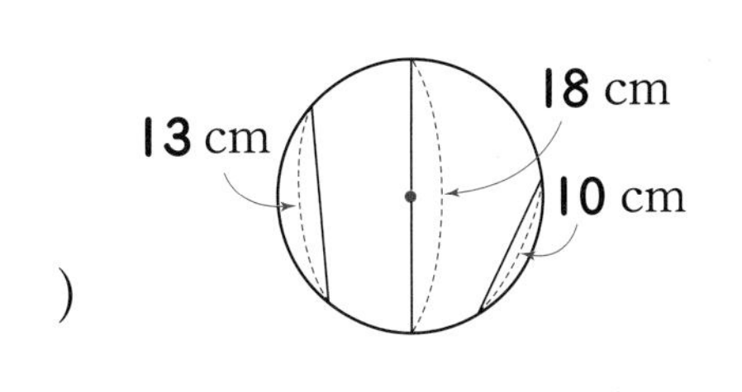

(1) 원의 지름은 몇 cm인가요?

( )

(2) 원의 반지름은 몇 cm인가요?

( )

(3) 지름은 반지름의 몇 배인가요?

( )

2 원의 지름은 몇 cm인가요?

(1)

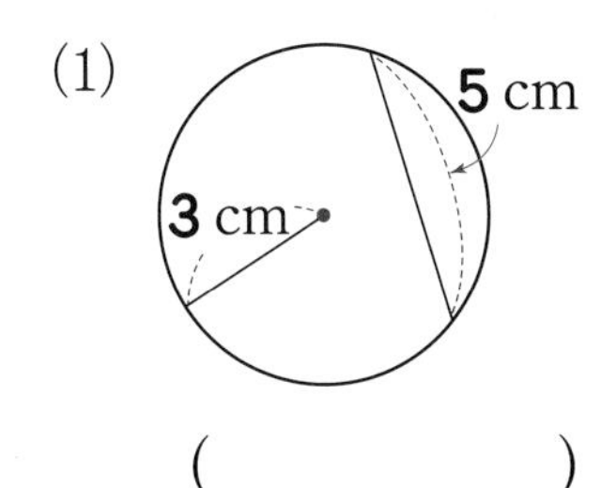

( )

(2)

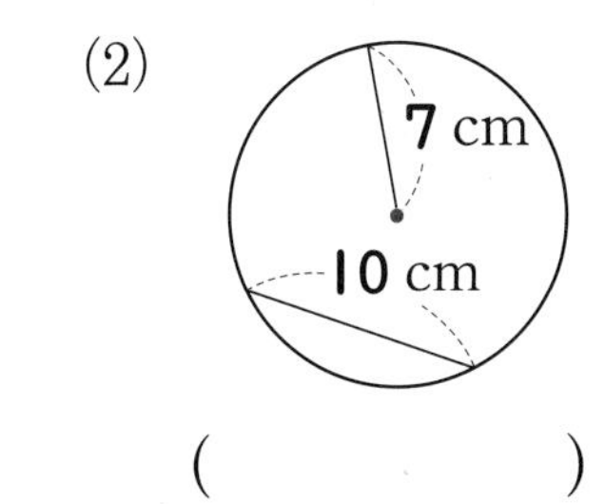

( )

3 □ 안에 알맞은 수를 써넣으세요.

(1)

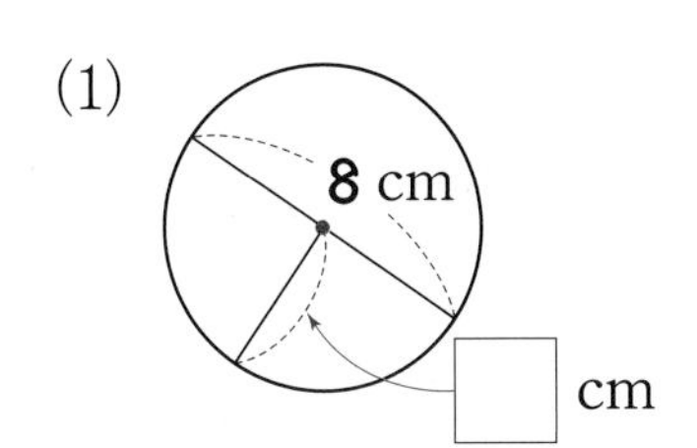

(2)

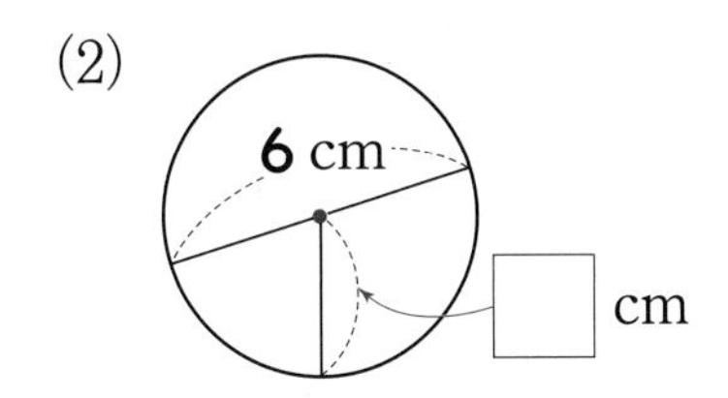

4 크기가 가장 큰 원은 어느 것인가요? ( )

① 반지름이 3 cm인 원　② 반지름이 6 cm인 원
③ 지름이 10 cm인 원　④ 반지름이 8 cm인 원
⑤ 지름이 14 cm인 원

2. (반지름)×2=(지름)
(지름)÷2=(반지름)

원리 척척

 **점 ㅇ은 원의 중심입니다. □ 안에 알맞은 수를 써넣으세요. [1~7]**

1

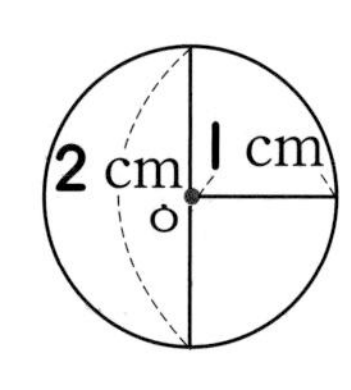

• 원의 반지름은 □ cm입니다.

• 원의 지름은 □ cm입니다.

➡ 한 원에서 원의 지름은 원의 반지름의 □배입니다.

2

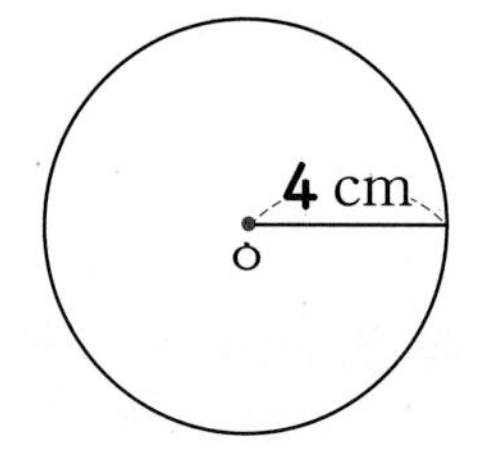

원의 반지름: □ cm

원의 지름: □ cm

3

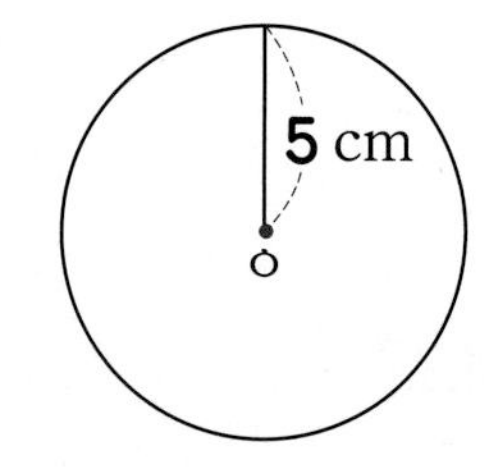

원의 반지름: □ cm

원의 지름: □ cm

4

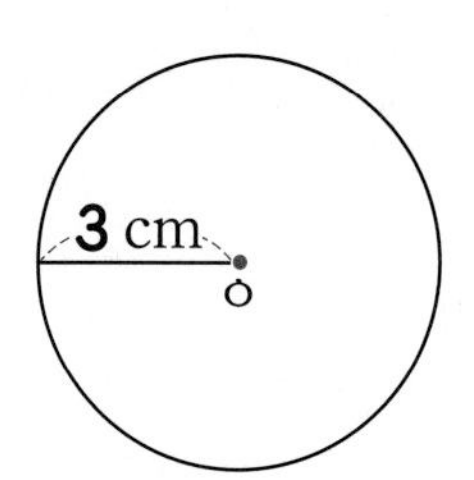

원의 반지름: □ cm

원의 지름: □ cm

5

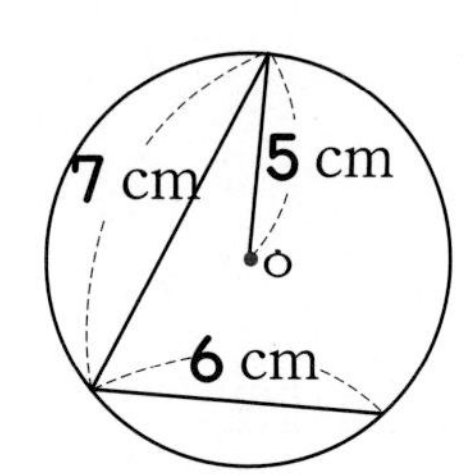

원의 반지름: □ cm

원의 지름: □ cm

6

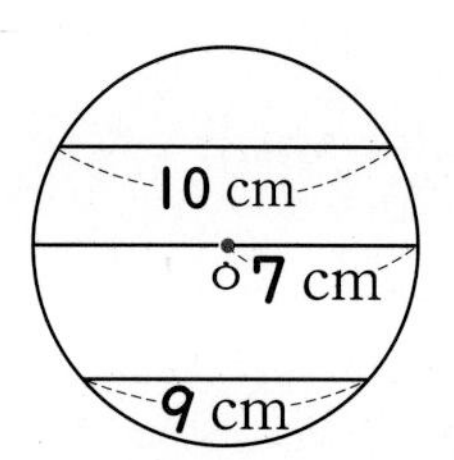

원의 반지름: □ cm

원의 지름: □ cm

7

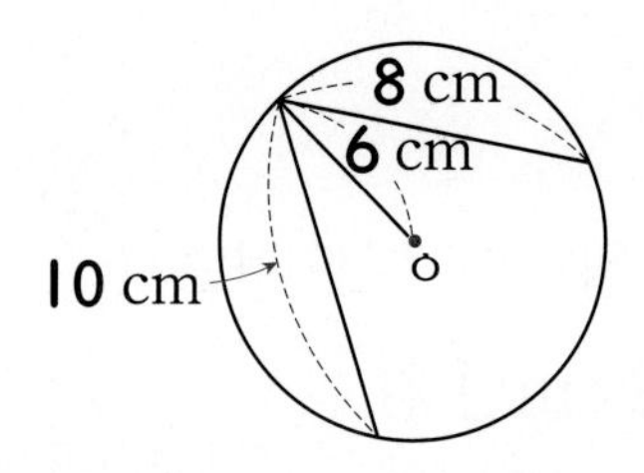

원의 반지름: □ cm

원의 지름: □ cm

점 ㅇ은 원의 중심입니다. □ 안에 알맞은 말이나 수를 써넣으세요. [8~14]

8

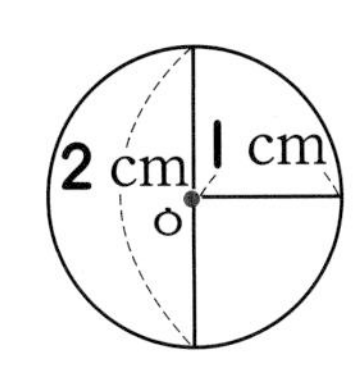

• 원의 지름은 □ cm입니다.

• 원의 반지름은 □ cm입니다.

➡ 한 원에서 원의 반지름은 원의 지름의 □입니다.

9

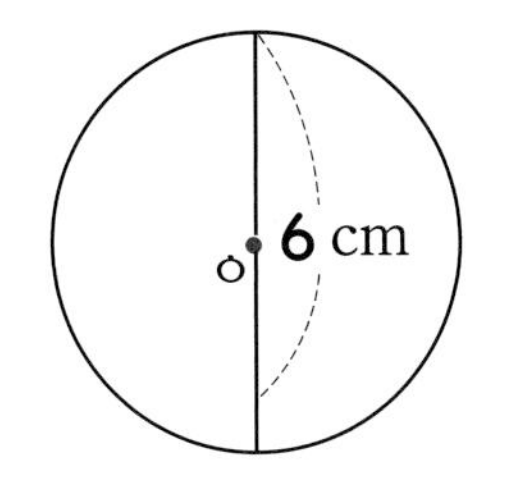

원의 지름: □ cm

원의 반지름: □ cm

10

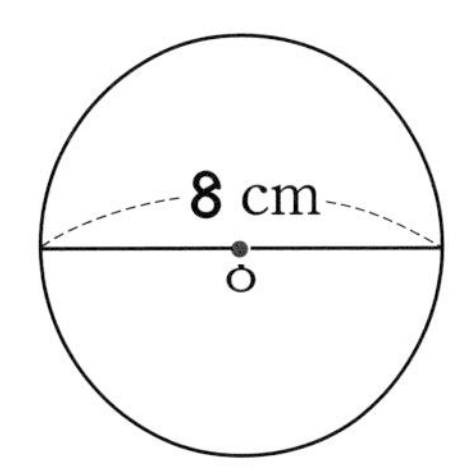

원의 지름: □ cm

원의 반지름: □ cm

11

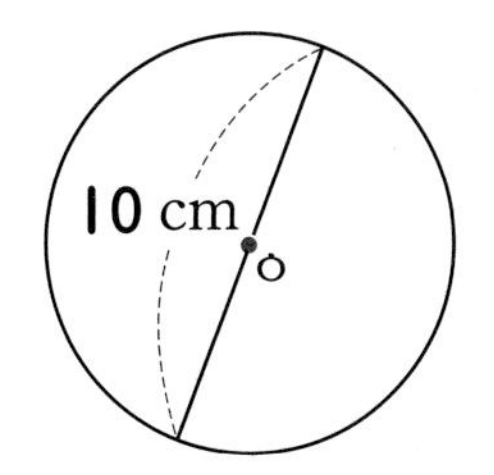

원의 지름: □ cm

원의 반지름: □ cm

12

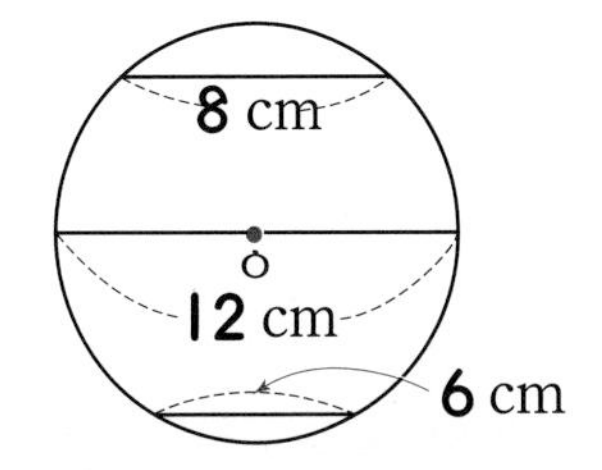

원의 지름: □ cm

원의 반지름: □ cm

13

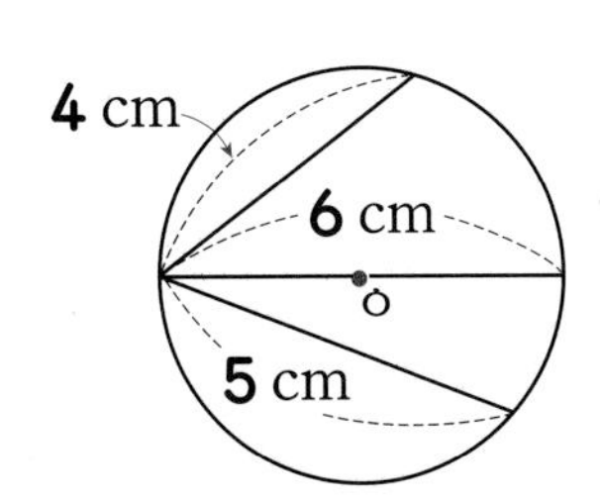

원의 지름: □ cm

원의 반지름: □ cm

14

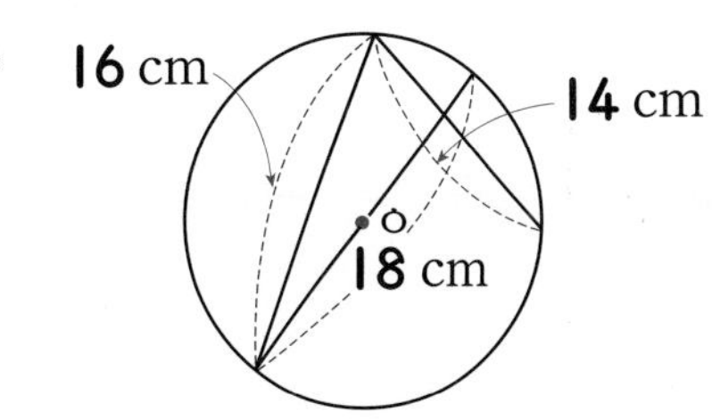

원의 지름: □ cm

원의 반지름: □ cm

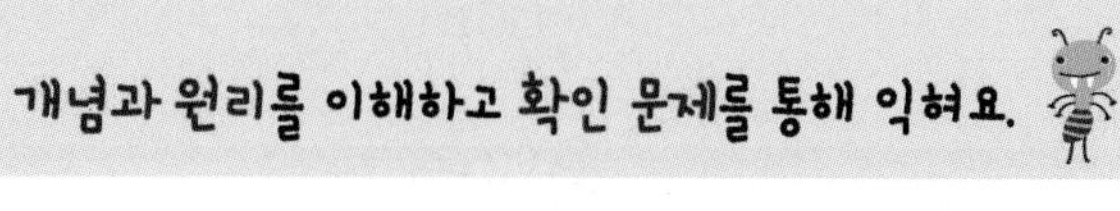

원리 꼼꼼

컴퍼스를 사용하여 원 그리기

컴퍼스를 사용하여 반지름이 1 cm인 원 그리기

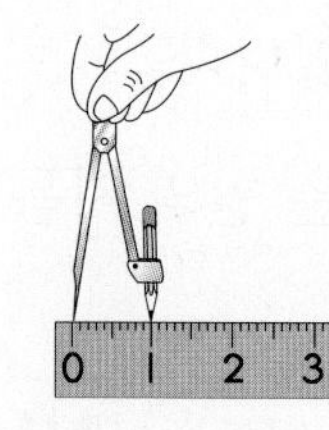

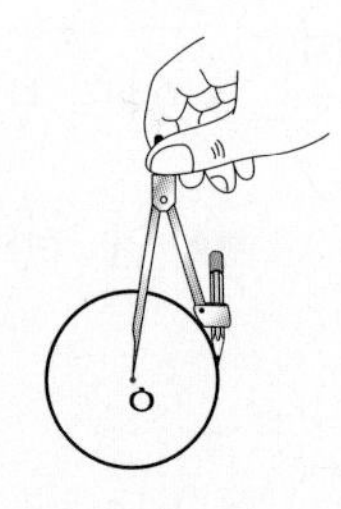

① 원의 중심이 되는 점 ㅇ을 정합니다.

② 컴퍼스를 원의 반지름인 1 cm만큼 벌립니다.

③ 컴퍼스의 침을 점 ㅇ에 꽂고 원을 그립니다.

원리 확인 1 컴퍼스를 사용하여 반지름이 2 cm인 원을 그려 보세요.

(1) 원의 중심이 되는 점 ㅇ을 정하세요.

(2) 컴퍼스를 2 cm가 되도록 벌리세요.

(3) 컴퍼스의 침을 점 ㅇ에 꽂고, 원을 그리세요.

원리 확인 2 컴퍼스를 사용하여 점 ㅇ을 원의 중심으로 반지름이 3 cm인 원을 그려 보세요.

ㅇ

원리 확인 3 왼쪽과 같은 원을 오른쪽에 그려 보세요.

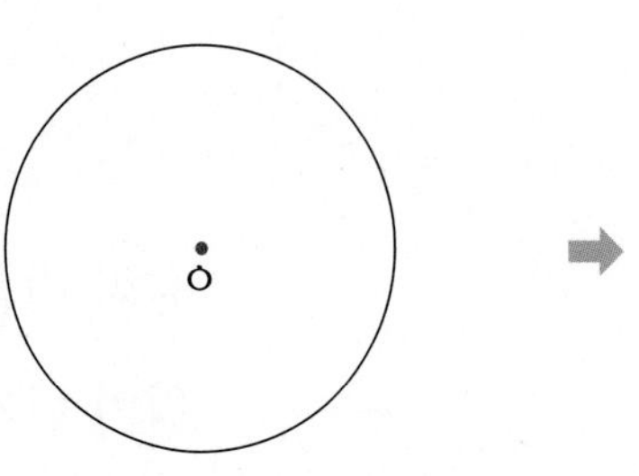

step 2 원리 탄탄

기본 문제를 통해 개념과 원리를 다져요.

1 컴퍼스를 **3** cm가 되도록 벌린 것은 어느 것인가요? (　　　　)

①
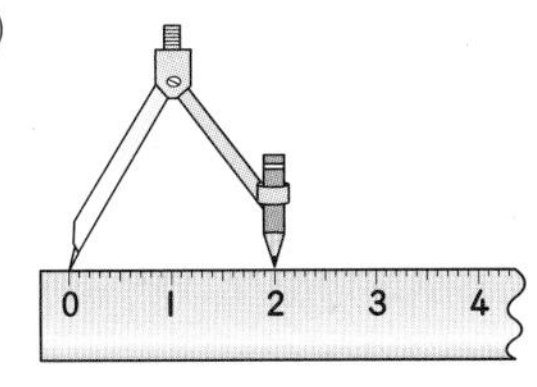

②
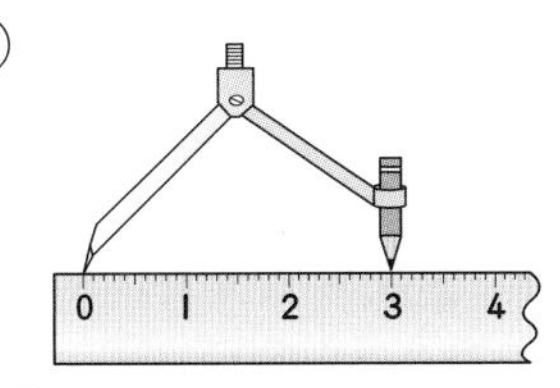

③
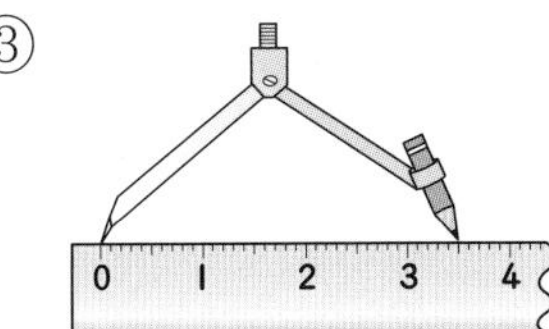

④
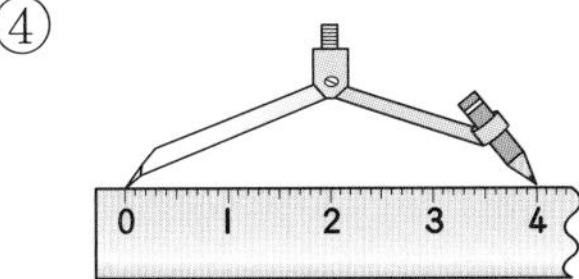

2 컴퍼스를 사용하여 오른쪽과 같은 원을 그리려고 합니다. 컴퍼스의 침과 연필심 사이의 거리를 몇 cm로 벌려야 하나요?

(　　　　　　)

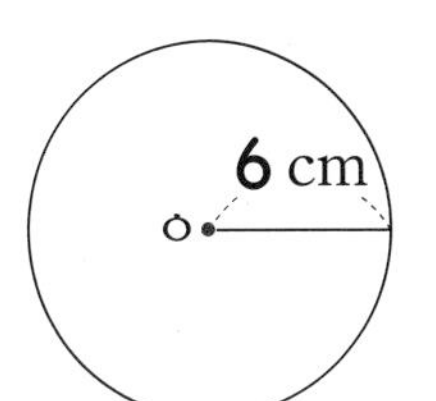

2. 컴퍼스로 원을 그릴 때에는 반지름을 이용하여 그립니다.

3 컴퍼스를 사용하여 반지름이 **3** cm인 원을 그리려고 합니다. 그리는 순서대로 기호를 써 보세요.

> ㉠ 컴퍼스의 침을 원의 중심에 꽂고, 원을 그립니다.
> ㉡ 원의 중심이 될 점을 정합니다.
> ㉢ 컴퍼스를 **3** cm가 되도록 벌립니다.

(　　　　　　　　　)

4 각각의 점을 원의 중심으로 하여 반지름이 **2** cm인 원을 그려 보세요.

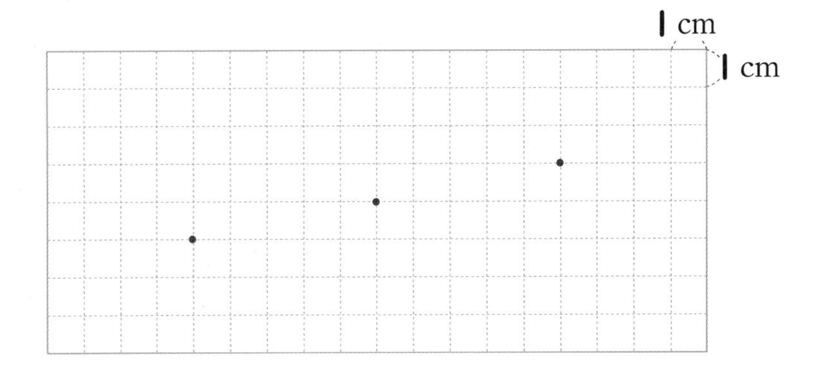

3 단원

원리 척척

컴퍼스를 사용하여 다음과 같은 원을 그려 보세요. [1~6]

1 점 ㅇ을 원의 중심으로 하여
반지름이 **1** cm **5** mm인 원

ㅇ

2 점 ㅇ을 원의 중심으로 하여
반지름이 **2** cm인 원

ㅇ

3 점 ㅇ을 원의 중심으로 하여
반지름이 **2** cm **5** mm인 원

ㅇ

4 점 ㅇ을 원의 중심으로 하여
반지름이 **3** cm인 원

ㅇ

5 점 ㅇ을 원의 중심으로 하여 반지름이
1 cm인 원과 반지름이 **2** cm인 원

ㅇ

6 점 ㅇ을 원의 중심으로 하여 반지름이
2 cm인 원과 반지름이 **3** cm인 원

ㅇ

컴퍼스와 자를 이용하여 왼쪽과 같은 모양을 그려 보세요. [7~10]

7

8

9

10

1 원리 꼼꼼

4. 원을 이용하여 여러 가지 모양 그리기

규칙을 정하여 그리기

① 원의 중심을 옮겨 가며 그리기

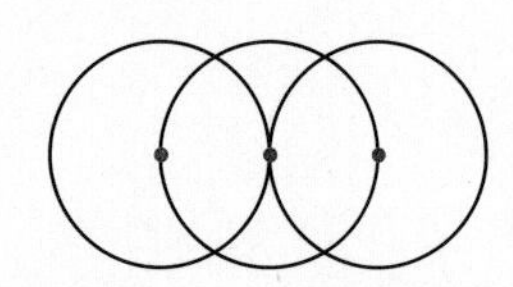

② 원의 중심을 고정하여 그리기

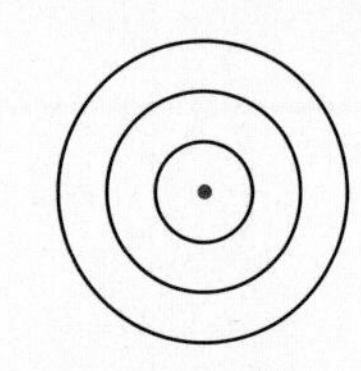

여러 가지 모양 그리기

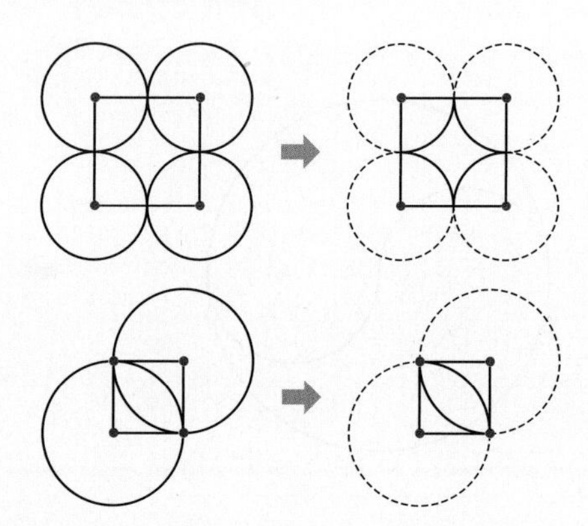

원의 중심의 위치에 따라 다양한 모양을 만들 수 있습니다.

원리 확인 1 그림과 같이 반지름이 1 cm인 원을 원의 중심을 옮겨 가며 차례로 3개 더 그려 보세요.

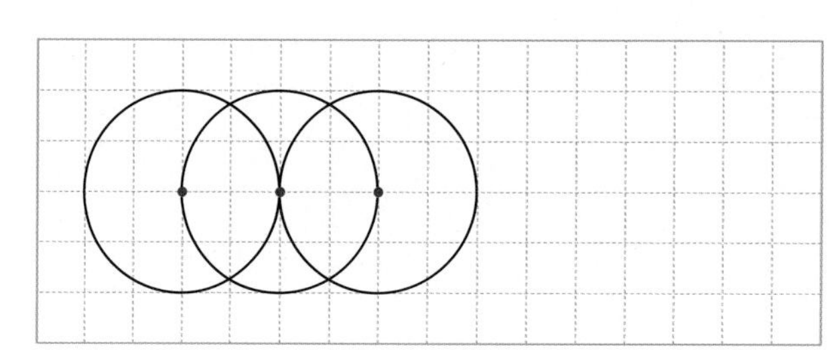

원리 확인 2 그림과 같이 반지름을 한 칸씩 늘려 가며 차례로 원을 1개 더 그려 보세요.

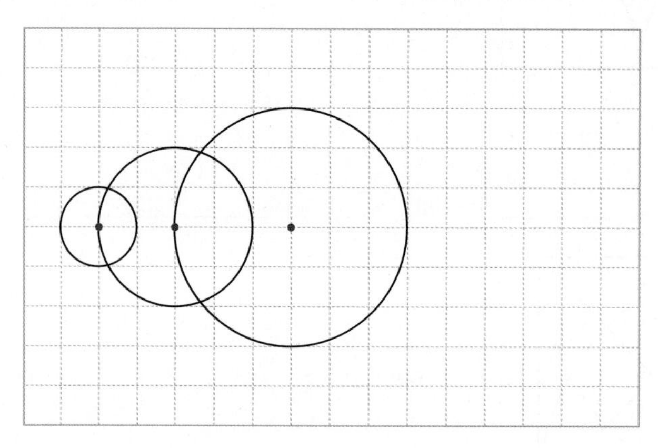

원리 탄탄

1 오른쪽 그림에서 두 원의 중심을 찾아 기호를 써 보세요.

( )

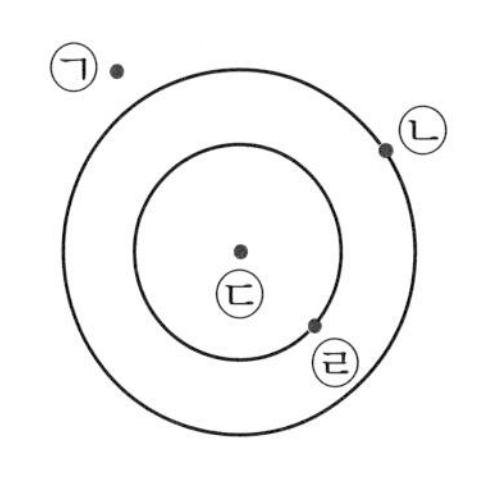

1. 원의 중심은 같지만 반지름은 다릅니다.

2 오른쪽 그림과 같은 모양을 그릴 때 원의 중심은 모두 몇 개인가요?

( )

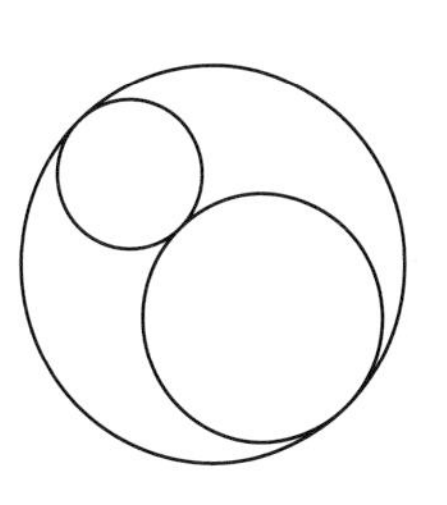

3 원의 중심을 고정하고 반지름을 다르게 하여 그린 것을 찾아 기호를 써 보세요.

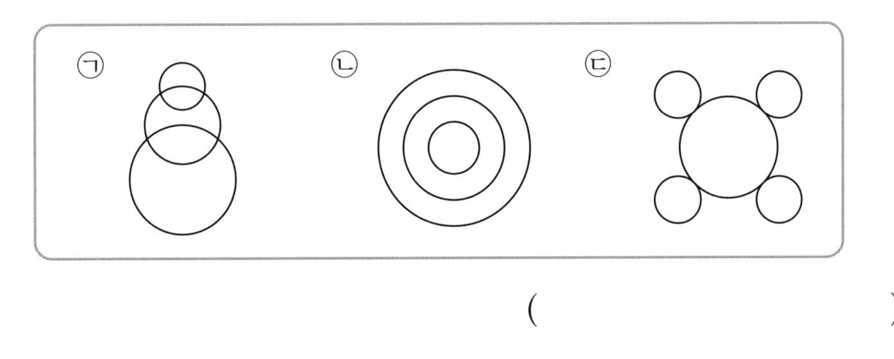

( )

4 그림 속의 점은 각각 원의 중심이 됩니다. 자와 컴퍼스를 이용하여 그림과 같은 모양을 그려 보세요.

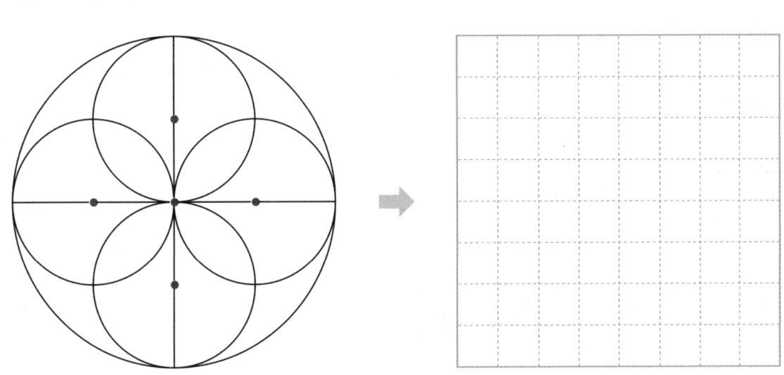

원리 척척

규칙에 따라 원을 1개 더 그려 보세요. [1~4]

1

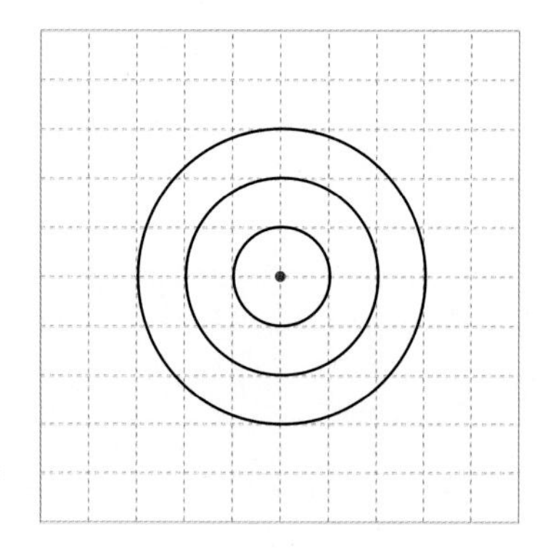

2

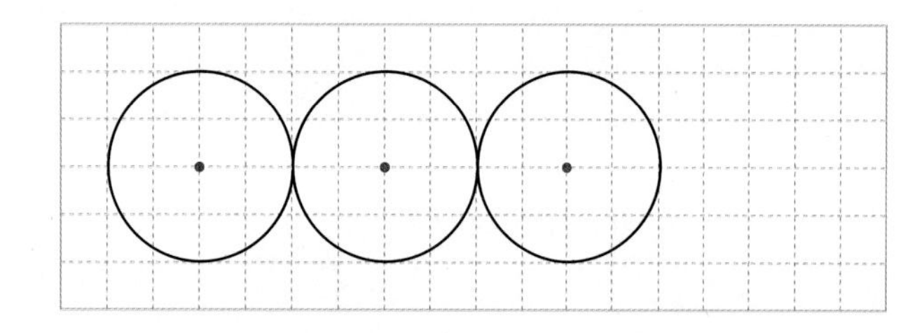

3

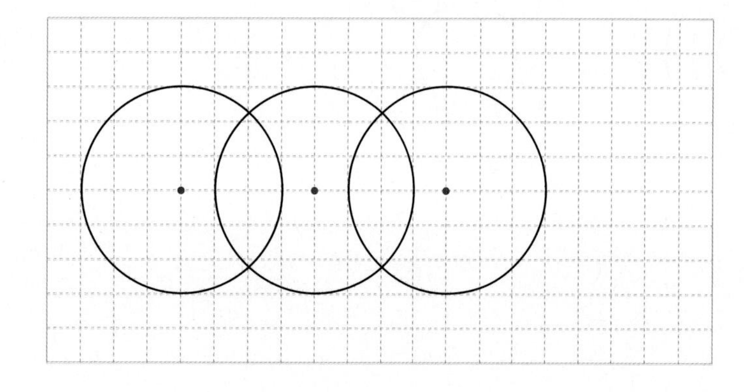

4

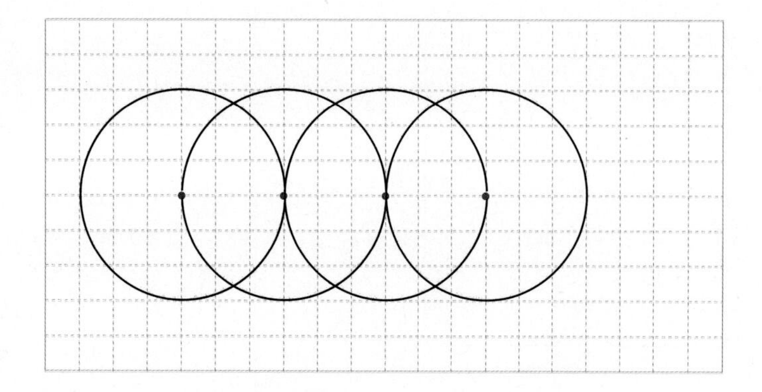

규칙에 따라 원을 1개 더 그려 보세요. [5~8]

5

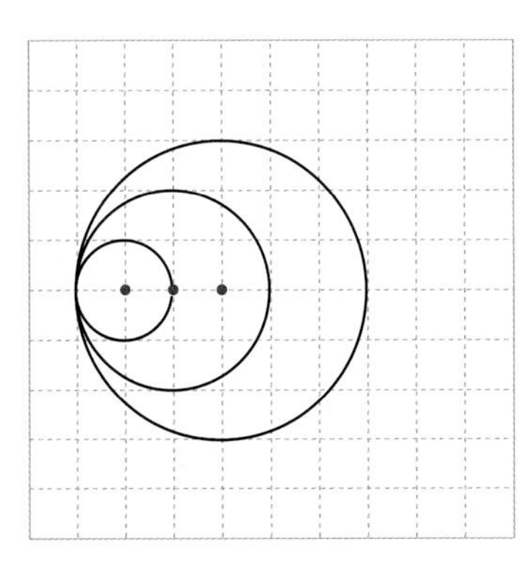

6

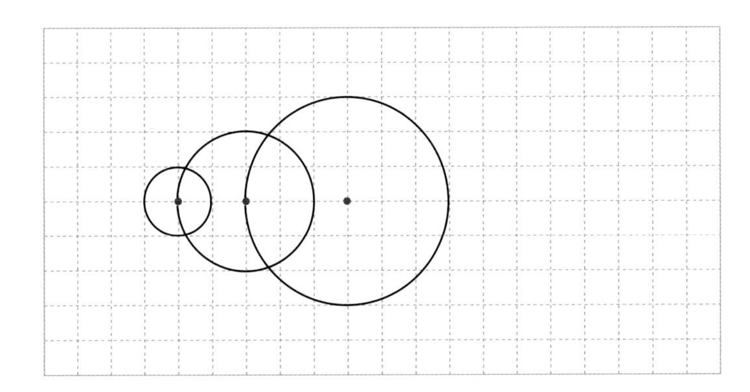

7

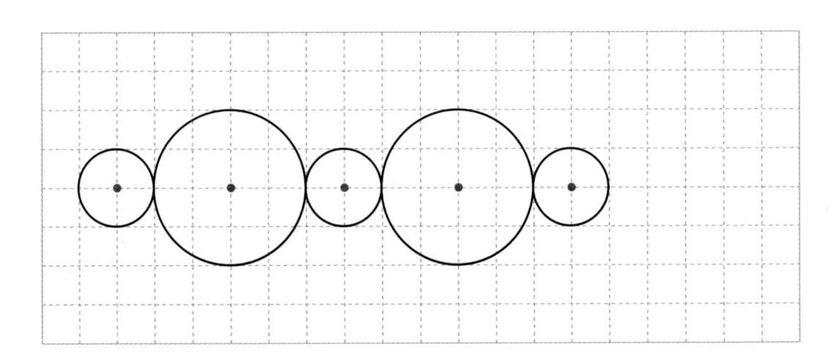

8

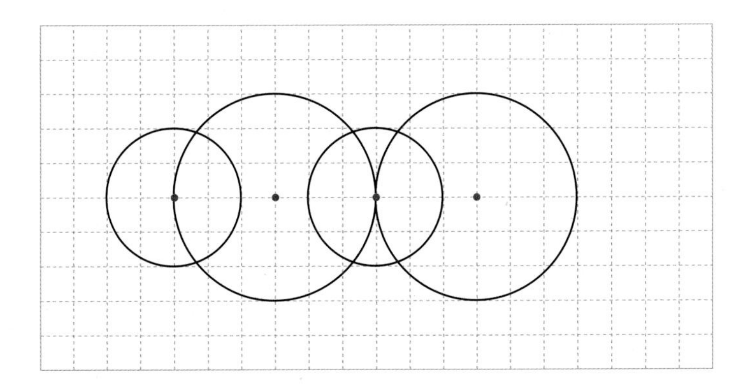

유형 콕콕

01 □ 안에 알맞은 말을 써넣으세요.

> 원 위의 두 점을 이은 선분 중에서 가장 긴 선분은 원의 [　　]을 지나고, 이 선분을 원의 [　　]이라고 합니다.

02 원 안에 지름은 몇 개 그을 수 있나요?

(　　　　　　　　　　)

03 오른쪽 원을 보고 물음에 답하세요.

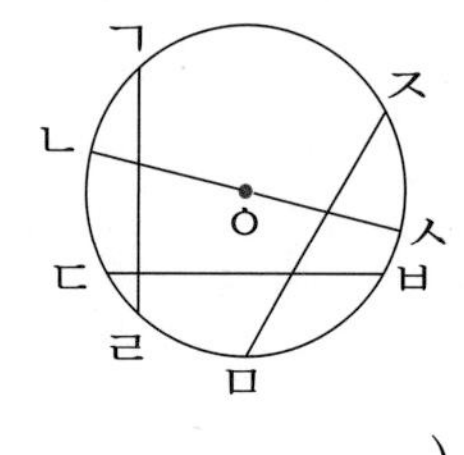

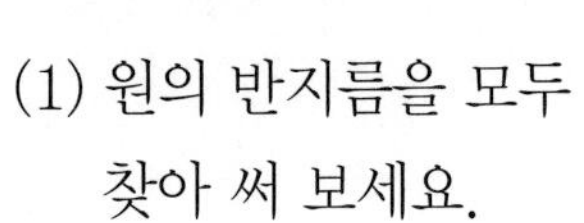

(1) 원의 반지름을 모두 찾아 써 보세요.

(　　　　　　)

(2) 원의 지름을 찾아 써 보세요.

(　　　　　　)

04 다음 원에서 원의 지름은 몇 cm인가요?

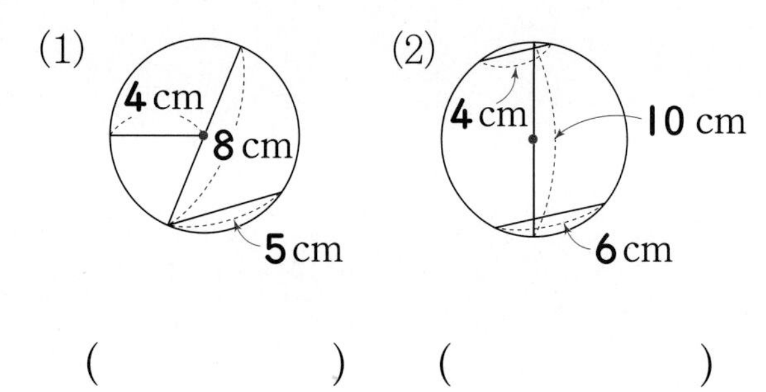

(　　　　)　(　　　　)

05 □ 안에 알맞은 수를 써넣으세요.

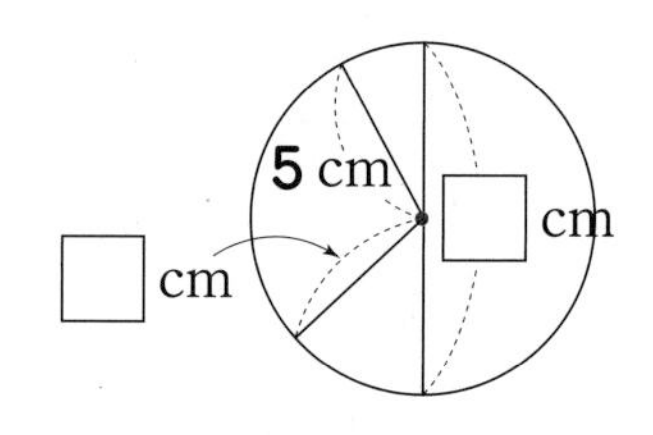

06 오른쪽 원의 지름은 몇 cm인가요?

(　　　　　　)

07 한 변이 18 cm인 정사각형 안에 가장 큰 원을 그렸습니다. 이 원의 반지름은 몇 cm인가요?

18 cm

(　　　　　　)

08 선분 ㄱㄴ의 길이는 몇 cm인가요?

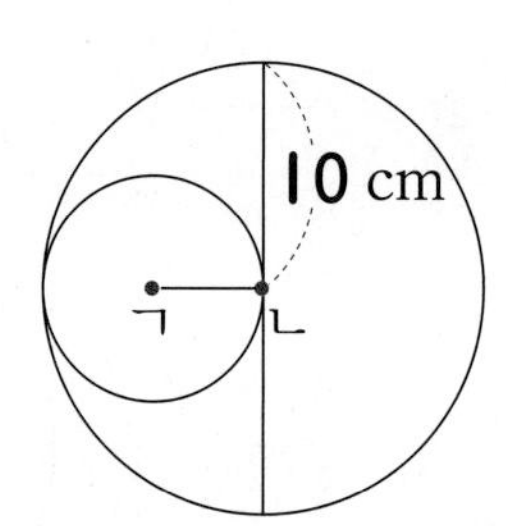

(　　　　　　)

09 선분 ㄱㄴ의 길이는 몇 cm인가요?

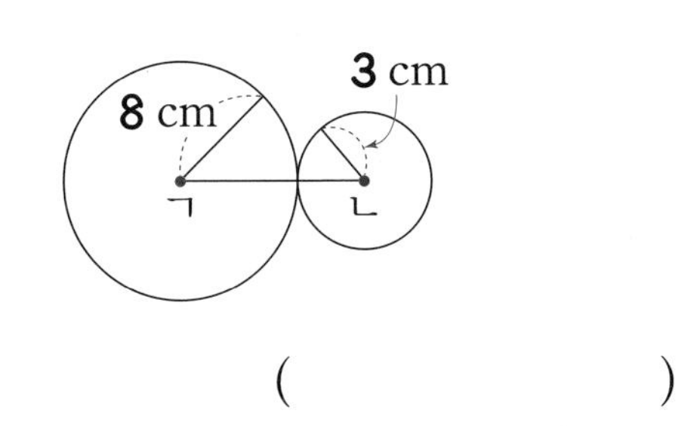

( )

10 그림과 같이 직사각형 안에 크기가 같은 원 3개를 이어 붙여서 그렸습니다. 원의 반지름은 몇 cm인가요?

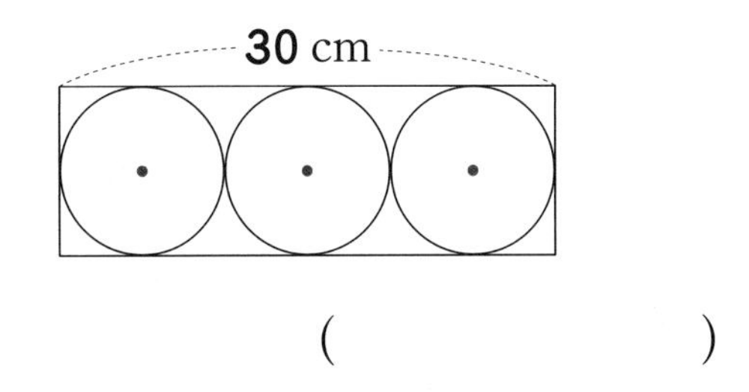

( )

11 가장 큰 원의 반지름은 몇 cm인가요?

( )

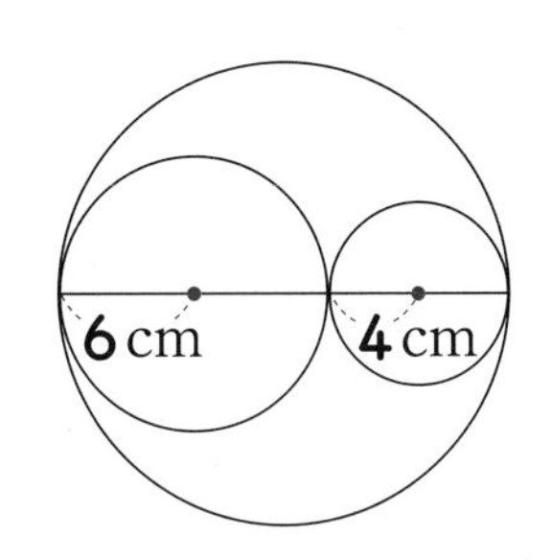

12 오른쪽 그림을 보고 물음에 답하세요.

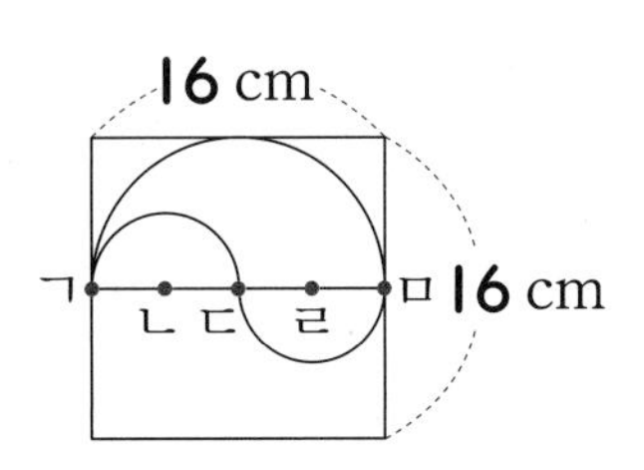

(1) 선분 ㄱㄴ의 길이는 몇 cm인가요?

( )

(2) 선분 ㄴㄹ의 길이는 몇 cm인가요?

( )

13 다음과 같이 반지름을 한 칸씩 늘려 가며 차례로 원을 2개 더 그려 보세요.

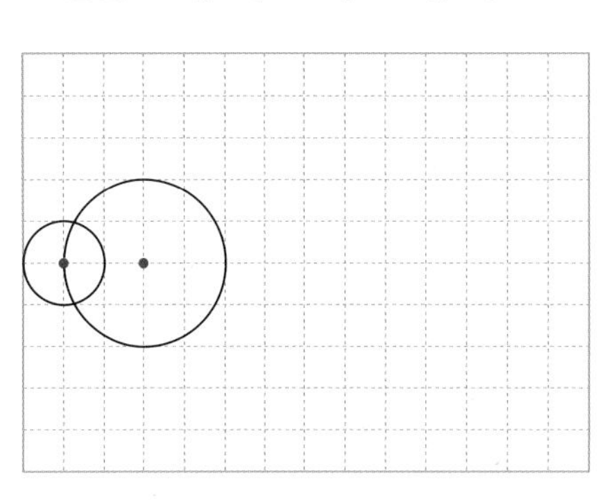

14 다음과 같이 같은 점을 중심으로 반지름을 두 칸씩 늘려 가며 차례로 원을 2개 더 그려 보세요.

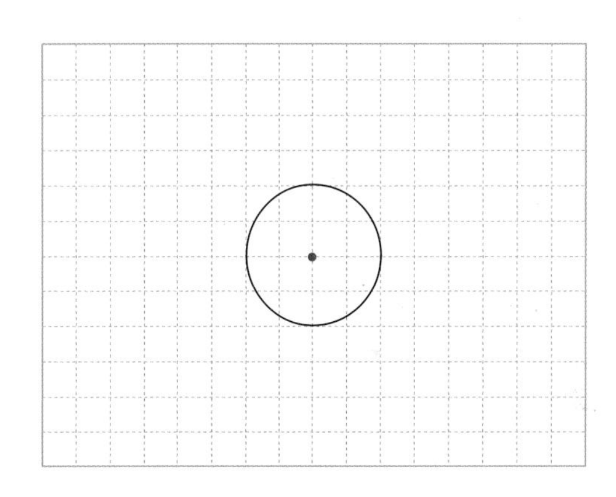

15 오른쪽과 같은 모양을 그릴 때, 원의 중심은 모두 몇 개인가요?

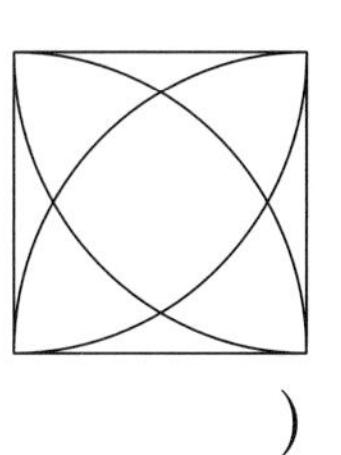

( )

16 왼쪽과 같은 모양을 그려 보세요.

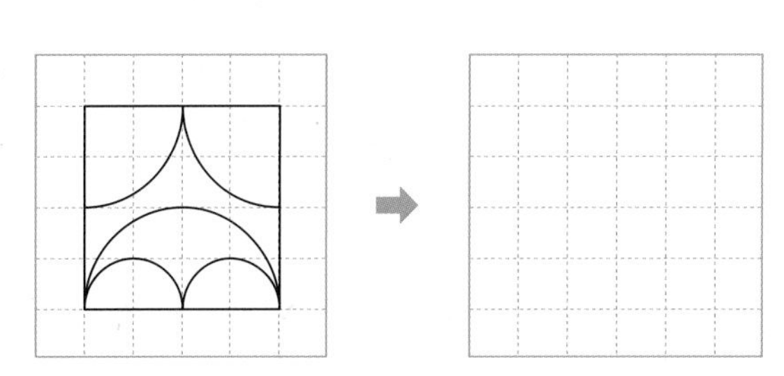

3 단원

3. 원

점수

01 원의 중심을 찾아 써 보세요.

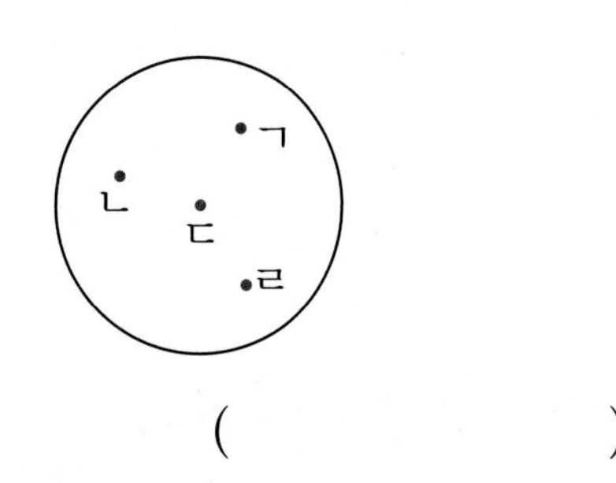

( )

02 □ 안에 알맞은 말을 써넣으세요.

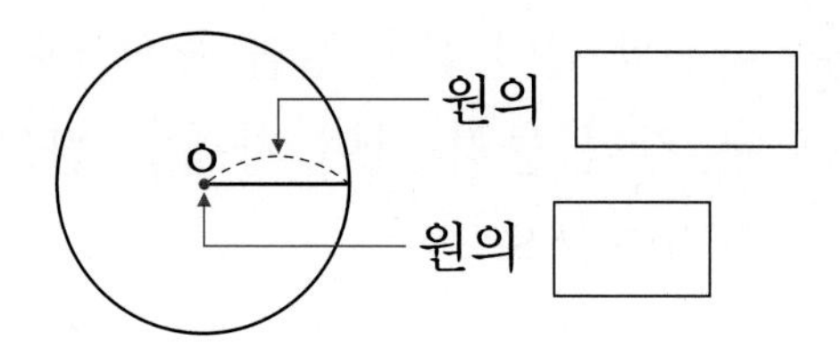

점 ㅇ은 원의 중심입니다. 원의 반지름의 길이를 구해 보세요. [03 ~ 04]

03

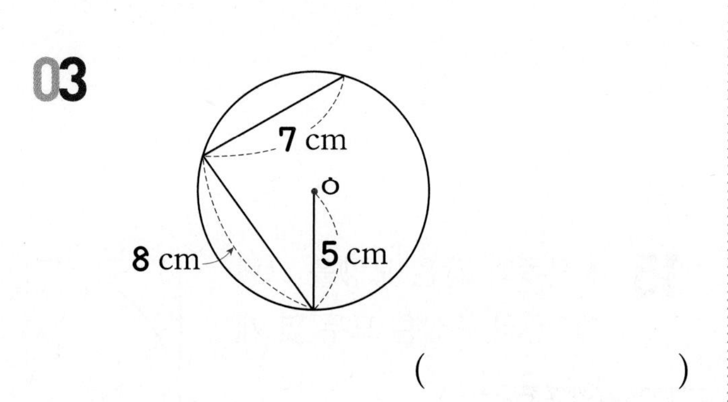

( )

04

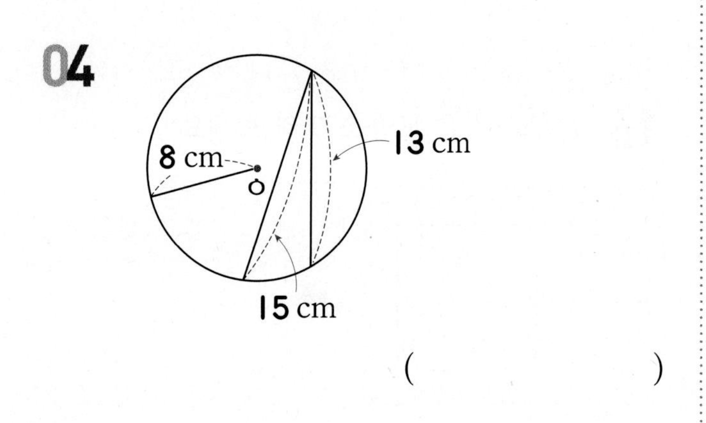

( )

05 컴퍼스를 사용하여 점 ㅇ을 중심으로 반지름이 2 cm인 원을 그려 보세요.

ㅇ

점 ㅇ은 원의 중심입니다. 원의 지름을 나타내는 선분을 찾아 써 보세요. [06 ~ 07]

06

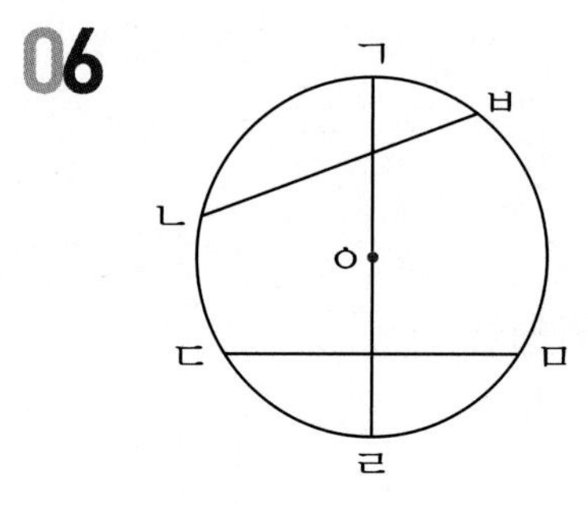

( )

07

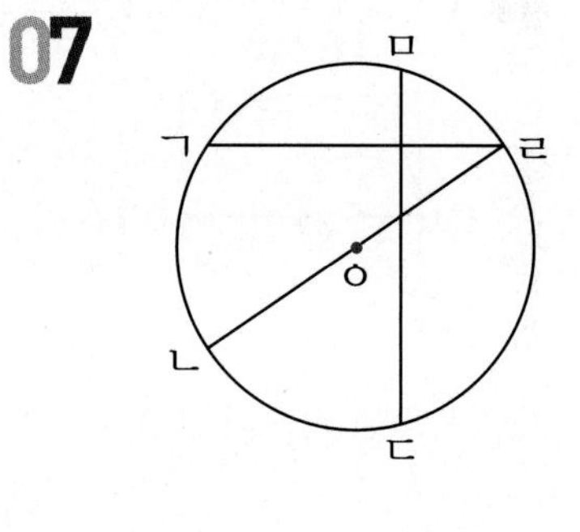

( )

점 ㅇ은 원의 중심입니다. 원의 지름의 길이를 구해 보세요. [08~09]

08

10 cm
8 cm
ㅇ
14 cm

(   )

09

10 cm
ㅇ
6 cm
8 cm

(   )

점 ㅇ은 원의 중심입니다. 원의 지름의 길이를 구해 보세요. [10~11]

10

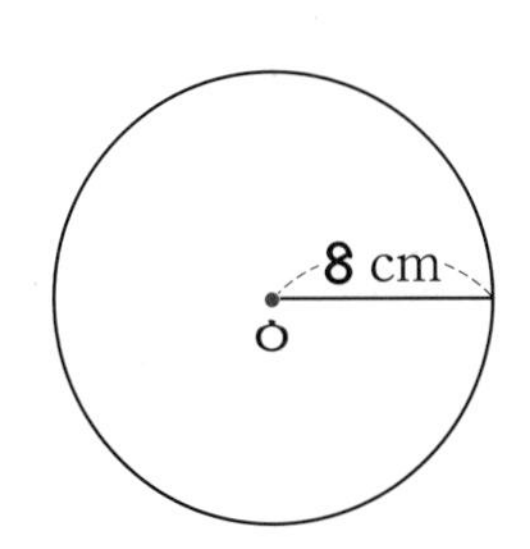

(   )

11

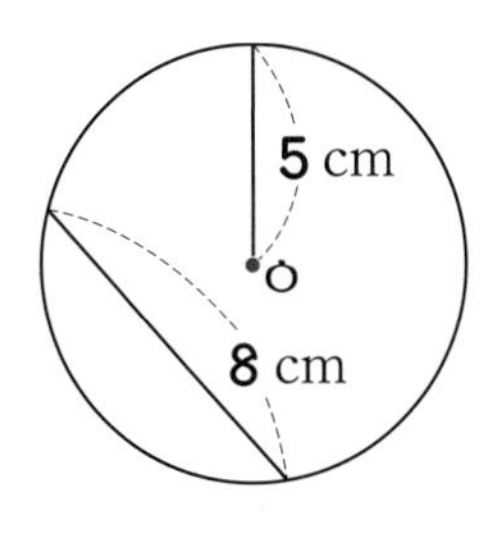

(   )

12 반지름이 15 cm인 원의 지름은 몇 cm인가요?

(   )

13 한 원에서 반지름은 몇 개 그을 수 있나요? (   )

① 1개　　② 2개
③ 5개　　④ 10개
⑤ 셀 수 없이 많이 그을 수 있습니다.

14 다음 중 서로 크기가 같은 원을 찾아 기호를 써 보세요.

㉠ 반지름이 4 cm인 원
㉡ 지름이 10 cm인 원
㉢ 반지름이 6 cm인 원
㉣ 지름이 8 cm인 원

(   )

3 단원

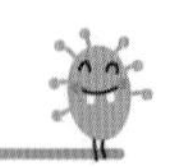

15 크기가 같은 원을 원의 중심을 지나도록 겹쳐서 그렸습니다. 선분 ㄱㄴ은 몇 cm인가요?

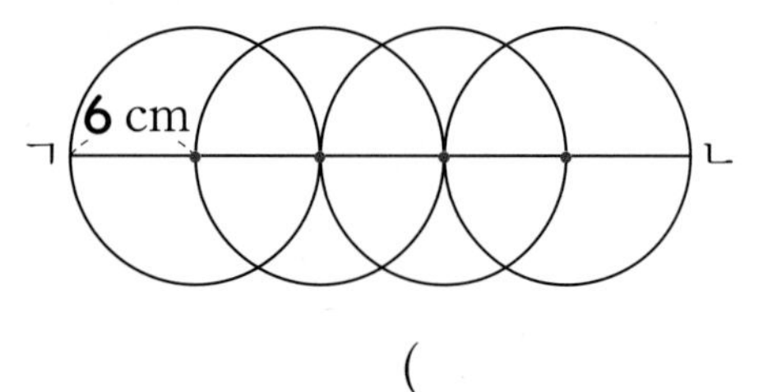

( )

16 큰 원 안에 크기가 같은 작은 원을 **3**개 그렸습니다. 큰 원의 지름이 **24** cm일 때, 작은 원의 지름은 몇 cm인가요?

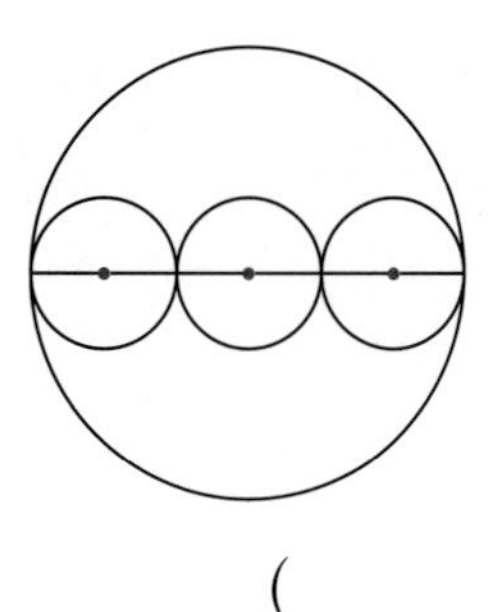

( )

17 반지름이 **5** cm인 원 **3**개의 중심을 이어 세 변의 길이가 같은 삼각형을 만들었습니다. 삼각형의 세 변의 길이의 합은 몇 cm인가요?

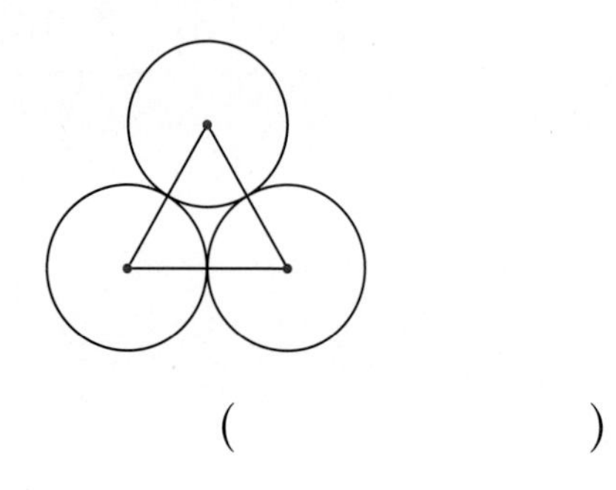

( )

자와 컴퍼스를 사용하여 왼쪽과 같은 모양을 그려 보세요. [18~19]

18

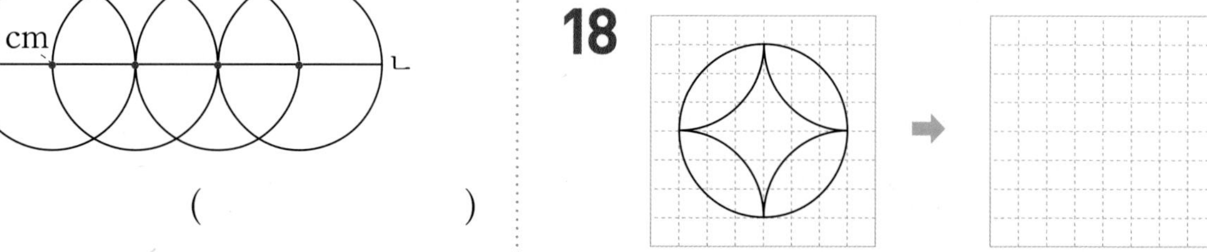

19

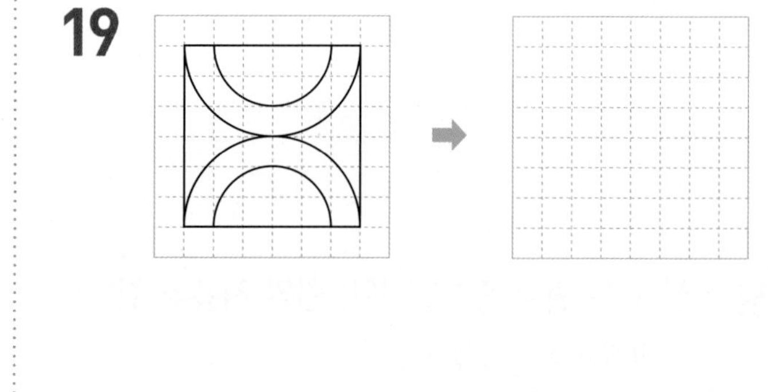

20 규칙에 따라 원을 **2**개 더 그려 보세요.

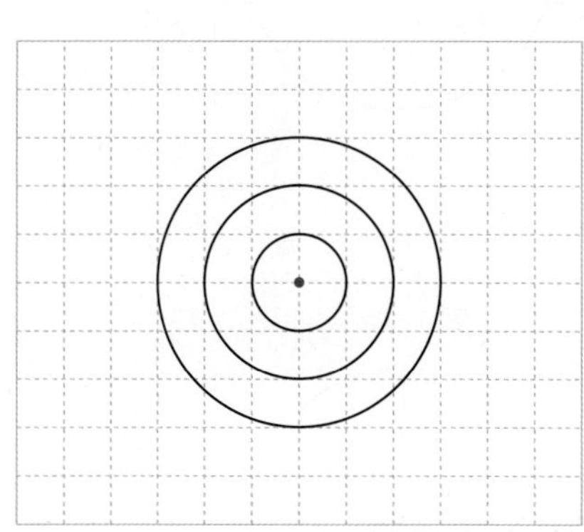

단원 4

분수

이번에 배울 내용

1 분수로 나타내기

2 분수만큼 얼마인지 알아보기

3 여러 가지 분수 알아보기 (1)

4 여러 가지 분수 알아보기 (2)

5 분수의 크기 비교하기

이전에 배운 내용

• 똑같이 나누기, 전체와 부분의 크기
• 분수 알기, 분수로 나타내기
• 몇 개인지 알아보기, 분수의 크기 비교

다음에 배울 내용

• 분수의 덧셈
• 분수의 뺄셈

원리 꼼꼼

1. 분수로 나타내기

부분은 전체의 얼마인지 분수로 나타내기

사탕 10개를 2개씩 묶어 보면 5묶음입니다.
사탕 2개는 사탕 10개를 똑같이 5묶음으로 나눈 것 중의 1묶음입니다.

2는 10의 $\frac{1}{5}$입니다. 4는 10의 $\frac{2}{5}$입니다. 6은 10의 $\frac{3}{5}$입니다. 8은 10의 $\frac{4}{5}$입니다.

원리 확인 1 24를 4씩 묶으면 4는 24의 몇 분의 몇인지 알아보세요.

(1) 24개를 4개씩 묶어 보세요.

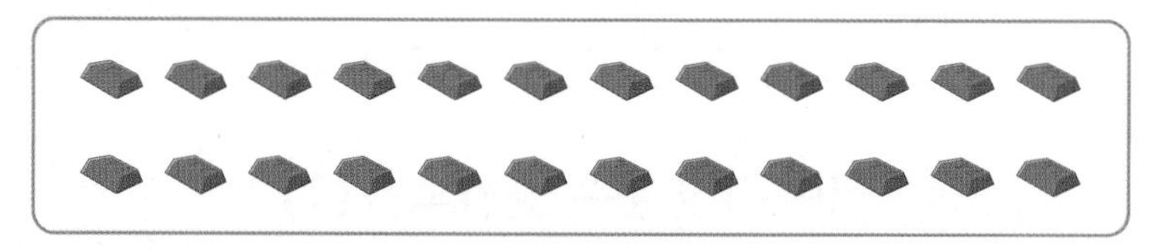

(2) 4는 24를 똑같이 6묶음으로 나눈 것 중의 □ 묶음입니다.

(3) 4는 24의 $\frac{□}{□}$입니다.

원리 확인 2 18을 6씩 묶으면 12는 18의 얼마인지 알아보세요.

(1) 18개를 6개씩 묶어 보세요.

(2) 6은 18을 똑같이 3묶음으로 나눈 것 중의 □ 묶음입니다.

(3) 6은 18의 $\frac{□}{□}$입니다.

(4) 12는 18을 똑같이 3묶음으로 나눈 것 중의 □ 묶음입니다.

(5) 12는 18의 $\frac{□}{□}$입니다.

step 2 원리 탄탄

기본 문제를 통해 개념과 원리를 다져요.

1 그림을 보고 □ 안에 알맞은 수를 써넣으세요.

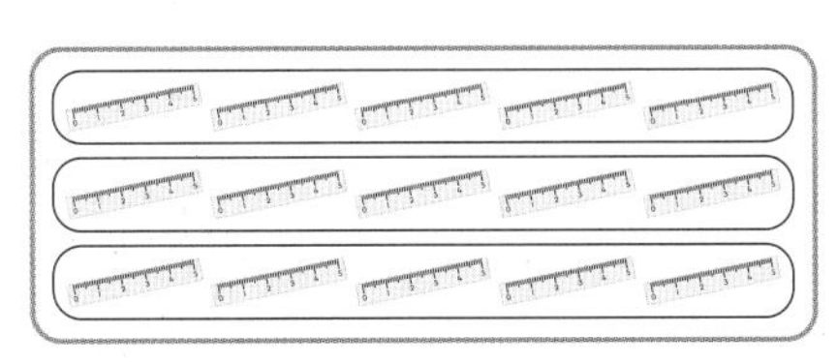

(1) 5는 15의 $\frac{\square}{\square}$입니다. (2) 10은 15의 $\frac{\square}{\square}$입니다.

> 1. 15개를 5개씩 묶으면 3묶음이 됩니다.

2 그림을 3개씩 묶고 □ 안에 알맞은 수를 써넣으세요.

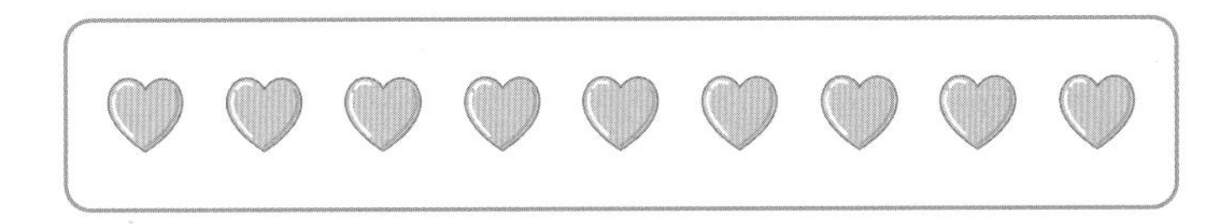

(1) 3은 9의 $\frac{\square}{\square}$입니다. (2) 6은 9의 $\frac{\square}{\square}$입니다.

> 2. 9개를 3개씩 묶으면 3묶음이 됩니다.

3 2칸씩 묶고 □ 안에 알맞은 수를 써넣으세요.

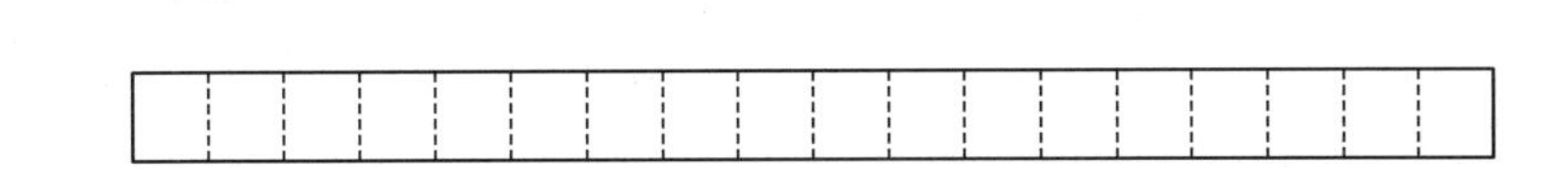

(1) 2는 18의 $\frac{\square}{\square}$입니다. (2) 8은 18의 $\frac{\square}{\square}$입니다.

> 3. 18칸을 2칸씩 묶으면 9묶음이 됩니다.

4 □ 안에 알맞은 수를 써넣으세요.

(1) 7은 14의 $\frac{1}{\square}$입니다. (2) 16은 20의 $\frac{4}{\square}$입니다.

> 4. 부분의 양을 전체의 양과 비교하여 얼마인지 분수로 나타내어 봅니다.

step 3 원리 척척

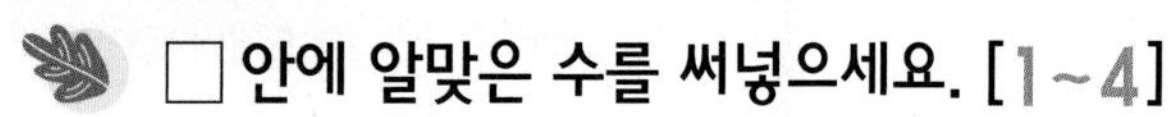

□ 안에 알맞은 수를 써넣으세요. [1~4]

1

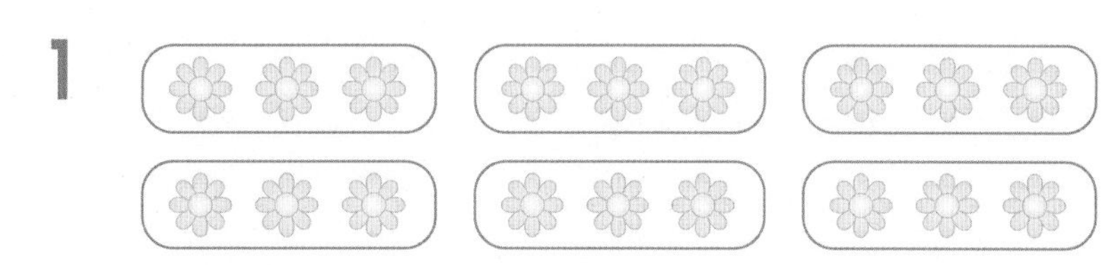

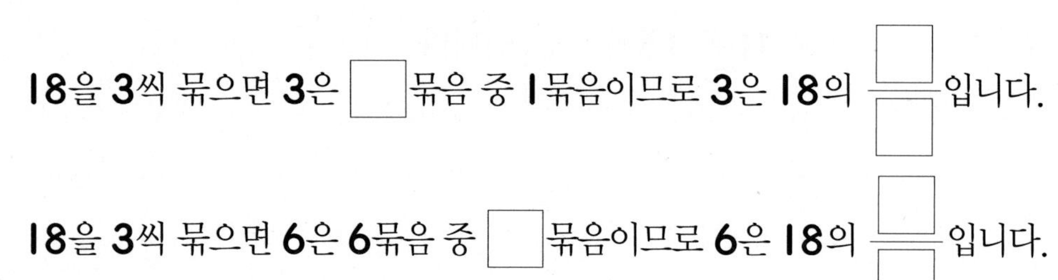

18을 3씩 묶으면 3은 □묶음 중 1묶음이므로 3은 18의 $\frac{\square}{\square}$입니다.

18을 3씩 묶으면 6은 6묶음 중 □묶음이므로 6은 18의 $\frac{\square}{\square}$입니다.

2

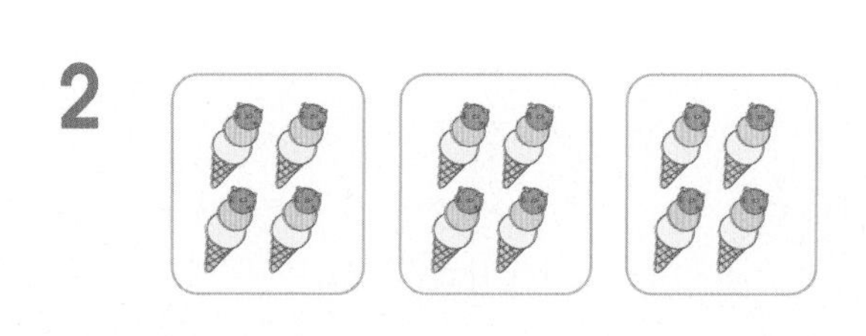

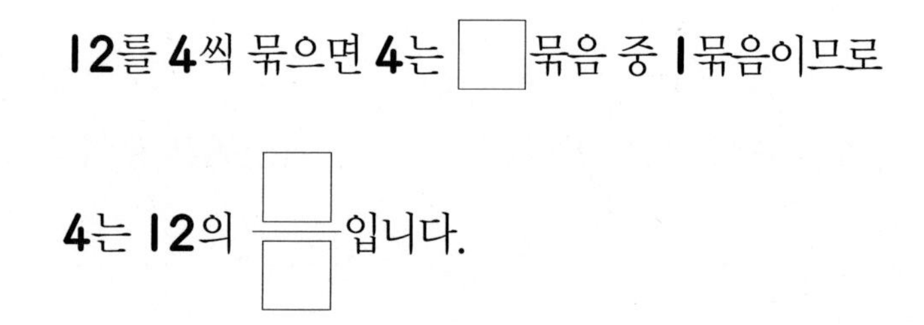

12를 4씩 묶으면 4는 □묶음 중 1묶음이므로

4는 12의 $\frac{\square}{\square}$입니다.

3

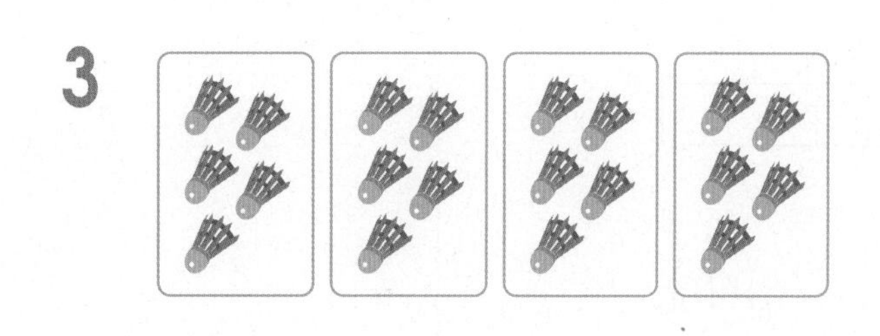

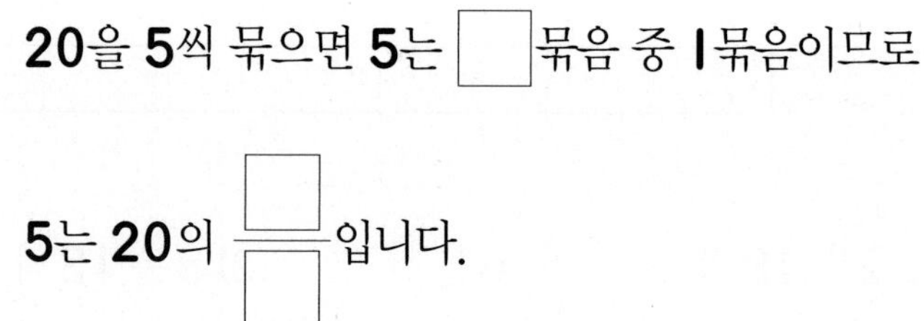

20을 5씩 묶으면 5는 □묶음 중 1묶음이므로

5는 20의 $\frac{\square}{\square}$입니다.

4

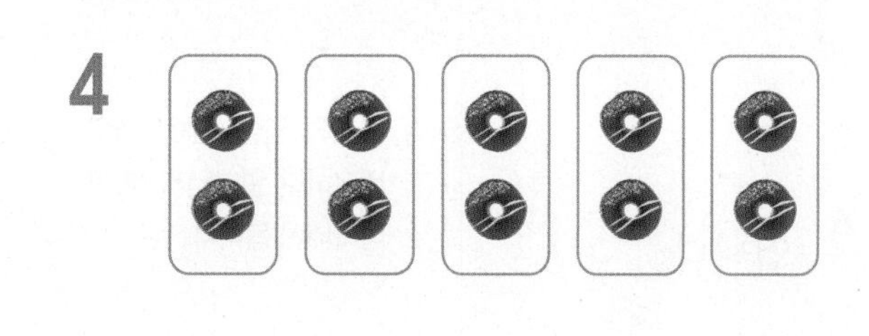

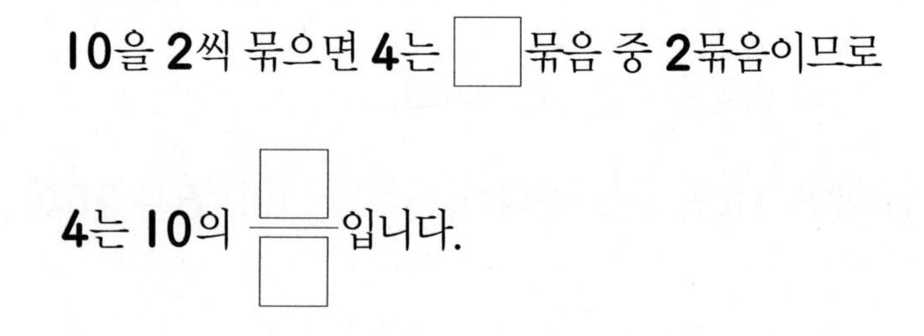

10을 2씩 묶으면 4는 □묶음 중 2묶음이므로

4는 10의 $\frac{\square}{\square}$입니다.

□ 안에 알맞은 수를 써넣으세요. [5~9]

5

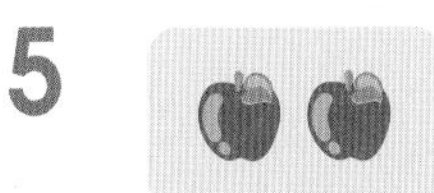  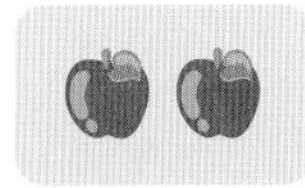 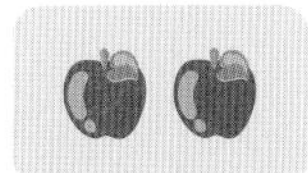 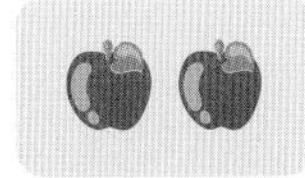 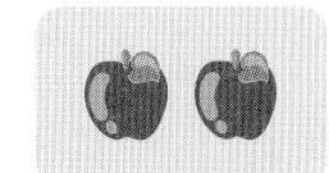

10을 2씩 묶으면 모두 □ 묶음입니다.

한 묶음은 □ 개이므로 2는 10의 $\frac{1}{\square}$ 입니다.

6

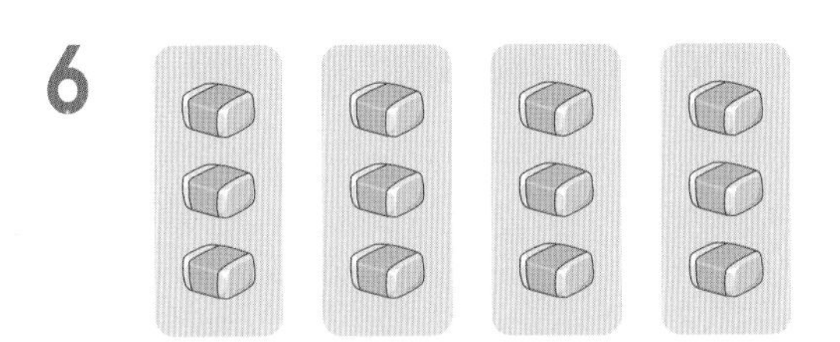

12를 3씩 묶으면 3은 12의 $\frac{\square}{4}$ 입니다.

7

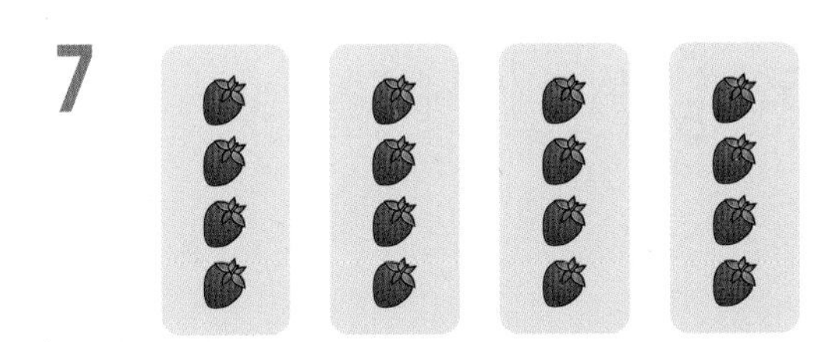

16을 4씩 묶으면 8은 16의 $\frac{\square}{\square}$ 입니다.

8

18을 6씩 묶으면 12는 18의 $\frac{\square}{\square}$ 입니다.

9

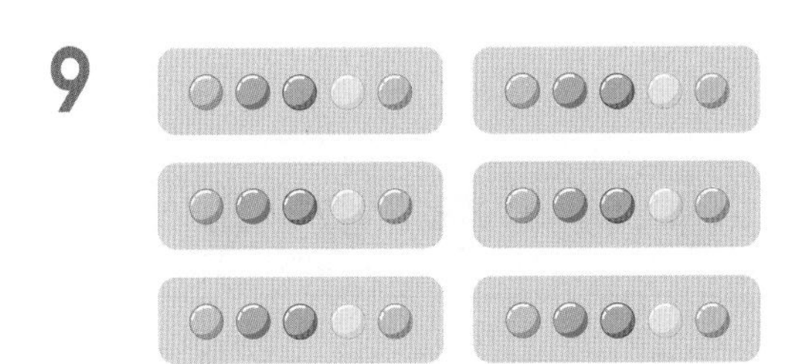

30을 5씩 묶으면 25는 30의 $\frac{\square}{\square}$ 입니다.

4 단원

원리 꼼꼼

2. 분수만큼은 얼마인지 알아보기

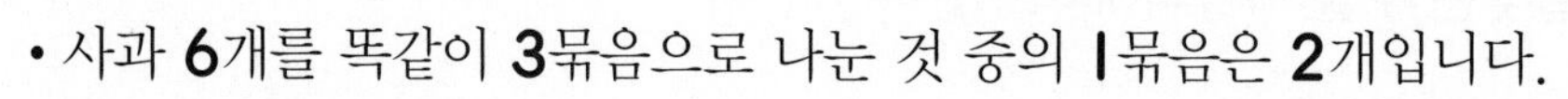

- 사과 **6**개를 똑같이 **3**묶음으로 나눈 것 중의 **1**묶음은 **2**개입니다.
  ➡ **6**의 $\frac{1}{3}$은 **2**입니다.
- 사과 **6**개를 똑같이 **3**묶음으로 나눈 것 중의 **2**묶음은 **4**개입니다.
  ➡ **6**의 $\frac{2}{3}$는 **4**입니다.

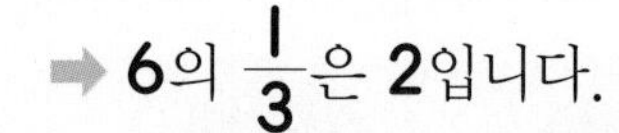

원리 확인 **1** **15**의 $\frac{3}{5}$을 알아보세요.

(1) **15**개를 똑같이 **5**묶음으로 묶어 보세요.

(2) 한 묶음은 □개입니다.

(3) 한 묶음은 전체의 $\frac{□}{□}$입니다.

(4) **15**의 $\frac{1}{5}$은 □입니다.

(5) **15**의 $\frac{3}{5}$은 □입니다.

원리 확인 **2** **14**의 $\frac{4}{7}$를 알아보세요.

(1) **14**개를 똑같이 **7**묶음으로 묶어 보세요.

(2) **14**의 $\frac{1}{7}$은 □입니다.

(3) **14**의 $\frac{2}{7}$는 □입니다.

(4) **14**의 $\frac{3}{7}$은 □입니다.

(5) **14**의 $\frac{4}{7}$는 □입니다.

원리 확인 **3** 그림을 보고 □ 안에 알맞은 수를 써넣으세요.

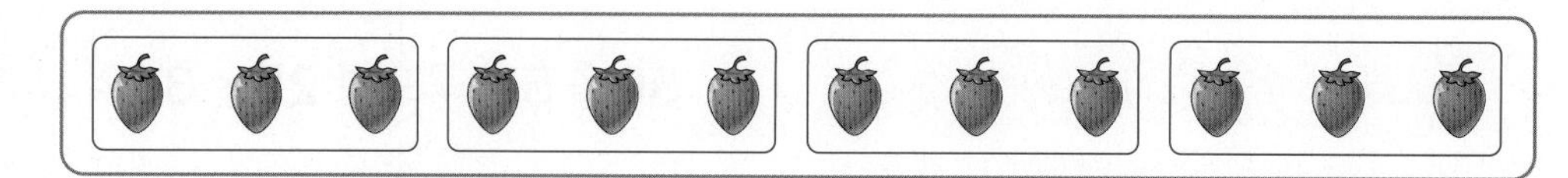

(1) **12**의 $\frac{1}{4}$은 □입니다.

(2) **12**의 $\frac{3}{4}$은 □입니다.

원리 탄탄

기본 문제를 통해 개념과 원리를 다져요.

1 그림을 보고 □ 안에 알맞은 수를 써넣으세요.

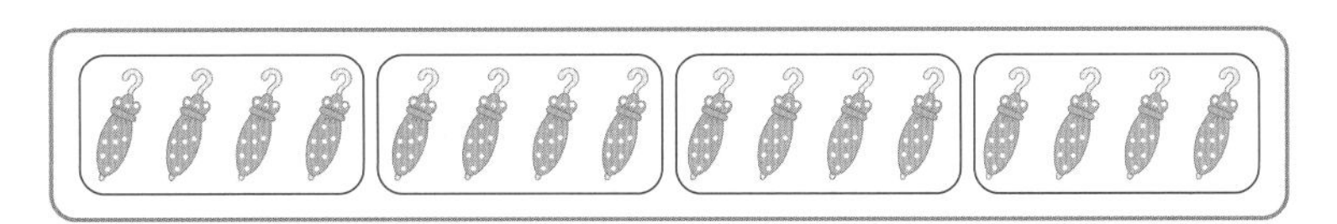

(1) 16의 $\frac{1}{4}$은 □입니다.　　(2) 16의 $\frac{3}{4}$은 □입니다.

1. 16개를 똑같이 4묶음으로 나누면 한 묶음은 몇 개인지 알아봅니다.

2 그림을 2개씩 묶고 □ 안에 알맞은 수를 써넣으세요.

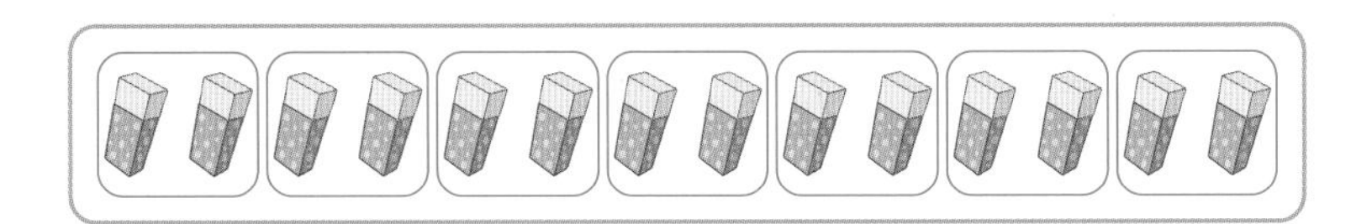

(1) 14의 $\frac{5}{7}$는 □입니다.　　(2) 14의 $\frac{6}{7}$은 □입니다.

2. 14개를 2개씩 묶으면 7묶음으로 나누어집니다.

4 단원

3 그림을 보고 □ 안에 알맞은 수를 써넣으세요.

(1) 18의 $\frac{1}{2}$은 □입니다.　　(2) 18의 $\frac{1}{3}$은 □입니다.

(3) 18의 $\frac{1}{6}$은 □입니다.　　(4) 18의 $\frac{1}{9}$은 □입니다.

3. 사과를 각각 똑같이 2묶음, 3묶음, 6묶음, 9묶음으로 나누어 봅니다.

4 □ 안에 알맞은 수를 써넣으세요.

(1) 24의 $\frac{1}{6}$은 □입니다.　　(2) 45의 $\frac{5}{9}$는 □입니다.

4. ●의 $\frac{▲}{■}$는 ●를 똑같이 ■묶음으로 나눈 것 중의 ▲묶음입니다.

원리 척척

 □ 안에 알맞은 수를 써넣으세요. [1~5]

1

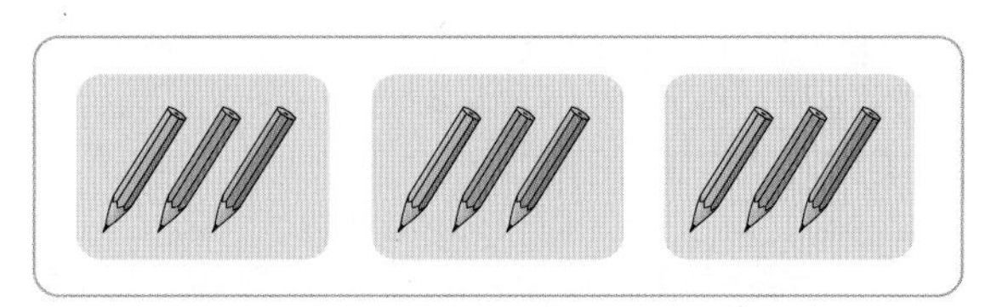

- 9의 $\frac{1}{3}$은 □ 입니다.
- 9의 $\frac{2}{3}$는 □ 입니다.

2

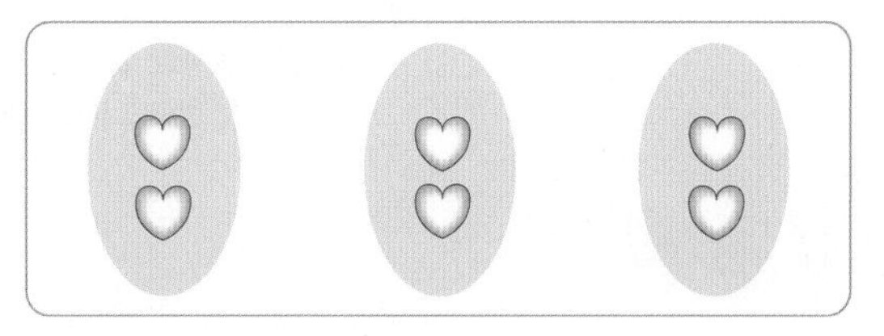

- 6의 $\frac{1}{3}$은 □ 입니다.
- 6의 $\frac{2}{3}$는 □ 입니다.

3

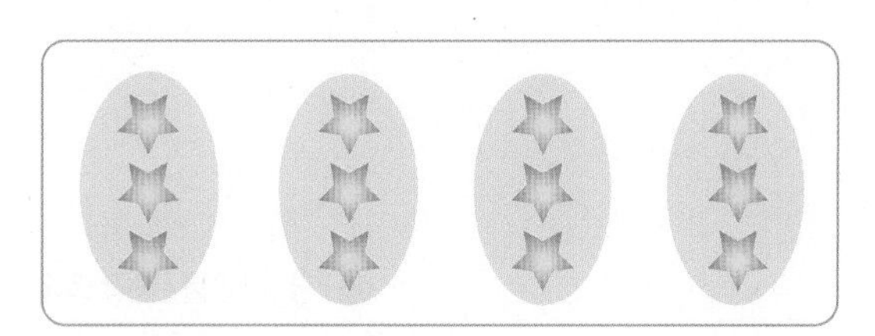

- 12의 $\frac{1}{4}$은 □ 입니다.
- 12의 $\frac{3}{4}$은 □ 입니다.

4

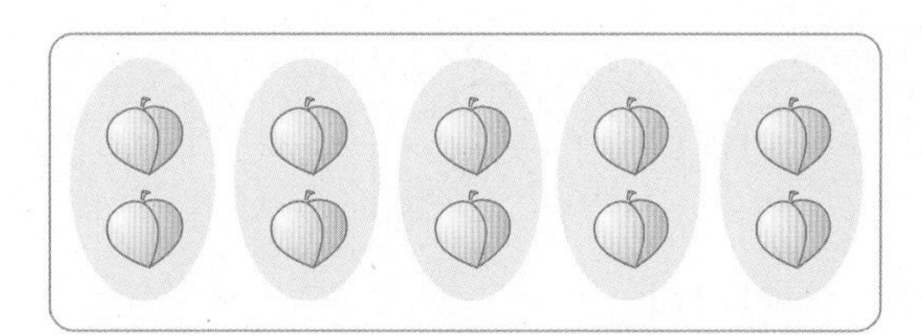

- 10의 $\frac{1}{5}$은 □ 입니다.
- 10의 $\frac{3}{5}$은 □ 입니다.

5

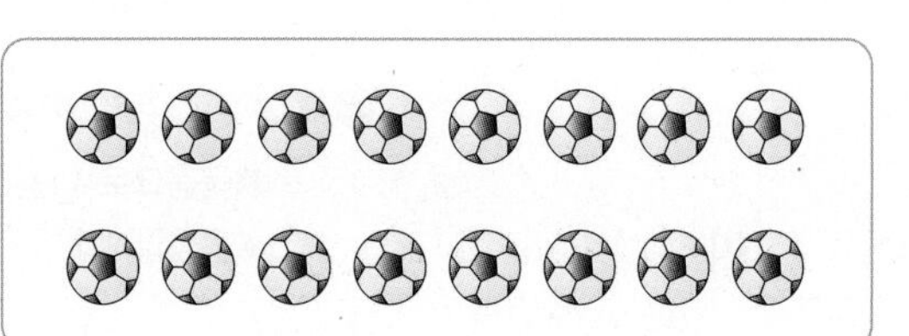

- 16의 $\frac{1}{2}$은 □ 입니다.
- 16의 $\frac{3}{4}$은 □ 입니다.

□ 안에 알맞은 수를 써넣으세요. [6~19]

6 8의 $\frac{1}{4}$은 8을 똑같이 4묶음으로 나눈 것 중의 1이므로 □입니다.

7 8의 $\frac{3}{4}$은 8을 똑같이 4묶음으로 나눈 것 중의 3이므로 □입니다.

8 15의 $\frac{1}{3}$은 □입니다.

9 18의 $\frac{1}{6}$은 □입니다.

10 64의 $\frac{1}{8}$은 □입니다.

11 36의 $\frac{1}{9}$은 □입니다.

12 14의 $\frac{1}{2}$은 □입니다.

13 42의 $\frac{1}{7}$은 □입니다.

14 18의 $\frac{2}{3}$는 □입니다.

15 20의 $\frac{3}{4}$은 □입니다.

16 25의 $\frac{3}{5}$은 □입니다.

17 36의 $\frac{3}{4}$은 □입니다.

18 30의 $\frac{2}{6}$는 □입니다.

19 32의 $\frac{5}{8}$는 □입니다.

step 1 원리 꼼꼼

3. 여러 가지 분수 알아보기 (1)

진분수, 가분수, 자연수

- $\frac{1}{5}$, $\frac{2}{5}$, $\frac{3}{5}$과 같이 분자가 분모보다 작은 분수를 진분수라고 합니다.
- $\frac{5}{5}$, $\frac{6}{5}$, $\frac{7}{5}$과 같이 분자가 분모와 같거나 분모보다 큰 분수를 가분수라고 합니다.
- $\frac{3}{3}$은 1과 같습니다. 1, 2, 3과 같은 수를 자연수라고 합니다.

원리 확인 1 분수를 수직선 위에 표시하고 물음에 답하세요.

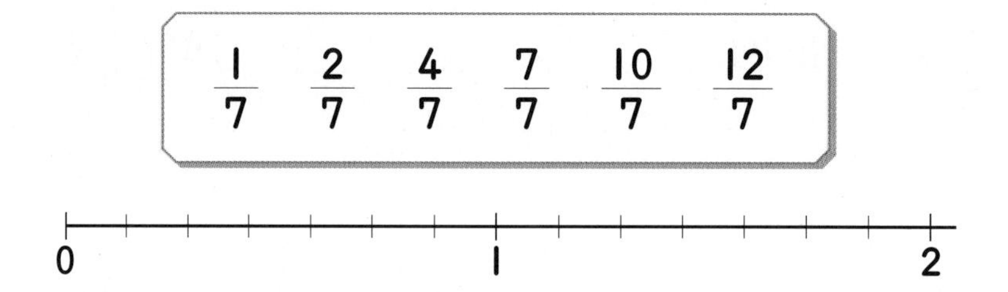

$\frac{1}{7}$ $\frac{2}{7}$ $\frac{4}{7}$ $\frac{7}{7}$ $\frac{10}{7}$ $\frac{12}{7}$

0 1 2

(1) 분자가 분모보다 작은 분수를 모두 찾아 써 보세요.

( )

(2) 분자가 분모보다 큰 분수를 모두 찾아 써 보세요.

( )

(3) 분자와 분모가 같은 분수를 찾아 써 보세요.

( )

(4) $\frac{7}{7}$은 1과 같다고 말할 수 있나요?

( )

원리 확인 2 분모가 6인 진분수와 가분수를 만들어 보세요.

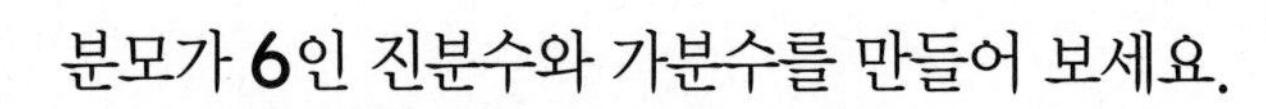

(1) 진분수를 3개 만들어 보세요.

( )

(2) 가분수를 3개 만들어 보세요.

( )

(3) 자연수 1을 분모가 6인 분수로 나타내 보세요.

( )

원리 탄탄

기본 문제를 통해 개념과 원리를 다져요.

1 □ 안에 알맞은 말을 써넣으세요.

$\frac{2}{4}$, $\frac{4}{5}$, $\frac{5}{6}$와 같이 분자가 분모보다 작은 분수를 □라고 합니다.

2 □ 안에 알맞은 말을 써넣으세요.

$\frac{4}{4}$, $\frac{8}{5}$, $\frac{7}{6}$과 같이 분자가 분모와 같거나 분모보다 큰 분수를 □라고 합니다.

3 진분수를 모두 찾아 써 보세요.

$\frac{1}{2}$ $\frac{5}{5}$ $\frac{4}{6}$ $\frac{7}{4}$ $\frac{9}{6}$ $\frac{7}{9}$

( )

4 가분수는 모두 몇 개인가요?

$\frac{7}{10}$ $\frac{9}{5}$ $\frac{5}{3}$ $\frac{4}{5}$ $\frac{5}{5}$ $\frac{10}{3}$ $\frac{3}{12}$

( )

5 분모가 **8**인 가분수를 가장 작은 수부터 **3**개만 써 보세요.

( )

4 단원

3 원리 척척

 진분수를 모두 찾아 써 보세요. [1~3]

1

$\frac{1}{3}$ $\frac{5}{4}$ $\frac{2}{2}$ $\frac{3}{5}$ $\frac{7}{6}$ $\frac{6}{7}$

(　　　　　　　　　　)

2

$\frac{1}{2}$ $\frac{3}{4}$ $\frac{9}{6}$ $\frac{3}{3}$ $\frac{7}{9}$ $\frac{9}{8}$

(　　　　　　　　　　)

3

$\frac{9}{9}$ $\frac{7}{8}$ $\frac{1}{5}$ $\frac{8}{7}$ $\frac{7}{4}$ $\frac{3}{7}$

(　　　　　　　　　　)

 색칠한 부분을 진분수로 나타내 보세요. [4~9]

4

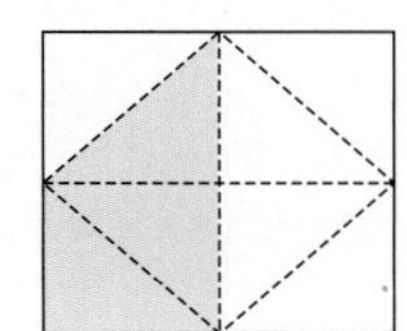

5

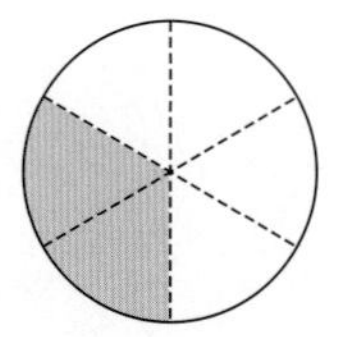

6

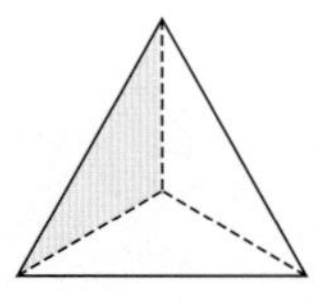

7

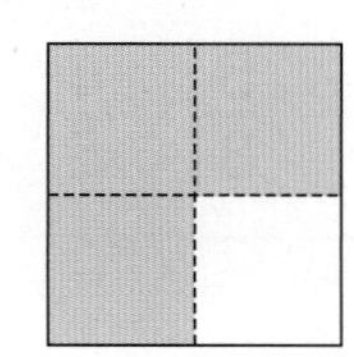

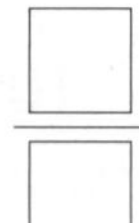

8

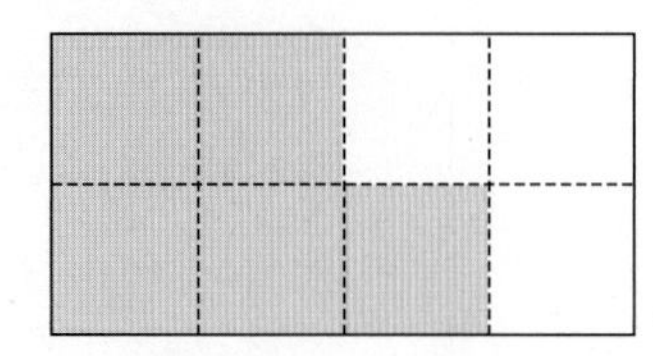

9

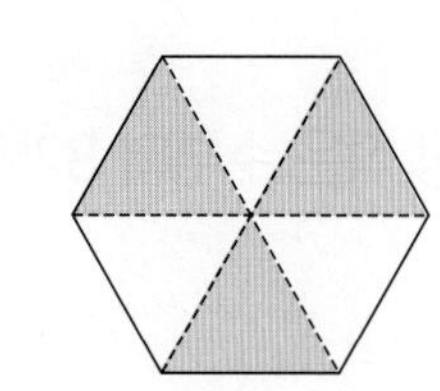

가분수를 모두 찾아 써 보세요. [10~12]

10

$\frac{8}{7}$ $\frac{5}{9}$ $\frac{4}{3}$ $\frac{4}{5}$ $\frac{3}{10}$ $\frac{9}{5}$

(　　　　　　　　　　)

11

$\frac{4}{5}$ $\frac{9}{9}$ $\frac{7}{9}$ $\frac{10}{10}$ $\frac{9}{4}$ $\frac{6}{7}$

(　　　　　　　　　　)

12

$\frac{6}{9}$ $\frac{1}{7}$ $\frac{8}{4}$ $\frac{9}{6}$ $\frac{8}{8}$ $\frac{4}{5}$

(　　　　　　　　　　)

색칠한 부분을 가분수로 나타내 보세요. [13~15]

13

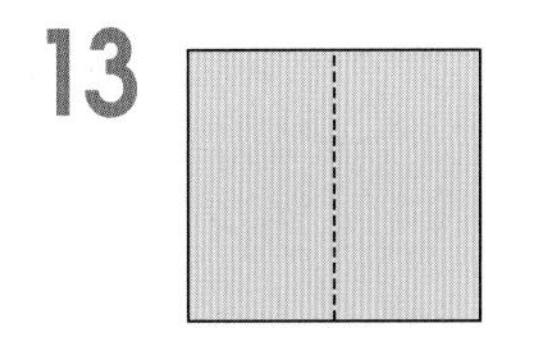 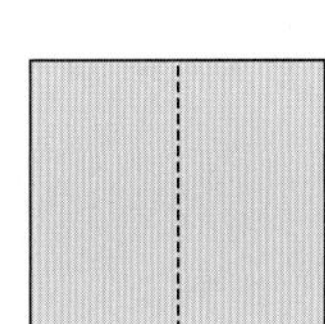 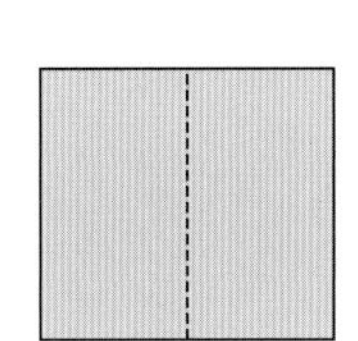 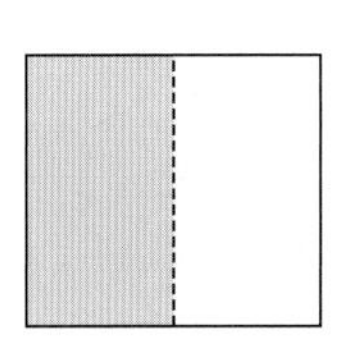 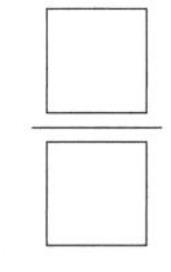

14

$\frac{\square}{\square}$

15

$\frac{\square}{\square}$

원리 꼼꼼

4. 여러 가지 분수 알아보기 (2)

대분수 알아보기

- 1과 $\frac{1}{4}$을 $1\frac{1}{4}$이라 쓰고 1과 4분의 1이라고 읽습니다.
- $1\frac{1}{4}$과 같이 자연수와 진분수로 이루어진 분수를 대분수라고 합니다.

대분수를 가분수로 나타내기

[방법 1] 자연수를 가분수로 나타내고 가분수와 진분수에서 분자의 합을 알아봅니다.
[방법 2] 대분수의 자연수 부분과 분모의 곱에 분수 부분의 분자를 더해 가분수의 분자를 구합니다.

$$1\frac{3}{4}=1+\frac{3}{4}=\frac{4}{4}+\frac{3}{4}=\frac{7}{4} \qquad 1\frac{3}{4}=\frac{1\times4+3}{4}=\frac{7}{4}$$

가분수를 대분수로 나타내기

[방법 1] 가분수를 자연수와 진분수의 합으로 나타낸 후 대분수로 나타냅니다.
[방법 2] 분자를 분모로 나눈 후 몫은 자연수 부분으로 나머지는 분자로 나타냅니다.

$$\frac{13}{5}=\frac{10}{5}+\frac{3}{5}=2+\frac{3}{5}=2\frac{3}{5} \qquad \frac{13}{5} \Rightarrow 13\div5=2\cdots3 \Rightarrow 2\frac{3}{5}$$

대분수 $1\frac{2}{3}$를 가분수로 나타내려고 합니다. 물음에 답하세요.

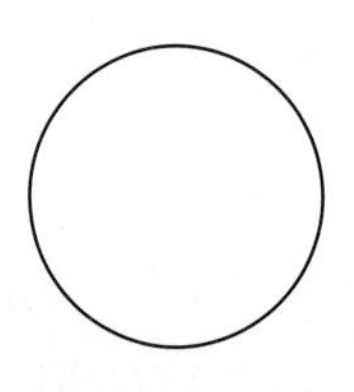
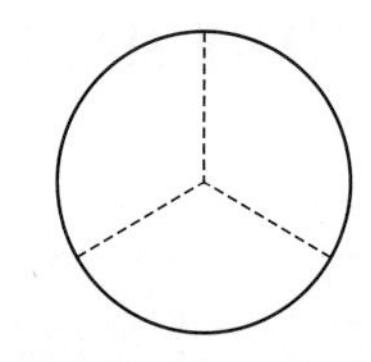

(1) 그림에 $1\frac{2}{3}$만큼 색칠해 보세요.

(2) 원을 똑같이 셋으로 나누어 보고 대분수 $1\frac{2}{3}$를 가분수로 나타내 보세요.

( )

가분수 $\frac{11}{4}$을 대분수로 나타내려고 합니다. 물음에 답하세요.

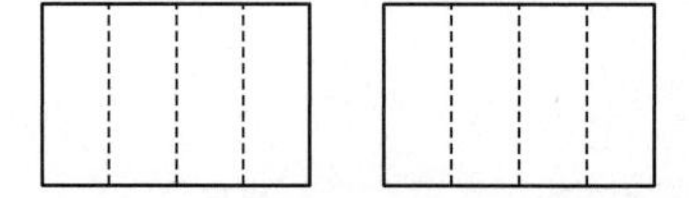
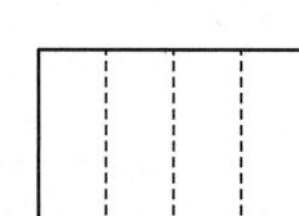

(1) 가분수 $\frac{11}{4}$만큼 앞에서부터 차례대로 색칠해 보세요.

(2) 가분수 $\frac{11}{4}$을 대분수로 나타내 보세요. ( )

원리 탄탄

1 보기 와 같이 대분수를 가분수로 나타내 보세요.

보기

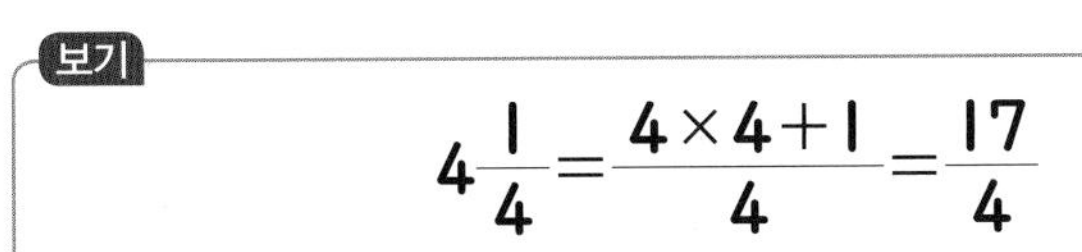

$$4\frac{1}{4}=\frac{4\times4+1}{4}=\frac{17}{4}$$

(1) $6\frac{1}{2}$

(2) $1\frac{7}{9}$

2 보기 와 같이 가분수를 대분수로 나타내 보세요.

보기

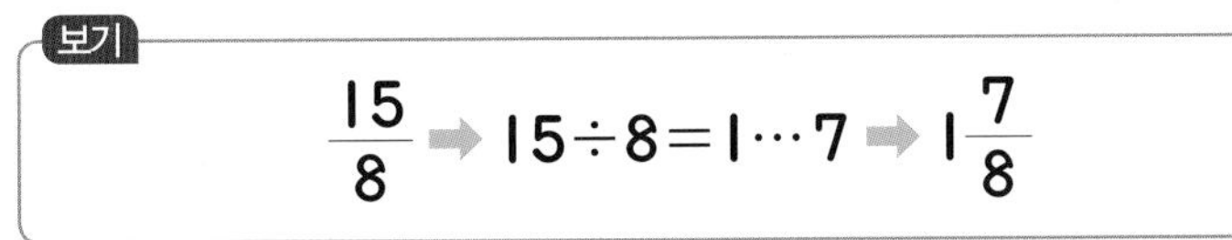

$$\frac{15}{8} \Rightarrow 15\div8=1\cdots7 \Rightarrow 1\frac{7}{8}$$

(1) $\frac{19}{9}$

(2) $\frac{23}{6}$

3 그림을 보고 대분수와 가분수로 각각 나타내 보세요.

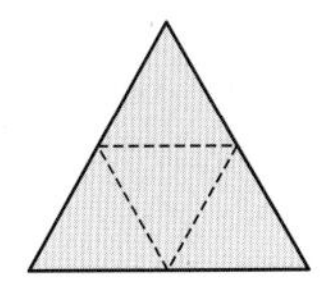
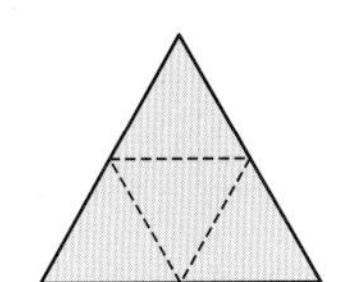
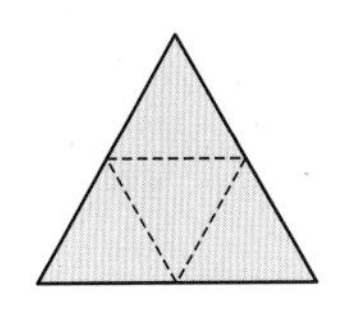
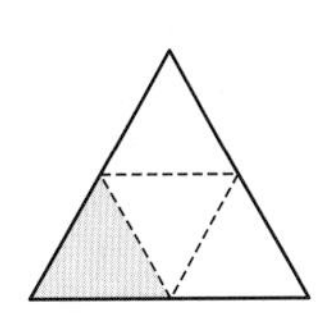

(　　　　　　　　　　　　)

4 대분수는 가분수로, 가분수는 대분수로 나타내 보세요.

(1) $7\frac{1}{3}$

(2) $5\frac{4}{9}$

(3) $\frac{33}{4}$

(4) $\frac{18}{5}$

1. 대분수를 가분수로 나타내기 ➡ 분모는 같고 분자는 대분수의 자연수와 분모의 곱에 대분수의 분자를 더합니다.

2. 가분수를 대분수로 나타내기 ➡ 분모는 같고 자연수 부분은 가분수의 분자를 분모로 나눈 몫이고, 분자는 가분수의 분자를 분모로 나누었을 때의 나머지입니다.

4 단원

원리 척척

대분수를 모두 찾아 써 보세요. [1~3]

1

$2\frac{3}{4}$ $\frac{1}{4}$ $\frac{6}{5}$ $1\frac{3}{7}$ $3\frac{1}{2}$ $\frac{8}{9}$

( )

2

$\frac{9}{4}$ $\frac{7}{5}$ $1\frac{1}{5}$ $\frac{7}{8}$ $2\frac{2}{3}$ $\frac{8}{7}$

( )

3

$5\frac{2}{6}$ $\frac{8}{2}$ $7\frac{2}{3}$ $6\frac{4}{5}$ $\frac{10}{9}$ $\frac{2}{7}$

( )

색칠한 부분을 대분수로 나타내 보세요. [4~6]

4

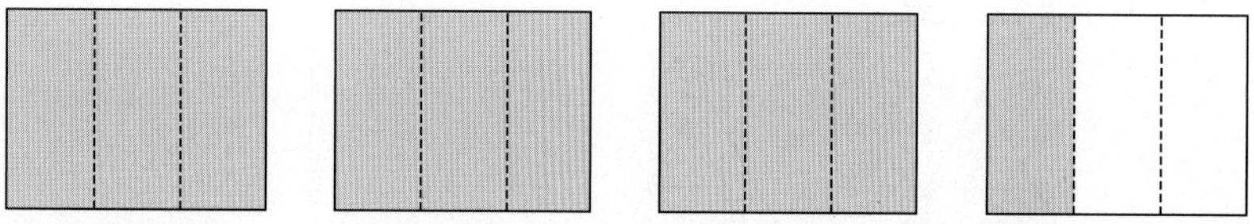

$\square\frac{\square}{\square}$

5

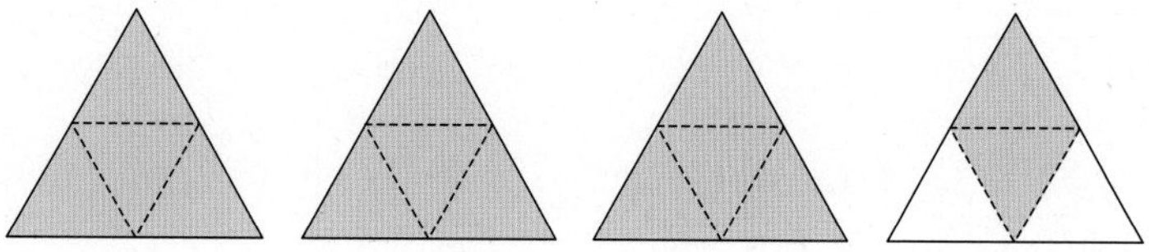

$\square\frac{\square}{\square}$

6

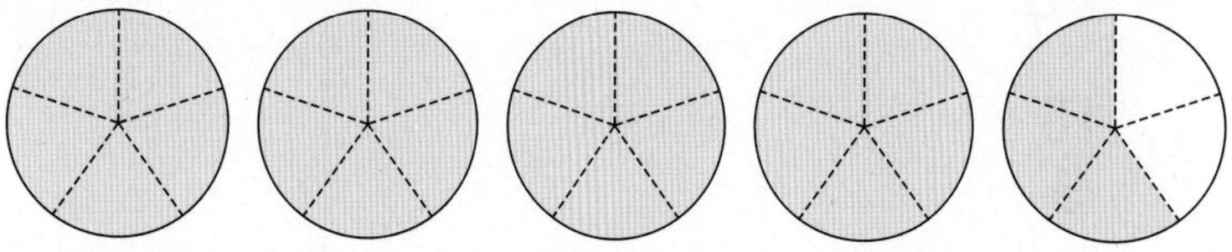

$\square\frac{\square}{\square}$

□ 안에 알맞은 수를 써넣으세요. [7 ~ 14]

7 $1\frac{3}{5}=1+\frac{\square}{5}=\frac{\square}{5}+\frac{\square}{5}=\frac{\square}{5}$

8 $2\frac{5}{6}=2+\frac{\square}{6}=\frac{\square}{6}+\frac{\square}{6}=\frac{\square}{6}$

9 $3\frac{2}{4}=3+\frac{\square}{4}=\frac{\square}{4}+\frac{\square}{4}=\frac{\square}{4}$

10 $2\frac{4}{7}=2+\frac{\square}{7}=\frac{\square}{7}+\frac{\square}{7}=\frac{\square}{7}$

11 $4\frac{5}{6}=\frac{4\times\square+\square}{6}=\frac{\square}{6}$

12 $5\frac{3}{8}=\frac{\square\times8+\square}{8}=\frac{\square}{8}$

13 $6\frac{3}{4}=\frac{6\times\square+\square}{4}=\frac{\square}{4}$

14 $7\frac{2}{5}=\frac{\square\times5+\square}{5}=\frac{\square}{5}$

4
단원

□ 안에 알맞은 수를 써넣으세요. [15 ~ 22]

15 $\frac{3}{2}=\frac{\square}{2}+\frac{1}{2}=\square+\frac{1}{2}=\square\frac{\square}{2}$

16 $\frac{4}{3}=\frac{\square}{3}+\frac{1}{3}=\square+\frac{1}{3}=\square\frac{\square}{3}$

17 $\frac{7}{4}=\frac{\square}{4}+\frac{3}{4}=\square+\frac{3}{4}=\square\frac{\square}{4}$

18 $\frac{8}{3}=\frac{\square}{3}+\frac{2}{3}=\square+\frac{2}{3}=\square\frac{\square}{3}$

19 $\frac{17}{5}\Rightarrow\square\div\square=\square\cdots\square\Rightarrow\square\frac{\square}{5}$

20 $\frac{25}{6}\Rightarrow\square\div\square=\square\cdots\square\Rightarrow\square\frac{\square}{6}$

21 $\frac{30}{7}\Rightarrow\square\div\square=\square\cdots\square\Rightarrow\square\frac{\square}{7}$

22 $\frac{35}{8}\Rightarrow\square\div\square=\square\cdots\square\Rightarrow\square\frac{\square}{8}$

5. 분수의 크기 비교하기

(1) 가분수의 크기 비교

분자가 클수록 큰 분수입니다. ➡ $\frac{4}{3} < \frac{7}{3}$

(2) 대분수의 크기 비교

- 자연수 부분이 클수록 큰 분수입니다. ➡ $3\frac{5}{8} > 2\frac{7}{8}$
- 자연수 부분이 같으면 분자가 클수록 큰 분수입니다. ➡ $3\frac{5}{7} < 3\frac{6}{7}$

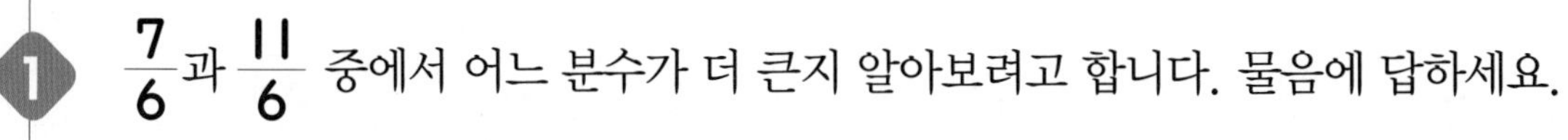

원리 확인 1 $\frac{7}{6}$과 $\frac{11}{6}$ 중에서 어느 분수가 더 큰지 알아보려고 합니다. 물음에 답하세요.

(1) $\frac{7}{6}$만큼 색칠해 보세요.

$\frac{7}{6}$

(2) $\frac{11}{6}$만큼 색칠해 보세요.

$\frac{11}{6}$

(3) $\frac{7}{6}$과 $\frac{11}{6}$ 중에서 어느 분수가 더 큰가요? ( )

원리 확인 2 $1\frac{3}{4}$과 $2\frac{1}{4}$ 중에서 어느 분수가 더 큰지 알아보려고 합니다. 물음에 답하세요.

(1) $1\frac{3}{4}$만큼 색칠해 보세요.

$1\frac{3}{4}$

(2) $2\frac{1}{4}$만큼 색칠해 보세요.

$2\frac{1}{4}$

(3) $1\frac{3}{4}$과 $2\frac{1}{4}$ 중에서 어느 분수가 더 큰가요? ( )

1 □ 안에 알맞은 수를 써넣고 ○ 안에 >, <를 알맞게 써넣으세요.

(1) 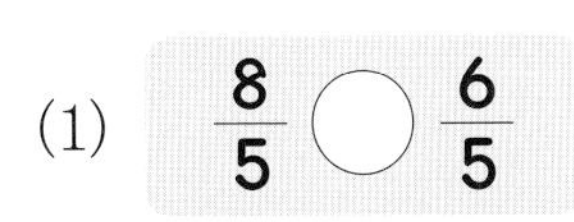

$\frac{8}{5}$ ○ $\frac{6}{5}$ ← 분자의 크기를 비교하면 □이 □보다 더 큽니다.

(2) 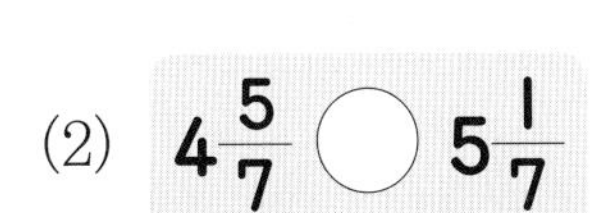

$4\frac{5}{7}$ ○ $5\frac{1}{7}$ ← 자연수 부분의 크기를 비교하면 □가 □보다 더 큽니다.

2 분수의 크기를 비교하여 ○ 안에 >, <를 알맞게 써넣으세요.

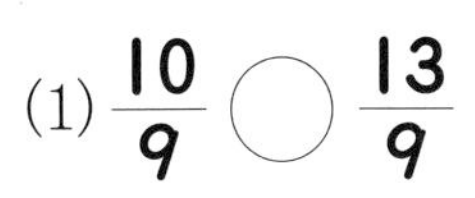

(1) $\frac{10}{9}$ ○ $\frac{13}{9}$ (2) $\frac{9}{6}$ ○ $\frac{6}{6}$

(3) $3\frac{4}{5}$ ○ $\frac{13}{5}$ (4) $4\frac{3}{7}$ ○ $4\frac{5}{7}$

2. 분모가 같은 가분수는 분자가 클수록 큰 분수입니다. 분모가 같은 대분수는 자연수 부분이 클수록 큰 분수이고, 자연수 부분이 같으면 분자가 클수록 큰 분수입니다.

3 분수를 수직선에 화살표(↑)로 나타내고 가장 큰 수부터 차례대로 써 보세요.

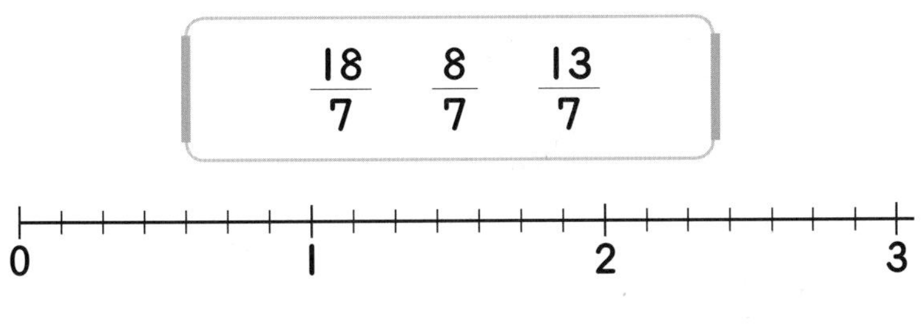

(   )

3. 수직선의 오른쪽에 있는 수일수록 큰 수입니다.

4 가장 큰 수부터 차례대로 써 보세요.

$5\frac{1}{9}$ $4\frac{5}{9}$ $3\frac{6}{9}$ $4\frac{7}{9}$

(   )

step 3 원리 척척

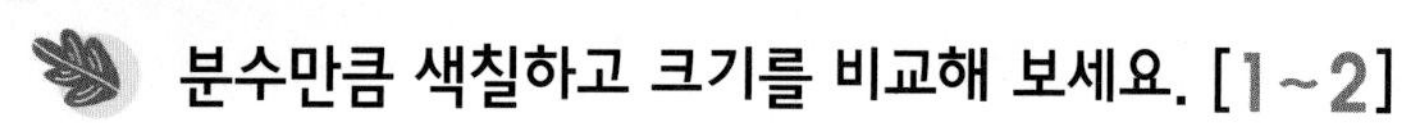

분수만큼 색칠하고 크기를 비교해 보세요. [1~2]

1

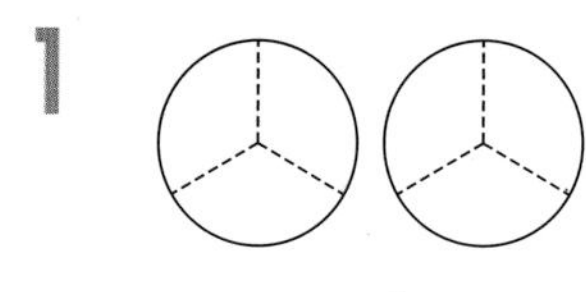 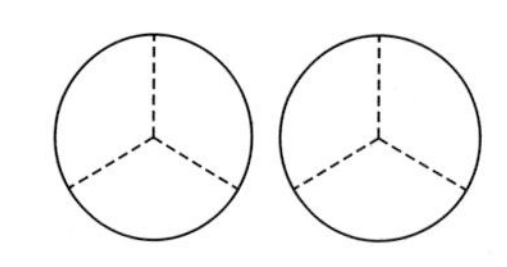

$1\frac{1}{3}$  $\frac{5}{3}$

2

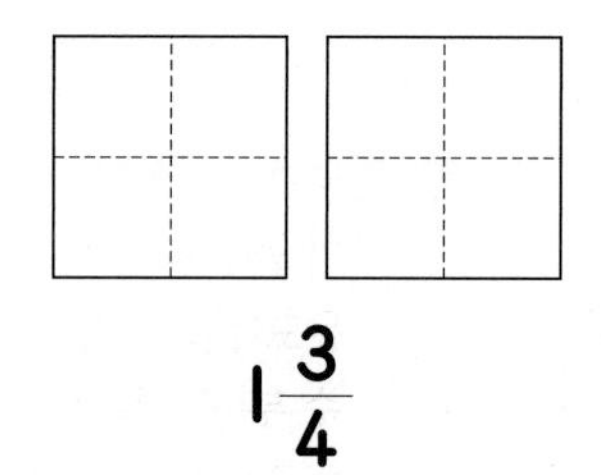 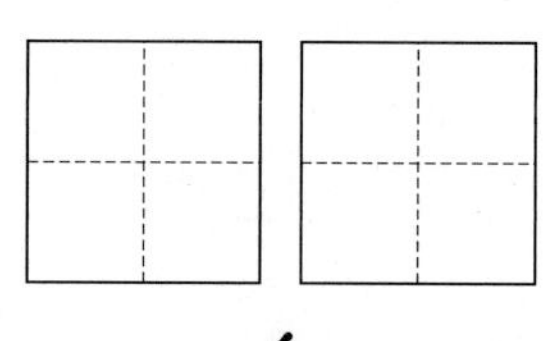

$1\frac{3}{4}$ 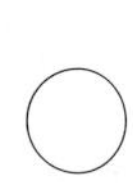 $\frac{6}{4}$

대분수를 가분수로 나타낸 후 크기를 비교해 보세요. [3~4]

3 $1\frac{5}{6}=\frac{\square}{6}$ ○ $\frac{13}{6}$

4 $\frac{19}{8}$ ○ $2\frac{1}{8}=\frac{\square}{8}$

가분수를 대분수로 나타낸 후 크기를 비교해 보세요. [5~6]

5 $\frac{18}{7}=\square\frac{\square}{7}$ ○ $2\frac{3}{7}$

6 $4\frac{5}{6}$ ○ $\frac{31}{6}=\square\frac{\square}{6}$

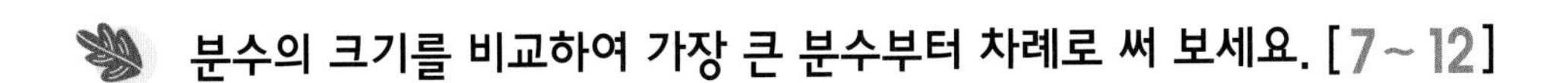

분수의 크기를 비교하여 가장 큰 분수부터 차례로 써 보세요. [7 ~ 12]

7 $\frac{14}{13}$ $\frac{21}{13}$ $\frac{19}{13}$ ➡ (　　　　　　　　)

8 $6\frac{7}{12}$ $5\frac{11}{12}$ $6\frac{5}{12}$ ➡ (　　　　　　　　)

9 $3\frac{3}{8}$ $\frac{25}{8}$ $\frac{28}{8}$ ➡ (　　　　　　　　)

10 $\frac{23}{7}$ $2\frac{5}{7}$ $\frac{20}{7}$ ➡ (　　　　　　　　)

11 $3\frac{4}{5}$ $\frac{17}{5}$ $4\frac{1}{5}$ ➡ (　　　　　　　　)

12 $4\frac{8}{9}$ $\frac{40}{9}$ $5\frac{1}{9}$ ➡ (　　　　　　　　)

step 4 유형 콕콕

01 □ 안에 알맞은 수를 써넣으세요.

(1) 8은 40의 $\frac{1}{\square}$입니다.

(2) 12는 30의 $\frac{\square}{5}$입니다.

02 □ 안에 알맞은 수를 써넣으세요.

(1) 36의 $\frac{5}{6}$는 □입니다.

(2) 49의 $\frac{3}{7}$은 □입니다.

03 분모가 5인 진분수를 모두 찾아 써 보세요.

$\frac{5}{2}$ $\frac{3}{5}$ $3\frac{2}{5}$ $\frac{5}{7}$ $\frac{10}{5}$ $\frac{1}{5}$

(　　　　　　)

04 분모가 6인 진분수를 모두 써 보세요.

(　　　　　　)

05 가분수에 ○표, 대분수에 △표 하세요.

$\frac{3}{3}$ $\frac{6}{7}$ $\frac{8}{5}$ $4\frac{5}{6}$ $\frac{7}{2}$ $1\frac{3}{4}$

06 분모가 9인 가분수를 모두 찾아 써 보세요.

$2\frac{3}{9}$ $\frac{9}{6}$ $\frac{15}{9}$ $\frac{9}{9}$ $\frac{9}{5}$ $\frac{20}{9}$

(　　　　　　)

07 주어진 3장의 숫자 카드를 모두 사용하여 만들 수 있는 가장 작은 대분수를 구해 보세요.

1 7 5

(　　　　　　)

08 2보다 크고 4보다 작은 분수 중 분모가 3인 가분수를 모두 구해 보세요.

(　　　　　　)

09 색칠한 부분을 대분수와 가분수로 나타내 보세요.

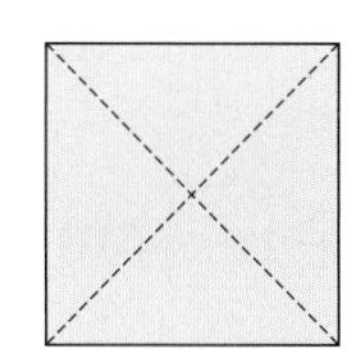 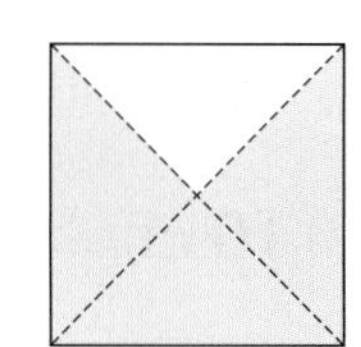

대분수 (   )

가분수 (   )

10 가분수는 대분수로, 대분수는 가분수로 나타내 보세요.

(1) $5\frac{3}{8}$ ➡ (   ) (2) $\frac{29}{4}$ ➡ (   )

(3) $7\frac{4}{9}$ ➡ (   ) (4) $\frac{15}{6}$ ➡ (   )

11 관계있는 것끼리 선으로 이어 보세요.

$\frac{22}{3}$ •	• $3\frac{3}{4}$
$\frac{41}{7}$ •	• $7\frac{1}{3}$
$\frac{15}{4}$ •	• $5\frac{6}{7}$

12 동민이네 강아지의 무게는 $\frac{43}{8}$ kg입니다. 동민이네 강아지의 무게를 대분수로 나타내면 몇 kg인가요?

(   )

13 가장 큰 분수를 찾아 써 보세요.

$1\frac{5}{7}$ $1\frac{3}{7}$ $\frac{9}{7}$ $1\frac{4}{7}$ $\frac{13}{7}$

(   )

14 왼쪽 분수보다 크고, 오른쪽 분수보다 작은 분수를 찾아 ○표 하세요.

(1) $\frac{6}{4}$ ($\frac{4}{4}$, $\frac{15}{4}$, $\frac{9}{4}$) $\frac{11}{4}$

(2) $2\frac{5}{7}$ ($\frac{17}{7}$, $3\frac{2}{7}$, $3\frac{6}{7}$) $3\frac{4}{7}$

15 분모가 7인 분수 중에서 1보다 크고 2보다 작은 대분수는 모두 몇 개인가요?

(   )

16 영수는 끈을 $2\frac{3}{8}$ m 샀고, 예슬이는 $1\frac{7}{8}$ m를 샀습니다. 끈을 더 많이 산 사람은 누구인가요?

(   )

4. 분수

점수

그림을 보고 □ 안에 알맞은 수를 써넣으세요. [01~03]

01

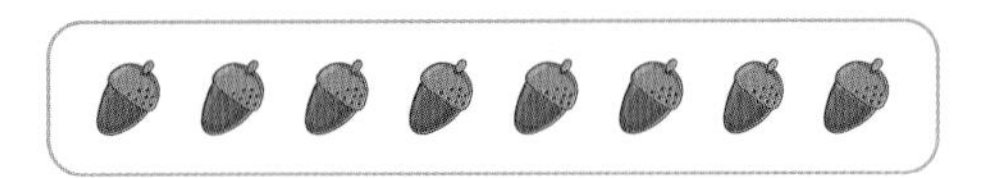

3은 8의 $\frac{\square}{8}$입니다.

02

 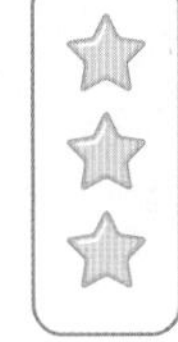  

15의 $\frac{2}{5}$는 □입니다.

03

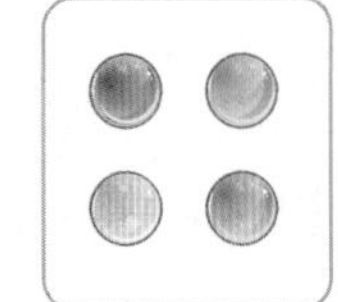 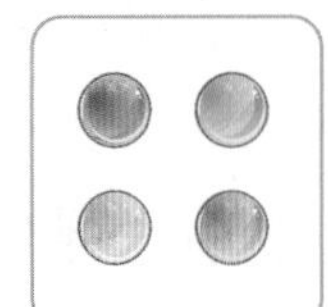 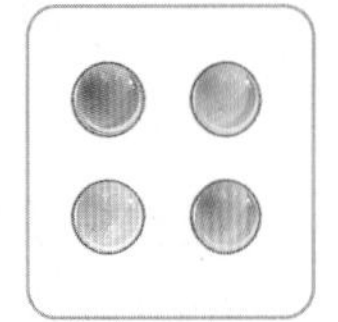

12를 4씩 묶으면 8은 12의 $\frac{\square}{\square}$입니다.

04 □ 안에 알맞은 수를 써넣으세요.

(1) 30을 15씩 묶으면 15는 30의 $\frac{\square}{2}$입니다.

(2) 24의 $\frac{1}{8}$은 □입니다.

05 □ 안에 알맞은 수를 써넣으세요.

(1) 10 cm의 $\frac{1}{5}$은 □ cm입니다.

(2) 10 cm의 $\frac{3}{5}$은 □ cm입니다.

06 □ 안에 알맞은 수를 써넣으세요.

(1) 1시간의 $\frac{1}{2}$은 □분입니다.

(2) 1시간의 $\frac{1}{6}$은 □분입니다.

07 수직선을 보고 □ 안에 알맞은 분수를 써넣으세요.

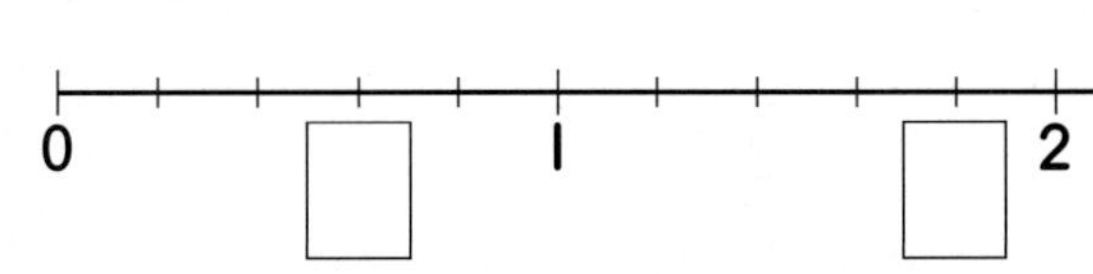

08 색칠한 부분을 분수로 나타내 보세요.

(1)

(　　　　)

(2)

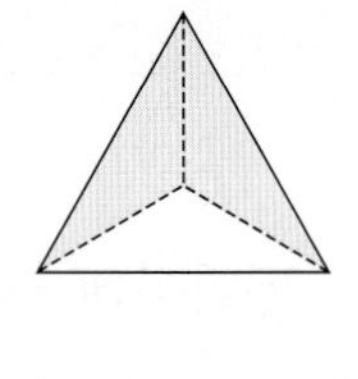

(　　　　)

분수를 보고 물음에 답하세요. [09~10]

㉠ $\frac{5}{7}$	㉡ $\frac{8}{8}$	㉢ $\frac{3}{9}$	㉣ $1\frac{3}{5}$
㉤ $\frac{12}{10}$	㉥ $4\frac{1}{5}$	㉦ $\frac{6}{8}$	㉧ $\frac{12}{9}$

09 진분수를 모두 찾아 기호를 써 보세요.

( )

10 가분수를 모두 찾아 기호를 써 보세요.

( )

11 분모가 **5**인 진분수를 모두 써 보세요.

( )

12 **2**보다 크고 **3**보다 작은 분수 중에서 분모가 **4**인 가분수를 모두 써 보세요.

( )

13 대분수를 모두 찾아 ○표 하세요.

$\frac{3}{7}$, $1\frac{2}{5}$, $\frac{8}{8}$, 4, $2\frac{8}{7}$, $1\frac{1}{3}$

14 보기 와 같이 대분수를 가분수로 나타내 보세요.

보기

$2\frac{3}{8}=2+\frac{3}{8}=\frac{16}{8}+\frac{3}{8}=\frac{19}{8}$

(1) $5\frac{1}{2}=5+\frac{\square}{2}=\frac{\square}{2}+\frac{\square}{2}=\frac{\square}{2}$

(2) $4\frac{3}{7}=4+\frac{\square}{7}=\frac{\square}{7}+\frac{\square}{2}=\frac{\square}{2}$

15 대분수를 가분수로 나타내 보세요.

(1) $2\frac{3}{4}$ (2) $6\frac{4}{5}$

4 단원

16 보기 와 같이 가분수를 대분수로 나타내 보세요.

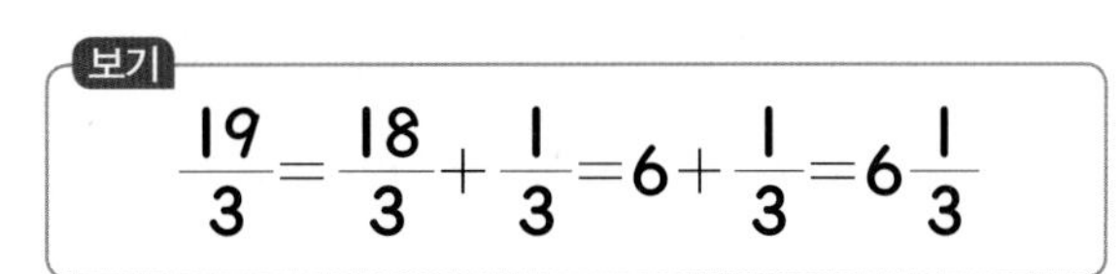

(1) $\frac{26}{4}=\frac{\square}{4}+\frac{2}{4}=\square+\frac{2}{4}$

$=\square\frac{\square}{\square}$

(2) $\frac{33}{6}=\frac{\square}{6}+\frac{3}{6}=\square+\frac{3}{6}$

$=\square\frac{\square}{\square}$

17 가분수를 대분수로 나타내 보세요.

(1) $\frac{36}{7}=\square\frac{\square}{\square}$

(2) $\frac{67}{9}=\square\frac{\square}{\square}$

18 분수의 크기를 비교하여 ○ 안에 >, <를 알맞게 써넣으세요.

(1) $3\frac{3}{6}$ ○ $2\frac{5}{6}$

(2) $5\frac{3}{7}$ ○ $\frac{41}{7}$

19 분수를 수직선에 화살표(↑)로 나타내고 가장 작은 수부터 차례대로 써 보세요.

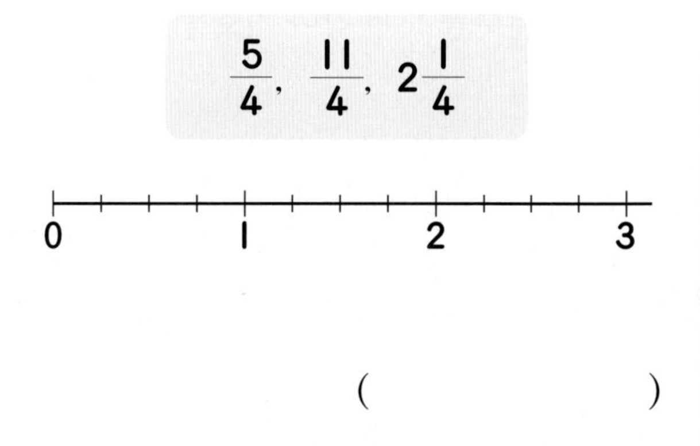

(　　　　　　)

20 가장 큰 분수를 찾아 써 보세요.

$1\frac{4}{7}$, $\frac{10}{7}$, $\frac{3}{7}$, $1\frac{1}{7}$

(　　　　　　)

단원 5 들이와 무게

이번에 배울 내용

1. 들이 비교하기
2. 들이의 단위 알아보기
3. 들이 어림하기와 들이의 합과 차 알아보기
4. 무게 비교하기
5. 무게의 단위 알아보기
6. 무게 어림하기와 무게의 합과 차 알아보기

이전에 배운 내용

- 길이의 단위(mm, km)
- 길이의 합과 차

다음에 배울 내용

- 무게의 여러 가지 단위

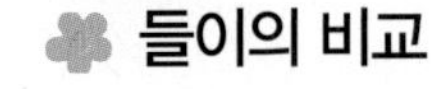

step 1 원리 꼼꼼

1. 들이 비교하기

들이의 비교

동영상강의

방법 ① 주전자에 물을 가득 채워 물통에 옮겨 담기

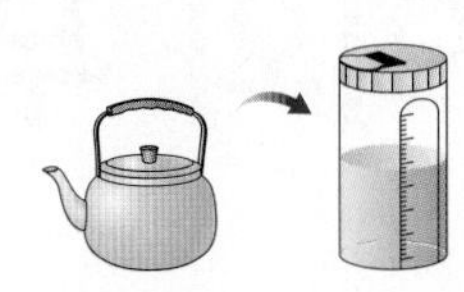

주전자에 가득 채운 물을 물통에 옮겨 담았을 때 물통에 물이 가득 차지 않았으므로 주전자보다 물통의 들이가 더 많습니다.

(주전자의 들이) < (물통의 들이)

방법 ② 주전자와 물통에 물을 가득 채워 모양과 크기가 같은 그릇에 각각 옮겨 담기

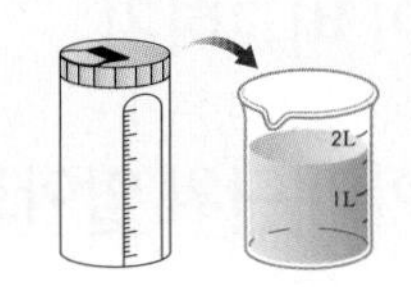

물통의 물의 높이가 주전자의 물의 높이보다 더 높으므로 주전자보다 물통의 들이가 더 많습니다.

(주전자의 들이) < (물통의 들이)

방법 ③ 주전자와 물통에 물을 가득 채워 모양과 크기가 같은 컵에 각각 옮겨 담기

주전자는 **6**컵, 물통은 **8**컵이므로 주전자보다 물통의 들이가 더 많습니다.

(주전자의 들이) < (물통의 들이)

원리 확인 1 양동이와 주전자에 물을 가득 채운 후, 물을 크기가 같은 컵에 각각 따랐더니 그림과 같이 되었습니다. 양동이와 주전자의 들이를 컵의 수로 비교해 보세요.

(1) 양동이에 가득 채운 물을 컵에 따라 보면 ☐ 컵입니다.

(2) 주전자에 가득 채운 물을 컵에 따라 보면 ☐ 컵입니다.

(3) 양동이와 주전자 중 (양동이, 주전자) 쪽에 물이 더 많이 들어갑니다.

원리 탄탄

기본 문제를 통해 개념과 원리를 다져요.

1 들이가 가장 많은 그릇부터 차례대로 기호를 써 보세요.

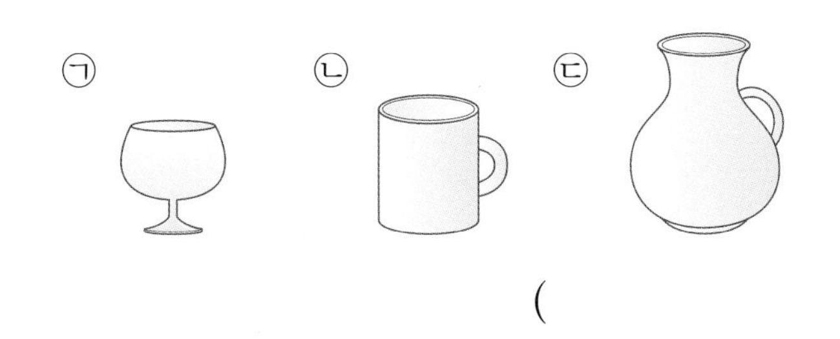

(　　　　　　　　　　　　)

> **1.** 물이 많이 들어갈수록 들이가 많은 그릇입니다.

2 우유갑과 음료수 병에 물을 가득 채웠다가 모양과 크기가 같은 그릇에 옮겨 담았더니 그림과 같이 되었습니다. 어느 쪽의 들이가 더 많은가요?

(　　　　　　　　　　　　)

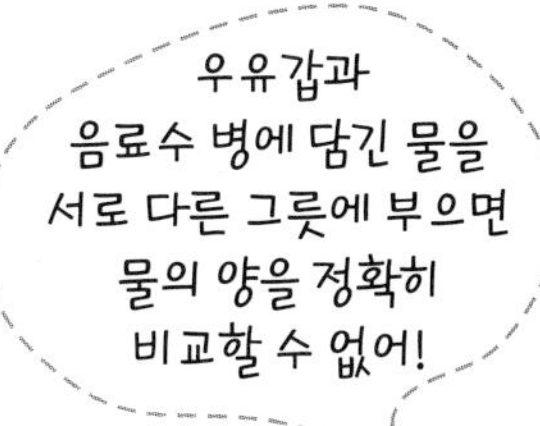

5
단원

3 컵 ㉮, ㉯, ㉰의 들이를 비교하려고 합니다. 각 컵에 물을 가득 담아서 모양과 크기가 같은 그릇에 각각 부어 물의 높이를 표시하였습니다. 들이가 가장 많은 컵부터 차례대로 기호를 써 보세요.

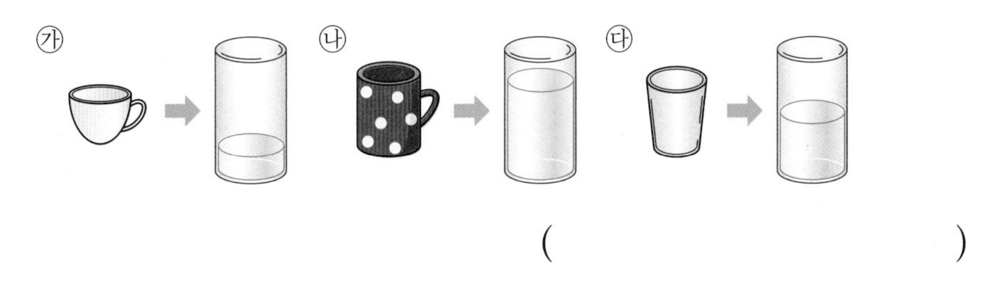

(　　　　　　　　　　　　)

4 똑같은 물통에 가득 들어 있는 물을 네 사람이 각자의 컵으로 덜어 내어 보았습니다. 어느 컵의 들이가 가장 많은가요?

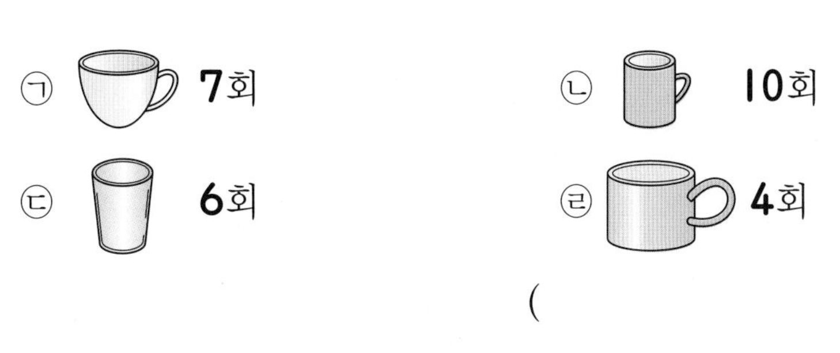

(　　　　　　　　　　　　)

> **4.** 컵이 클수록 덜어 낸 횟수가 더 적습니다.

원리 척척

물이 더 많이 들어 있는 것에 ○표 하세요. [1~4]

1

(　　　) (　　　)

2

(　　　) (　　　)

3

(　　　) (　　　)

4

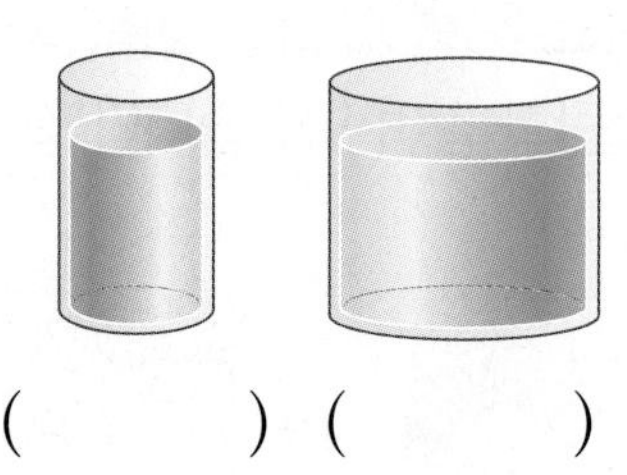

(　　　) (　　　)

그릇의 들이가 더 적은 쪽에 ○표 하세요. [5~6]

5

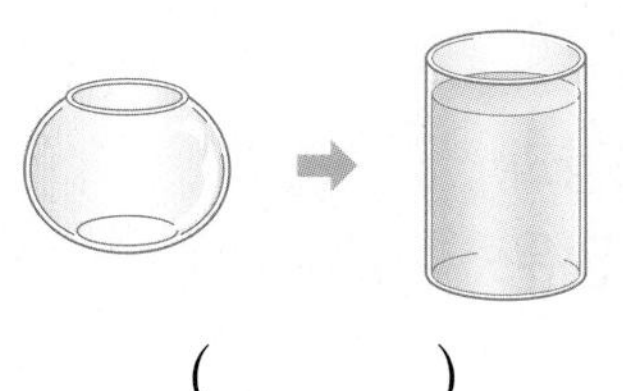

(　　　)　　　(　　　)

6

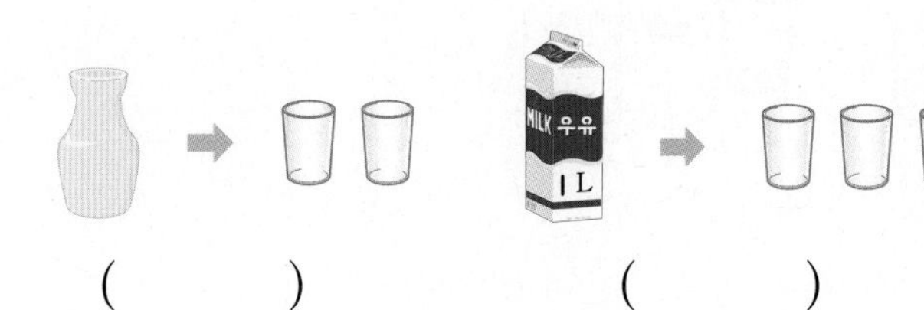

(　　　)　　　(　　　)

물이 가장 많이 들어 있는 것에 ○표, 가장 적게 들어 있는 것에 △표 하세요. [7~8]

7

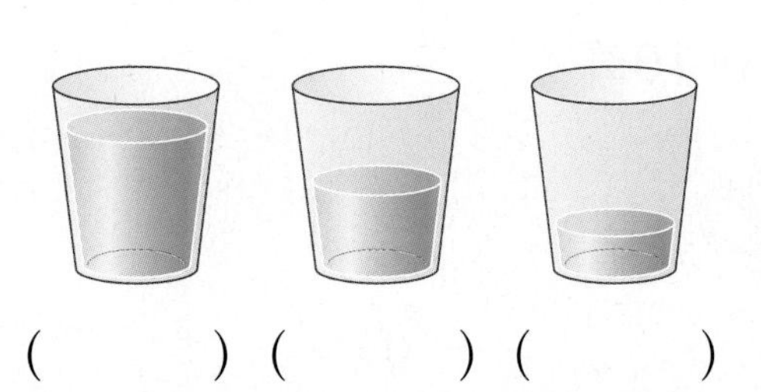

(　　　) (　　　) (　　　)

8

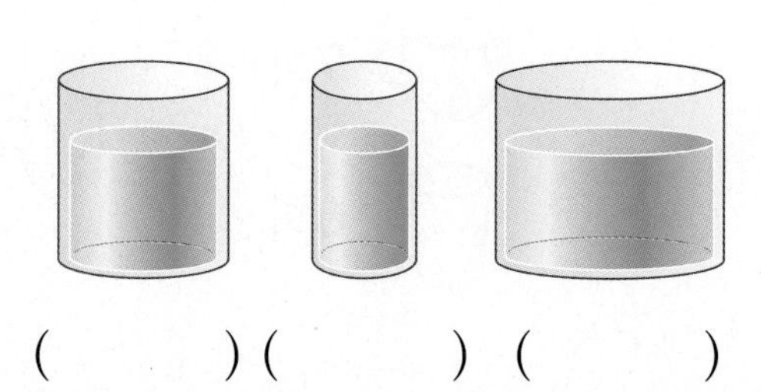

(　　　) (　　　) (　　　)

들이가 가장 많은 것부터 차례대로 번호를 써 보세요. [9~11]

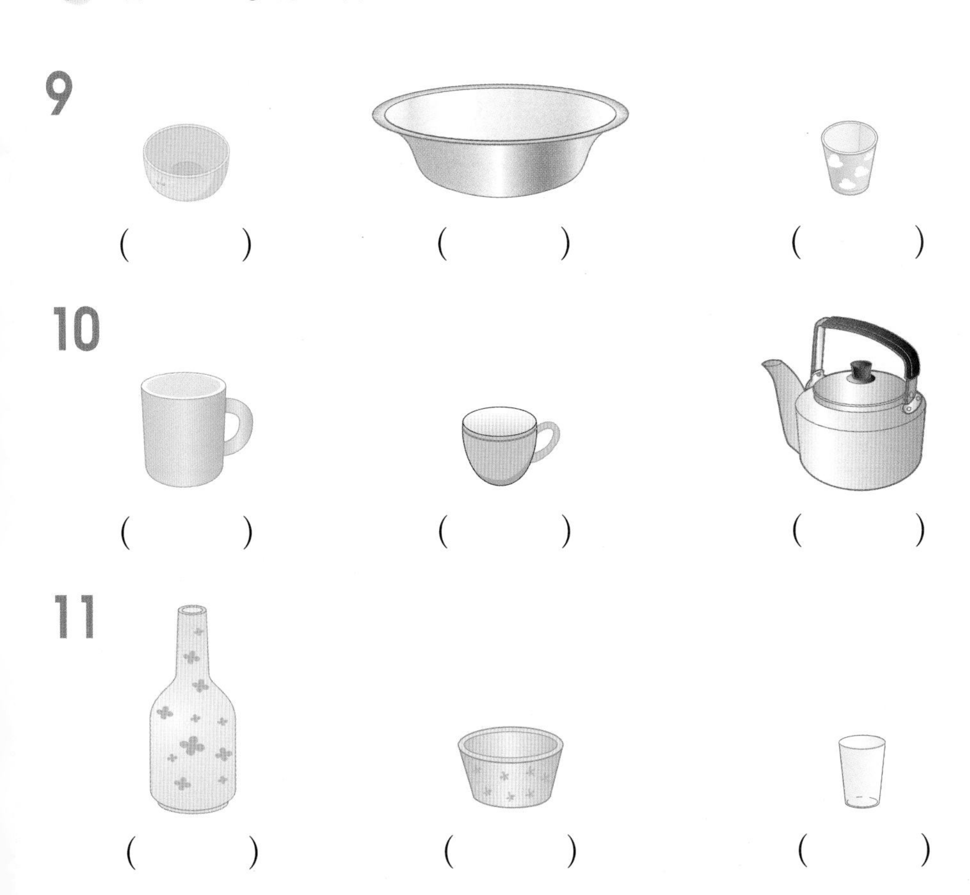

9 ( ) ( ) ( )

10 ( ) ( ) ( )

11 ( ) ( ) ( )

12 가와 나 그릇에 물을 가득 채운 후 모양과 크기가 같은 컵을 사용하여 비교하였습니다. 어느 그릇의 들이가 더 많은가요?

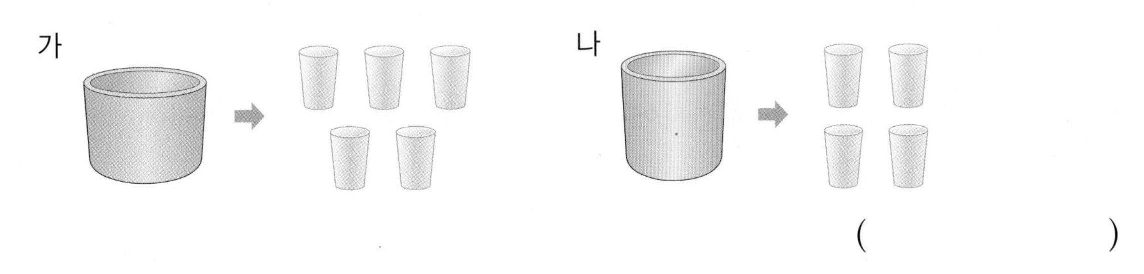

( )

13 모양과 크기가 똑같은 물통에 가득 들어 있는 물을 여러 가지 컵으로 덜어 내었더니 다음과 같았습니다. 들이가 가장 많은 컵의 기호를 써 보세요.

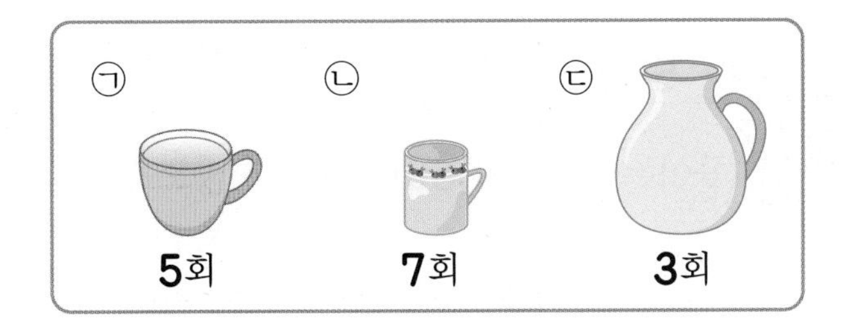

( )

원리 꼼꼼

2. 들이의 단위 알아보기

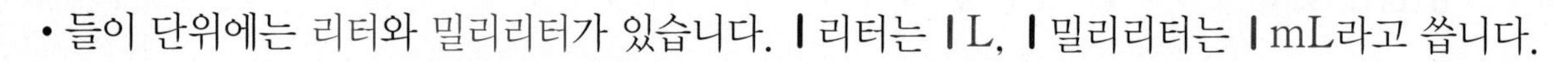

• 들이 단위에는 리터와 밀리리터가 있습니다. 1 리터는 1 L, 1 밀리리터는 1 mL라고 씁니다.

1 L=1000 mL

1 L 1 mL

• 1 L보다 700 mL 더 많은 들이를 1 L 700 mL라 쓰고, 1 리터 700 밀리리터라고 읽습니다. 1 L 700 mL는 1700 mL와 같습니다.

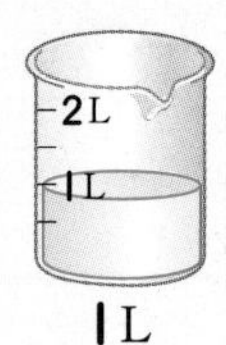

1 L

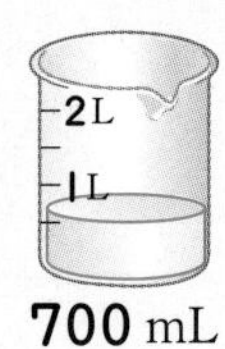

700 mL

1 L 700 mL

1 L 700 mL = 1 L + 700 mL
= 1000 mL + 700 mL
= 1700 mL

원리 확인  들이가 적혀 있는 그릇들을 보고, 들이를 써 보세요.

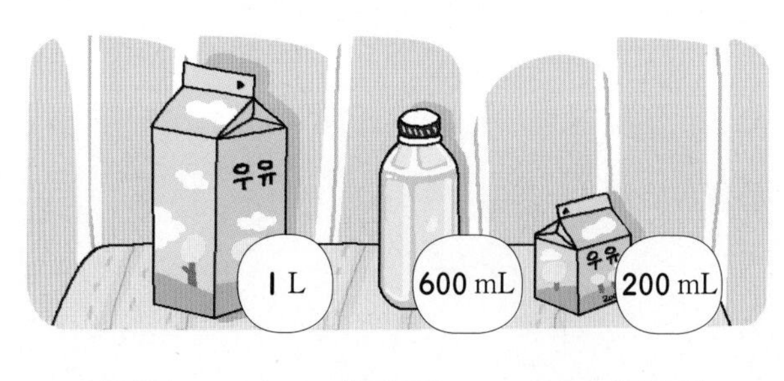

1 □   600 □   200 □

원리 확인  병과 컵과 주전자에 물을 가득 채운 후, 그 물을 비커에 각각 따랐습니다. 들이가 얼마인지 눈금을 읽어 보세요.

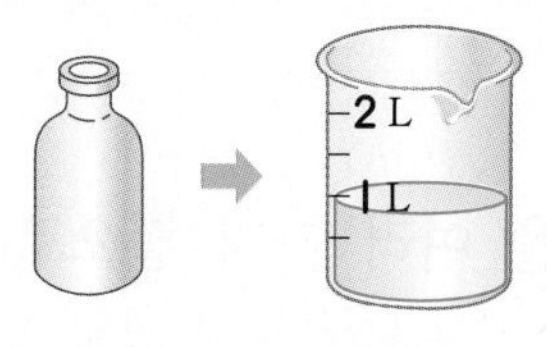

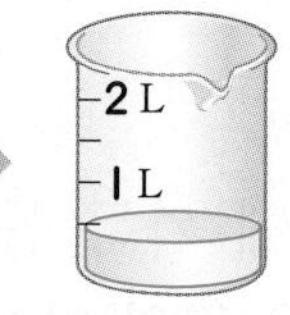

(1) 병의 들이는 1 (L, mL)입니다.

(2) 컵의 들이는 500 (L, mL)입니다.

(3) 주전자의 들이는 1 L보다 500 mL 더 많으므로 □ L □ mL이고, □ mL입니다.

step 2 원리 탄탄

기본 문제를 통해 개념과 원리를 다져요.

1 그릇의 들이를 나타내는 데 알맞은 단위를 L와 mL 중에서 골라 써 보세요.

(1) 

(　　　　　)

(2) 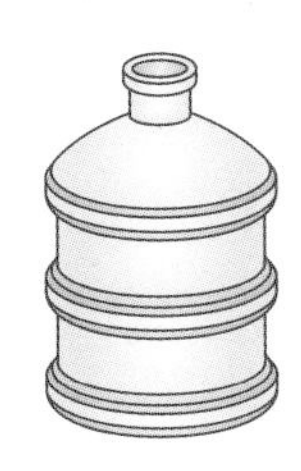

(　　　　　)

2 물은 모두 얼마나 되는지 구해 보세요.

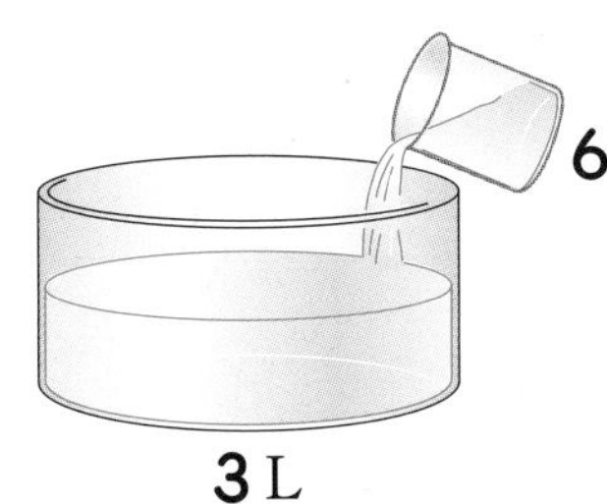

3 L + **600** mL
= □ L □ mL

3 □ 안에 알맞은 수를 써넣으세요.

(1) **4** L = □ mL

(2) **2** L **400** mL = □ L + **400** mL
= □ mL + □ mL
= □ mL

(3) **3500** mL = □ mL + **500** mL
= □ L + □ mL
= □ L □ mL

4 들이를 비교하여 ○ 안에 >, =, <를 알맞게 써넣으세요.

(1) **2030** mL  **2** L

(2) **3** L **80** mL ○ **3800** mL

3. 1 L = 1000 mL

4. (1) **2030** mL를 몇 L 몇 mL로 고쳐서 비교하거나 **2** L를 몇 mL로 고쳐서 비교합니다.

원리 척척

L와 mL 중 들이를 나타내는 데 알맞은 단위를 □ 안에 써넣으세요. [1~8]

1

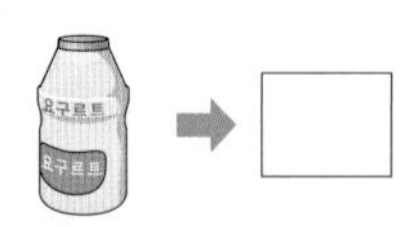

요구르트병

2

→ □

양동이

3

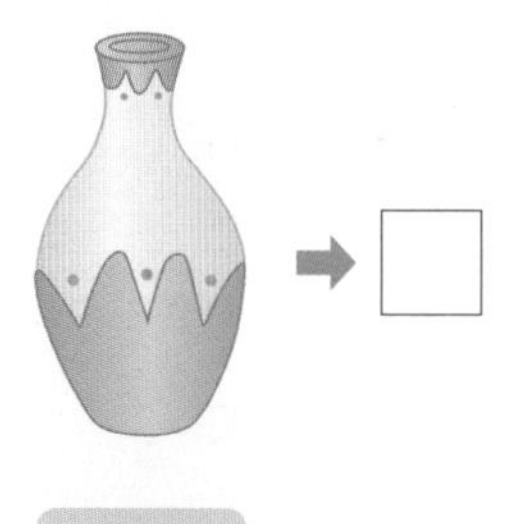

꽃병

4

밥그릇

5

종이컵

6

물컵

7

우유갑

8

주전자

□ 안에 알맞은 수를 써넣으세요. [9~22]

9 5 L 400 mL=□ mL

10 7 L 500 mL=□ mL

11 3 L 850 mL=□ mL

12 4 L 180 mL=□ mL

13 8 L 80 mL=□ mL

14 9 L 50 mL=□ mL

15 6 L 900 mL=□ mL

16 7 L 30 mL=□ mL

17 2900 mL=□ L □ mL

18 7800 mL=□ L □ mL

19 3470 mL=□ L □ mL

20 6320 mL=□ L □ mL

21 8010 mL=□ L □ mL

22 1090 mL=□ L □ mL

step 1 원리 꼼꼼

3. 들이 어림하기와 들이의 합과 차 알아보기

들이 어림하기

- 들이를 어림하여 말할 때에는 약 ■ L 또는 약 ■ mL라고 합니다.
- 1 L, 100 mL 등을 재어 그릇에 부어 보고 얼마만한 들이인지 눈으로 보고 손으로 들어 확인한 후 여러 가지 그릇의 들이를 어림하고 실제로 재어 확인합니다.

들이의 합과 차

2 L 300 mL+1 L 400 mL
=3 L 700 mL

$$\begin{array}{rrr} & 2\text{ L} & 300\text{ mL} \\ + & 1\text{ L} & 400\text{ mL} \\ \hline & 3\text{ L} & 700\text{ mL} \end{array}$$

➡ L는 L끼리, mL는 mL끼리 더합니다.

5 L 600 mL−3 L 200 mL
=2 L 400 mL

$$\begin{array}{rrr} & 5\text{ L} & 600\text{ mL} \\ - & 3\text{ L} & 200\text{ mL} \\ \hline & 2\text{ L} & 400\text{ mL} \end{array}$$

➡ L는 L끼리, mL는 mL끼리 뺍니다.

원리 확인 1 그림을 보고 □ 안에 알맞은 수를 써넣으세요.

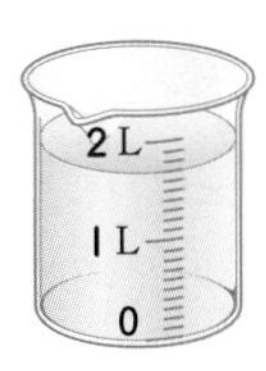

물은 1 L 눈금선보다 2 L 눈금선에 더 가까우므로 물의 들이는 약 □ L입니다.

원리 확인 2 오렌지 주스 4 L 600 mL와 포도 주스 2 L 100 mL가 있습니다. 두 주스의 들이의 합과 차를 구하려고 합니다. 물음에 답하세요.

(1) 합을 가로셈과 세로셈으로 계산해 보세요.

4 L 600 mL+2 L 100 mL
=□ L □ mL

$$\begin{array}{rrr} & 4\text{ L} & 600\text{ mL} \\ + & 2\text{ L} & 100\text{ mL} \\ \hline & \square\text{ L} & \square\text{ mL} \end{array}$$

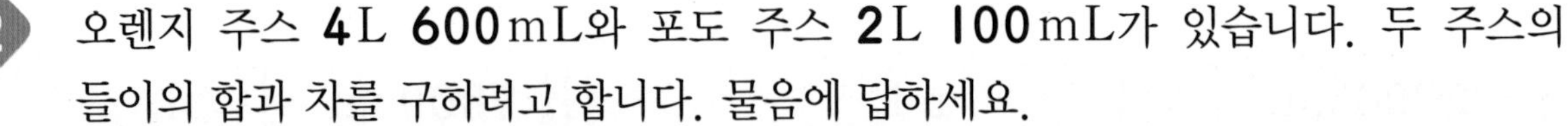

(2) 차를 가로셈과 세로셈으로 계산해 보세요.

4 L 600 mL−2 L 100 mL
=□ L □ mL

$$\begin{array}{rrr} & 4\text{ L} & 600\text{ mL} \\ - & 2\text{ L} & 100\text{ mL} \\ \hline & \square\text{ L} & \square\text{ mL} \end{array}$$

step 2 원리 탄탄

기본 문제를 통해 개념과 원리를 다져요.

1 물통에 물을 가득 채워 비커에 옮겨 담았더니 그림과 같았습니다. 물통의 들이는 약 몇 L인가요?

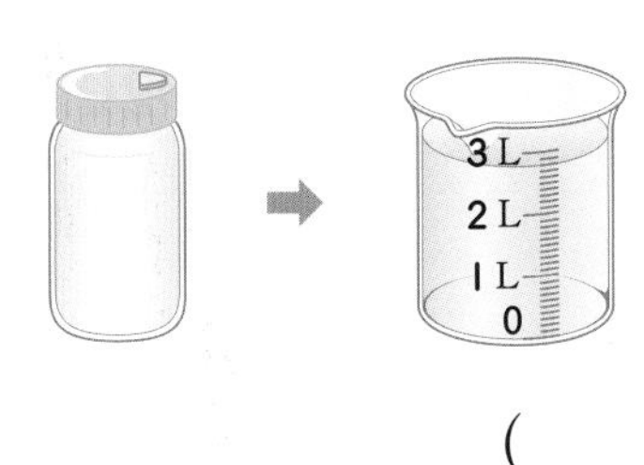

( )

2 □ 안에 알맞은 수를 써넣으세요.

(1) 1 L 500 mL + 2 L 400 mL = □ L □ mL

(2) 3 L 600 mL − 1 L 300 mL = □ L □ mL

2. L는 L끼리, mL는 mL끼리 계산합니다.

3 □ 안에 알맞은 수를 써넣으세요.

3. 1000 mL = 1 L입니다.

(1) 3200 mL + 2500 mL = □ mL
= □ L □ mL

(2) 5700 mL − 1200 mL = □ mL
= □ L □ mL

4 계산해 보세요.

(1)

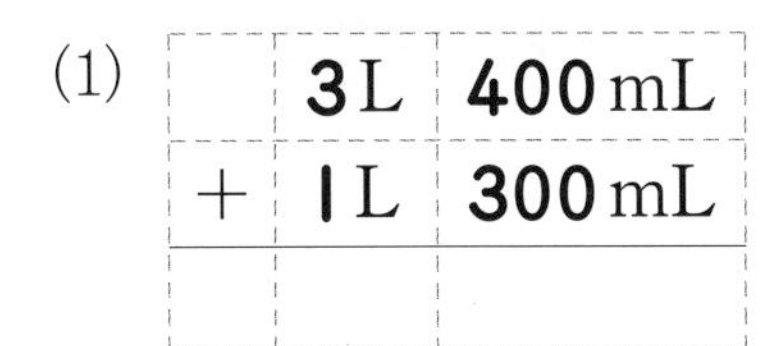

	3 L	400 mL
+	1 L	300 mL

(2)

	5 L	200 mL
+	2 L	700 mL

(3)

	7 L	800 mL
−	3 L	400 mL

(4)

	8 L	500 mL
−	4 L	300 mL

5 물이 3 L 600 mL 있었습니다. 그중에서 용희가 2 L 250 mL를 사용하였습니다. 남은 물은 몇 L 몇 mL인가요?

( )

5. 처음에 있던 물의 양에서 사용한 물의 양을 뺍니다.

계산해 보세요. [1 ~ 14]

1

$$\begin{array}{r} 2\text{ L}\ \ 100\text{ mL} \\ +\ 1\text{ L}\ \ 300\text{ mL} \\ \hline \end{array}$$

2

$$\begin{array}{r} 4\text{ L}\ \ 200\text{ mL} \\ +\ 2\text{ L}\ \ 500\text{ mL} \\ \hline \end{array}$$

3

$$\begin{array}{r} 3\text{ L}\ \ 600\text{ mL} \\ +\ 3\text{ L}\ \ 600\text{ mL} \\ \hline \end{array}$$

4

$$\begin{array}{r} 2\text{ L}\ \ 800\text{ mL} \\ +\ 4\text{ L}\ \ 900\text{ mL} \\ \hline \end{array}$$

5

$$\begin{array}{r} 1\text{ L}\ \ 400\text{ mL} \\ +\ 6\text{ L}\ \ 700\text{ mL} \\ \hline \end{array}$$

6

$$\begin{array}{r} 2\text{ L}\ \ 850\text{ mL} \\ +\ 5\text{ L}\ \ 400\text{ mL} \\ \hline \end{array}$$

7

$$\begin{array}{r} 7\text{ L}\ \ 540\text{ mL} \\ +\ 1\text{ L}\ \ 600\text{ mL} \\ \hline \end{array}$$

8

$$\begin{array}{r} 4\text{ L}\ \ 260\text{ mL} \\ +\ 4\text{ L}\ \ 890\text{ mL} \\ \hline \end{array}$$

9 4 L 300 mL+1 L 900 mL

10 2 L 400 mL+2 L 800 mL

11 6 L 700 mL+2 L 400 mL

12 4 L 350 mL+2 L 900 mL

13 3 L 750 mL+5 L 700 mL

14 2 L 950 mL+6 L 750 mL

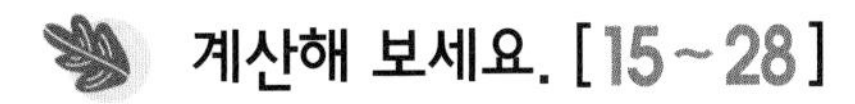
계산해 보세요. [15~28]

15
$$\begin{array}{r} 5\text{ L }\ 700\text{ mL} \\ -\ 2\text{ L }\ 200\text{ mL} \\ \hline \end{array}$$

16
$$\begin{array}{r} 8\text{ L }\ 400\text{ mL} \\ -\ 7\text{ L }\ 100\text{ mL} \\ \hline \end{array}$$

17
$$\begin{array}{r} 5\text{ L }\ 100\text{ mL} \\ -\ 2\text{ L }\ 400\text{ mL} \\ \hline \end{array}$$

18
$$\begin{array}{r} 7\text{ L }\ 500\text{ mL} \\ -\ 4\text{ L }\ 900\text{ mL} \\ \hline \end{array}$$

19
$$\begin{array}{r} 8\text{ L }\ 250\text{ mL} \\ -\ 3\text{ L }\ 800\text{ mL} \\ \hline \end{array}$$

20
$$\begin{array}{r} 9\text{ L }\ 300\text{ mL} \\ -\ 1\text{ L }\ 550\text{ mL} \\ \hline \end{array}$$

21
$$\begin{array}{r} 8\text{ L }\ 550\text{ mL} \\ -\ 1\text{ L }\ 850\text{ mL} \\ \hline \end{array}$$

22
$$\begin{array}{r} 9\text{ L }\ 450\text{ mL} \\ -\ 2\text{ L }\ 980\text{ mL} \\ \hline \end{array}$$

23 4 L 200 mL−2 L 600 mL

24 5 L 400 mL−2 L 600 mL

25 8 L 300 mL−3 L 700 mL

26 7 L 550 mL−4 L 800 mL

27 5 L 200 mL−1 L 450 mL

28 4 L 850 mL−1 L 950 mL

5
단원

원리 꼼꼼

4. 무게 비교하기

양팔 저울을 사용하여 무게 비교하기

양팔 저울을 사용하면 어느 것이 더 무거운지 알 수 있습니다.

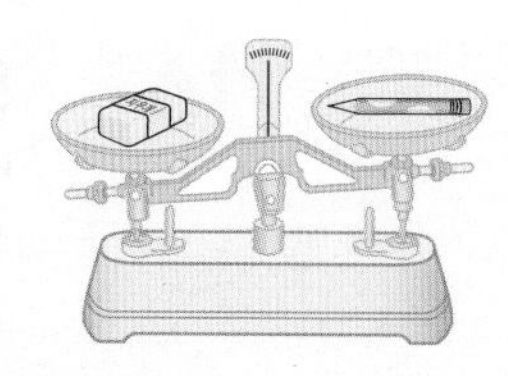

지우개가 연필보다 더 무겁습니다.

여러 가지 단위를 이용하여 무게 비교하기

임의의 단위를 이용하면 어느 것이 얼마만큼 더 무거운지 알수 있습니다.

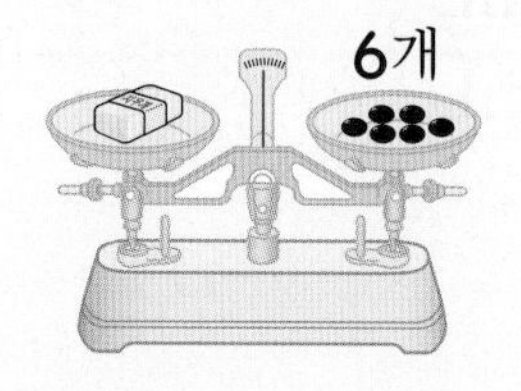

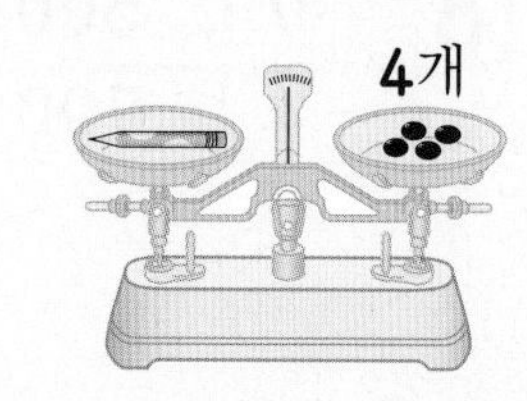

지우개의 무게는 바둑돌 **6**개, 연필의 무게는 바둑돌 **4**개의 무게와 같으므로 지우개가 연필보다 바둑돌 **2**개만큼 더 무겁습니다.

원리 확인 1 당근과 오이의 무게를 비교해 보세요.

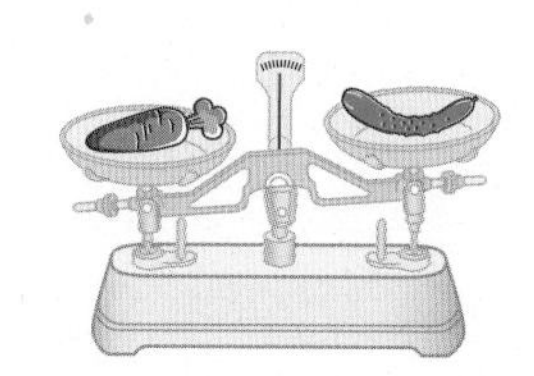

(1) 양손으로 들어서 무게를 비교해 보면 ☐이 더 무겁습니다.

(2) 양팔 저울을 사용하여 무게를 비교해 보면 ☐이 더 무겁습니다.

(3) 양팔 저울만을 사용하여 무게를 비교하면 당근과 오이 중에서 어느 것이 얼마나 더 무거운지 알 수 (있습니다, 없습니다).

원리 확인 2 바둑돌을 이용하여 당근과 오이 중에서 어느 것이 얼마나 더 무거운지 알아보세요.

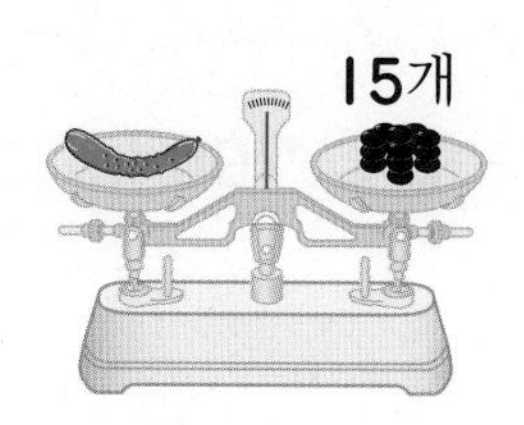

(1) 당근의 무게는 바둑돌 ☐개의 무게와 같습니다.

(2) 오이의 무게는 바둑돌 ☐개의 무게와 같습니다.

(3) ☐이 ☐보다 바둑돌 ☐개만큼 더 무겁습니다.

원리 탄탄

기본 문제를 통해 개념과 원리를 다져요.

1 가장 무거운 물건부터 차례대로 기호를 써 보세요.

㉠ 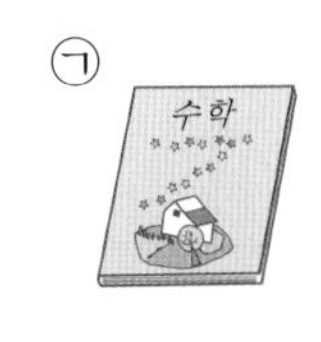

㉡ 
㉢ 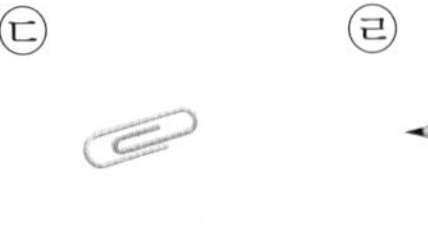
㉣ 

( )

> 1. 각 물건의 무게를 어림해 봅니다.

2 그림을 보고 더 무거운 것을 써 보세요.

(1) 자 필통

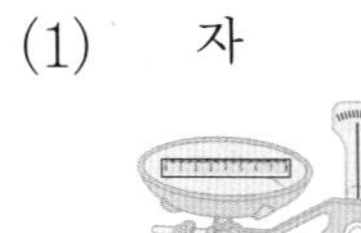

( )

(2) 배 사과

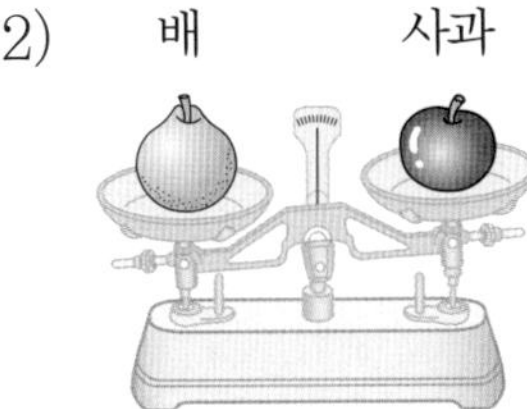

( )

3 그림을 보고 사과와 귤 중에서 어느 것이 얼마나 더 무거운지 □ 안에 알맞게 써넣으세요.

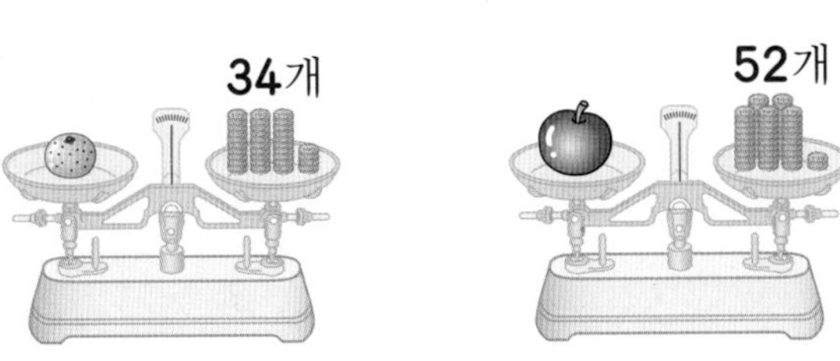

□가 □보다 동전 □개만큼 더 무겁습니다.

> 3. 두 저울이 수평을 이루었으므로 동전이 많이 놓여 있는 쪽이 더 무겁습니다.

4 그림을 보고 감과 바나나 중에서 어느 것이 얼마나 더 무거운지 써 보세요.

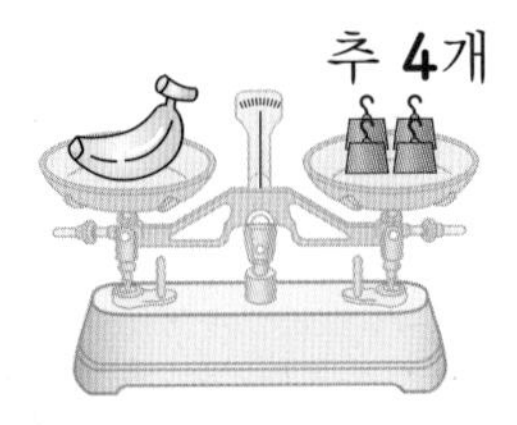

( )

> 4. 두 저울이 수평을 이루었으므로 추가 많이 놓여 있는 쪽이 더 무겁습니다.

5 단원

원리 척척

더 무거운 것에 ○표 하세요. [1~4]

1

( ) ( )

2

( ) ( )

3

( ) ( )

4

( ) ( )

가장 무거운 것부터 차례대로 번호를 써 보세요. [5~8]

5

( ) ( ) ( )

6

( ) ( ) ( )

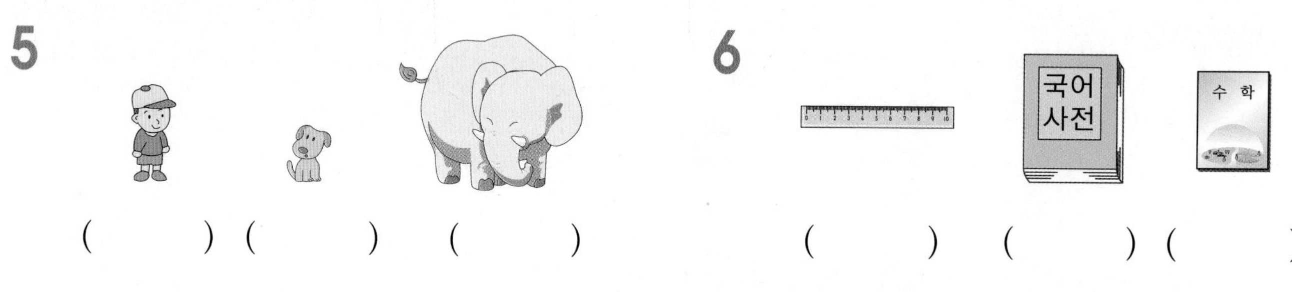

7

( ) ( ) ( )

8

( ) ( ) ( )

그림을 보고 사과와 귤 중에서 어느 것이 얼마나 더 무거운지 알아보세요. [9~11]

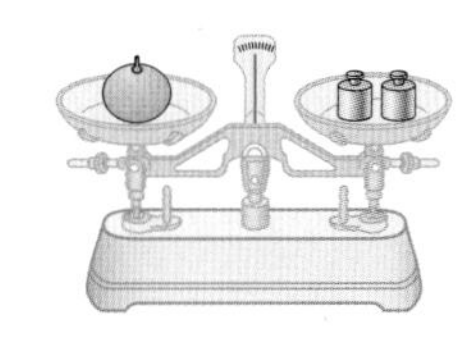

9 사과의 무게는 추 ☐개의 무게와 같습니다.

10 귤의 무게는 추 ☐개의 무게와 같습니다.

11 사과와 귤 중에서 ☐가 추 ☐개의 무게만큼 더 무겁습니다.

저울과 100원짜리 동전을 사용하여 어느 것이 더 무거운지 알아보세요. [12~14]

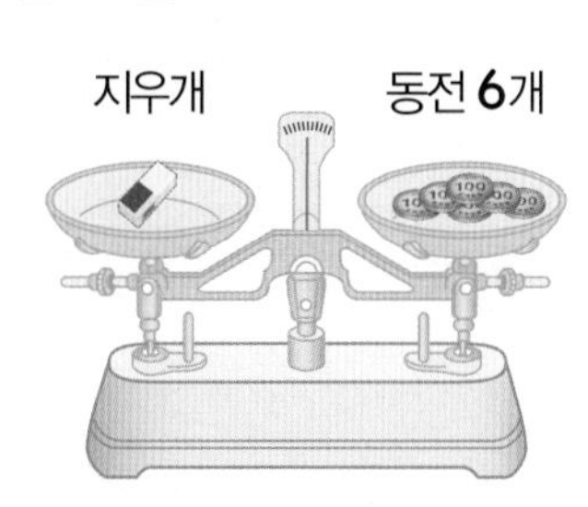

12 필통의 무게는 100원짜리 동전 ☐개의 무게와 같습니다.

13 지우개의 무게는 100원짜리 동전 ☐개의 무게와 같습니다.

14 필통과 지우개 중에서 ☐이 100원짜리 동전 ☐개의 무게만큼 더 무겁습니다.

5. 무게의 단위 알아보기

동영상강의

무게의 단위 1 kg과 1 g 알아보기

- 무게의 단위에는 킬로그램과 그램이 있습니다. 1 킬로그램은 1 kg, 1 그램은 1 g이라고 씁니다. 1 킬로그램은 1000 그램과 같습니다.

1 kg=1000 g

1 kg 1 g

- 1 kg보다 200 g 더 무거운 무게를 1 kg 200 g이라 쓰고, 1 킬로그램 200 그램이라고 읽습니다. 1 kg 200 g은 1200 g과 같습니다.

1 kg 200 g=1 kg+200 g=1000 g+200 g=1200 g

무게의 단위 t 알아보기

- 1000 kg의 무게를 1 t이라 쓰고 1 톤이라고 읽습니다.

1 t

1000 kg=1 t

원리 확인  물건들의 무게를 달아 보고 무게를 알아보세요.

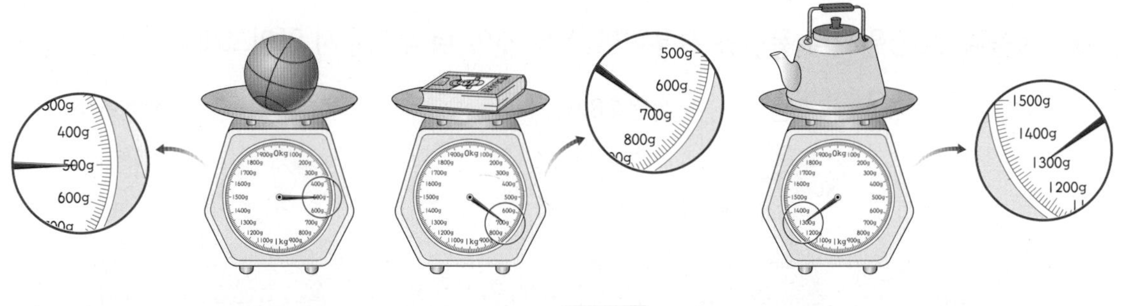

(1) 농구공의 무게를 달아 보면 저울 눈금이 ☐ g을 가리키고 있습니다.

(2) 책의 무게를 달아 보면 저울 눈금이 ☐ g을 가리키고 있습니다.

(3) 주전자의 무게를 달아 보면 저울 눈금이 ☐ g을 가리키고 있습니다.

원리 확인  ☐ 안에 알맞은 수를 써넣으세요.

(1) 5 kg 600 g=☐ kg+☐ g=☐ g+☐ g=☐ g

(2) 4560 g=☐ g+560 g=☐ kg+☐ g=☐ kg ☐ g

(3) 3 t 400 kg=☐ t+☐ kg=☐ kg+☐ kg=☐ kg

(4) 5340 kg=☐ kg+340 kg=☐ t+☐ kg=☐ t ☐ kg

원리 탄탄

기본 문제를 통해 개념과 원리를 다져요.

1 저울의 눈금을 읽어 보세요.

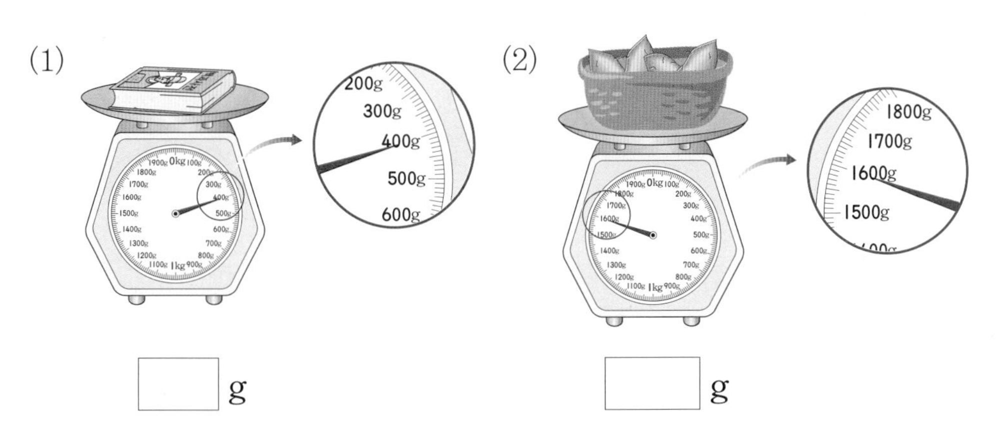

(1) ☐ g　　(2) ☐ g

2 다음 중 무게의 단위를 알맞지 않게 사용한 것은 어느 것인가요? (　　　)

① 비누 한 개 **130** g　　② 딸기잼 한 병 **350** g
③ 쌀 한 포대 **20** kg　　④ 라면 한 봉지 **120** g
⑤ 참외 한 개 **2** g

3 ☐ 안에 알맞은 수를 써넣으세요.

(1) **3** kg= ☐ g　　(2) **2** kg **800** g= ☐ g

(3) **4000** g= ☐ kg　　(4) **5450** g= ☐ kg ☐ g

3. 1 kg=1000 g임을 이용하여 kg을 g으로, g을 kg으로 바꾸어 봅니다.

4 관계있는 것끼리 선으로 이어 보세요.

5 t 20 kg •	• 5020 kg
3 t •	• 30000 kg
30 t •	• 3000000 g

5 **5000** kg까지 짐을 실을 수 있는 트럭이 있습니다. 이 트럭은 몇 t까지 짐을 실을 수 있나요?

(　　　　　　　　)

5 단원

step 3 원리 척척

저울의 눈금을 읽어 보세요. [1~8]

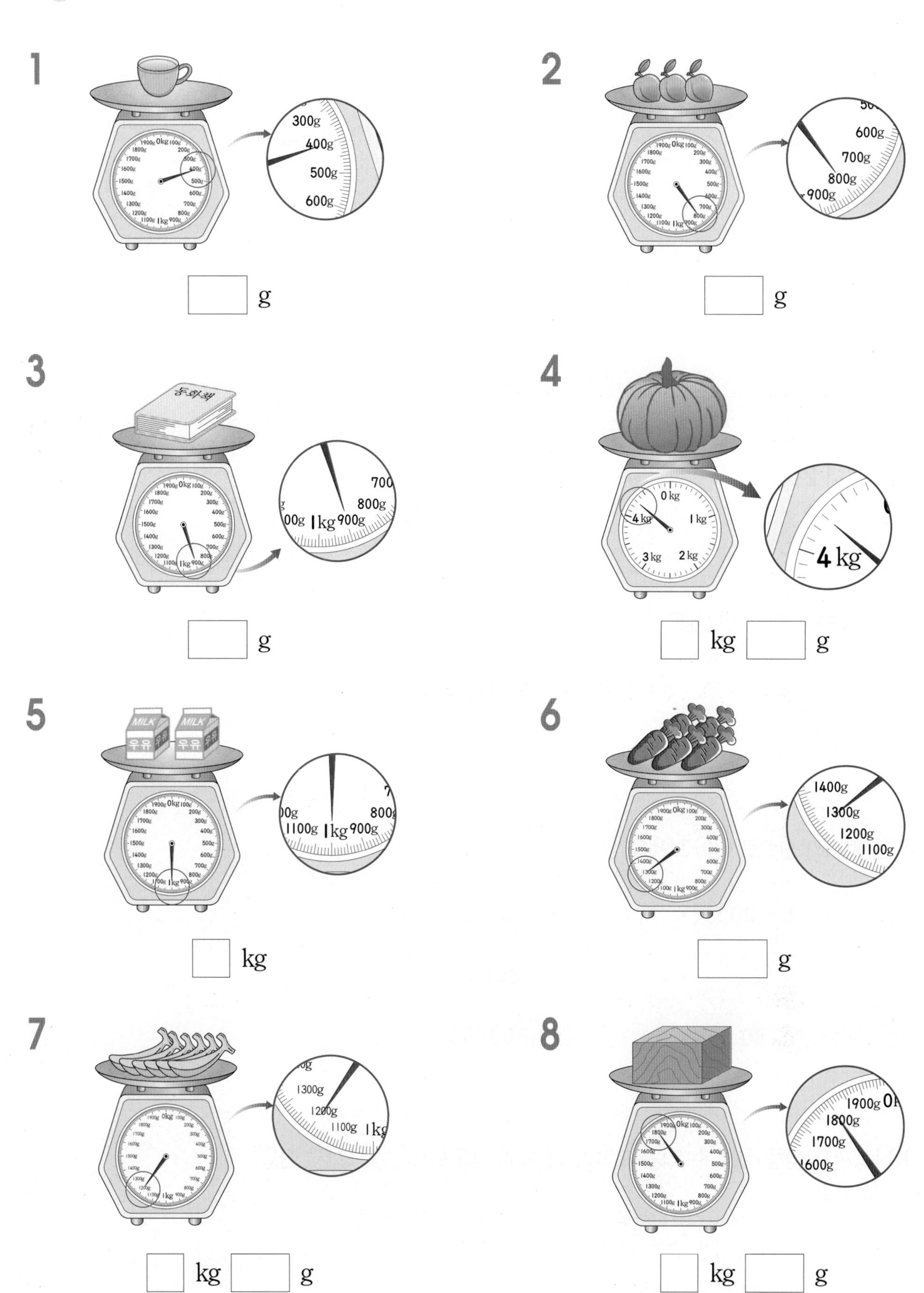

□ 안에 알맞은 수를 써넣으세요. [9~22]

9 1 kg= □ g

10 2000 g= □ kg

11 3 kg 200 g= □ kg+200 g= □ g+200 g= □ g

12 2700 g= □ g+700 g= □ kg+700 g= □ kg □ g

13 1 kg 700 g= □ g

14 5 kg 100 g= □ g

15 4 t 500 kg= □ kg

16 9 t 800 kg= □ kg

17 1500 kg= □ t □ kg

18 5300 kg= □ t □ kg

19 6400 kg= □ t □ kg

20 7800 kg= □ t □ kg

21 7 t 300 kg= □ kg

22 5 t 30 kg= □ kg

원리 꼼꼼

6. 무게 어림하기와 무게의 합과 차 알아보기

무게 어림하기

- 무게를 어림하여 말할 때에는 약 ■ kg 또는 약 ■ g이라고 합니다.
- 1 kg, 100 g 등을 손으로 들어 본 후 무게를 확인한 다음 여러 가지 무게를 어림하고 실제로 재어 확인합니다.

무게의 합과 차

5 kg 400 g+3 kg 200 g
=8 kg 600 g

	5 kg	400 g
+	3 kg	200 g
	8 kg	600 g

➡ kg은 kg끼리, g은 g끼리 더합니다.

5 kg 400 g−3 kg 200 g
=2 kg 200 g

	5 kg	400 g
−	3 kg	200 g
	2 kg	200 g

➡ kg은 kg끼리, g은 g끼리 뺍니다.

원리 확인 1 물건의 무게를 바르게 어림한 것을 찾아 기호를 써 보세요.

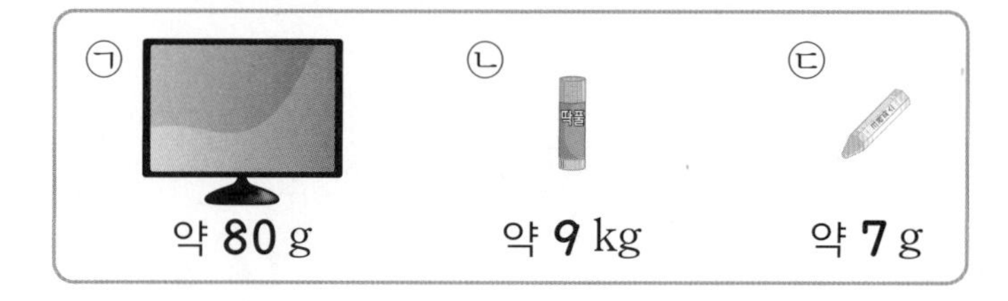

㉠ 약 80 g ㉡ 약 9 kg ㉢ 약 7 g

(　　　　　　　　)

원리 확인 2 영수의 가방 무게는 5 kg 600 g이고 서윤이의 가방 무게는 3 kg 200 g입니다. 영수와 서윤이의 가방 무게의 합과 차를 구하려고 합니다. 물음에 답하세요.

(1) 합을 가로셈과 세로셈으로 계산해 보세요.

5 kg 600 g+3 kg 200 g
=□ kg □ g

	5 kg	600 g
+	3 kg	200 g
	□ kg	□ g

(2) 차를 가로셈과 세로셈으로 계산해 보세요.

5 kg 600 g−3 kg 200 g
=□ kg □ g

	5 kg	600 g
−	3 kg	200 g
	□ kg	□ g

원리 탄탄

1 선경이는 여러 가지 물건의 무게를 어림했습니다. 어림한 무게와 실제 무게를 보고 물음에 답하세요.

물건	어림한 무게	실제 무게
인형	400 g	700 g
연습장	300 g	250 g
가방	900 g	600 g

(1) 어림한 무게와 실제 무게의 차가 가장 작은 물건은 어느 것인가요?

( )

(2) 무게를 가장 잘 어림한 물건은 무엇인가요?

( )

1. 실제 무게에 가까울수록 잘 어림한 것입니다.

2 □ 안에 알맞은 수를 써넣으세요.

(1) 2 kg 300 g+4 kg 500 g=□ kg □ g

(2) 9 kg 700 g−5 kg 600 g=□ kg □ g

3 계산해 보세요.

(1)

	6 kg	300 g
+	2 kg	500 g

(2)

	2 kg	100 g
+	3 kg	400 g

(3)

	7 kg	900 g
−	3 kg	400 g

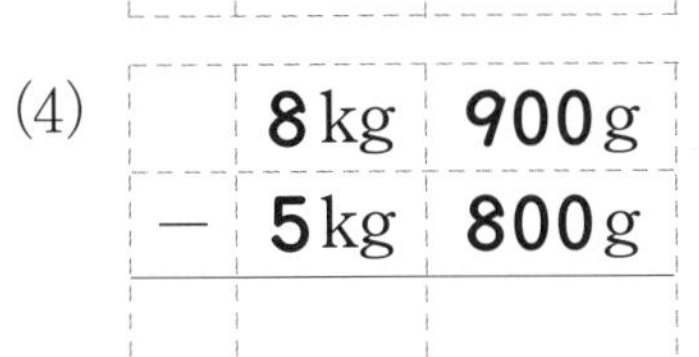

(4)

	8 kg	900 g
−	5 kg	800 g

4 바구니에 포도 4송이를 담아 달아 보니 3 kg 750 g이었습니다. 포도 4송이의 무게가 2 kg 600 g이라면 바구니만의 무게는 몇 kg 몇 g인가요?

( )

4. 포도 4송이가 담긴 바구니의 무게에서 포도 4송이의 무게를 뺍니다.

5 단원

원리 척척

계산해 보세요. [1 ~ 14]

1
$$\begin{array}{r} 5\text{ kg }\ 600\text{ g} \\ +\ 1\text{ kg }\ 300\text{ g} \\ \hline \end{array}$$

2
$$\begin{array}{r} 3\text{ kg }\ 500\text{ g} \\ +\ 7\text{ kg }\ 200\text{ g} \\ \hline \end{array}$$

3
$$\begin{array}{r} 4\text{ kg }\ 300\text{ g} \\ +\ 3\text{ kg }\ 800\text{ g} \\ \hline \end{array}$$

4
$$\begin{array}{r} 7\text{ kg }\ 400\text{ g} \\ +\ 3\text{ kg }\ 900\text{ g} \\ \hline \end{array}$$

5
$$\begin{array}{r} 5\text{ kg }\ 700\text{ g} \\ +\ 2\text{ kg }\ 500\text{ g} \\ \hline \end{array}$$

6
$$\begin{array}{r} 8\text{ kg }\ 900\text{ g} \\ +\ 1\text{ kg }\ 600\text{ g} \\ \hline \end{array}$$

7
$$\begin{array}{r} 10\text{ kg }\ 800\text{ g} \\ +\ \ 4\text{ kg }\ 600\text{ g} \\ \hline \end{array}$$

8
$$\begin{array}{r} 7\text{ kg }\ 200\text{ g} \\ +\ 6\text{ kg }\ 900\text{ g} \\ \hline \end{array}$$

9 4 kg 400 g+5 kg 600 g

10 5 kg 300 g+6 kg 900 g

11 8 kg 700 g+3 kg 500 g

12 6 kg 500 g+7 kg 800 g

13 2 kg 350 g+7 kg 800 g

14 4 kg 550 g+8 kg 750 g

계산해 보세요. [15 ~ 28]

15
$$\begin{array}{r} 4\text{ kg } 500\text{ g} \\ -\ 2\text{ kg } 400\text{ g} \\ \hline \end{array}$$

16
$$\begin{array}{r} 7\text{ kg } 600\text{ g} \\ -\ 3\text{ kg } 200\text{ g} \\ \hline \end{array}$$

17
$$\begin{array}{r} 6\text{ kg } 900\text{ g} \\ -\ 5\text{ kg } 400\text{ g} \\ \hline \end{array}$$

18
$$\begin{array}{r} 8\text{ kg } 700\text{ g} \\ -\ 4\text{ kg } 100\text{ g} \\ \hline \end{array}$$

19
$$\begin{array}{r} 5\text{ kg } 400\text{ g} \\ -\ 4\text{ kg } 700\text{ g} \\ \hline \end{array}$$

20
$$\begin{array}{r} 6\text{ kg } 300\text{ g} \\ -\ 5\text{ kg } 400\text{ g} \\ \hline \end{array}$$

21
$$\begin{array}{r} 10\text{ kg } 250\text{ g} \\ -\ 6\text{ kg } 800\text{ g} \\ \hline \end{array}$$

22
$$\begin{array}{r} 11\text{ kg } 100\text{ g} \\ -\ 9\text{ kg } 650\text{ g} \\ \hline \end{array}$$

23 8 kg 500 g − 2 kg 600 g

24 9 kg 700 g − 3 kg 900 g

25 5 kg 200 g − 1 kg 700 g

26 7 kg 300 g − 4 kg 500 g

27 12 kg 150 g − 6 kg 800 g

28 15 kg 50 g − 11 kg 850 g

5 단원

유형 콕콕

01 □ 안에 알맞은 수를 써넣으세요.

(1) 2 L 75 mL= □ mL

(2) 3057 mL= □ L □ mL

02 다음 중 들이의 단위를 알맞게 사용한 것은 어느 것인가요? (   )

① 난 오늘 간장 5 mL를 사 왔어.
② 주전자에 물을 가득 담았더니 10 mL네.
③ 우유갑에 들어 있는 우유는 200 L 정도 돼.
④ 음료수 병에 들어 있는 음료수는 1 L쯤 될 거야.

03 석기는 2 L의 물이 들어 있는 물통에 350 mL의 물을 더 부었습니다. 물의 양은 모두 몇 L 몇 mL인가요?

(   )

04 물이 냄비에는 1750 mL 있고, 주전자에는 1 L 80 mL 있습니다. 어느 쪽에 있는 물의 양이 더 많은가요?

(   )

05 □ 안에 알맞은 수를 써넣으세요.

(1) 4000 mL+3700 mL
= □ mL= □ L □ mL

(2) 8600 mL−5200 mL
= □ mL= □ L □ mL

06 들이의 계산 결과가 더 큰 것의 기호를 써 보세요.

㉠ 2 L 340 mL+3 L 30 mL
㉡ 9 L 650 mL−4 L 320 mL

(   )

07 동민이는 하루에 1 L 70 mL의 물을 마시고, 영수는 1 L 80 mL의 물을 마십니다. 동민이와 영수가 하루에 마시는 물의 양은 모두 몇 L 몇 mL인가요?

(   )

08 음료수가 2 L 700 mL 있었습니다. 그중에서 한초와 친구들이 1 L 540 mL를 마셨습니다. 남은 음료수는 몇 L 몇 mL인가요?

(   )

09 저울을 보고 □ 안에 알맞은 수를 써넣으세요.

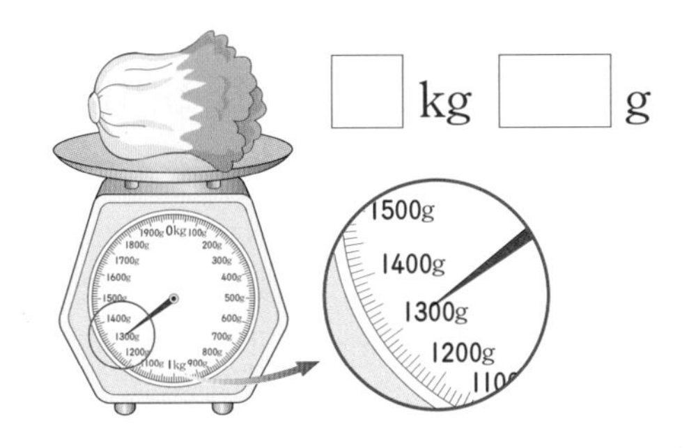

□ kg □ g

10 □ 안에 알맞은 수를 써넣으세요.

(1) 4 kg 600 g=□ g

(2) 8070 kg=□ t □ kg

11 무게를 비교하여 ○ 안에 >, =, <를 알맞게 써넣으세요.

(1) 3 kg 90 g ○ 3 kg 240 g

(2) 7056 kg ○ 7 t 48 kg

12 웅이는 오늘 7 kg 870 g의 고구마를 캤고, 용희는 8700 g의 고구마를 캤습니다. 고구마를 누가 더 많이 캤는지 구해 보세요.

( )

13 □ 안에 알맞은 수를 써넣으세요.

(1) 9 kg 400 g+7 kg 200 g
=□ kg □ g

(2) 17 kg 800 g−8 kg 560 g
=□ kg □ g

14 무게의 계산 결과가 가장 큰 것의 기호를 써 보세요.

㉠ 5 kg 400 g+3 kg 250 g
㉡ 4 kg 720 g+4 kg 150 g
㉢ 13 kg 850 g−5 kg 320 g
㉣ 10 kg 420 g−2 kg 70 g

( )

15 고구마는 7 kg 360 g 있고, 옥수수는 8 kg 500 g 있습니다. 고구마와 옥수수의 무게는 모두 몇 kg 몇 g인가요?

( )

16 지혜가 강아지를 안고 저울에 올라가면 37 kg 750 g이고, 강아지를 안지 않고 올라가면 35 kg 200 g입니다. 강아지의 무게는 몇 kg 몇 g인가요?

( )

5. 들이와 무게

점수

01 □ 안에 알맞은 수를 써넣으세요.

(1) 4 L 300 mL=□ mL

(2) 7 L 80 mL=□ mL

02 □ 안에 알맞은 수를 써넣으세요.

(1) 3870 mL=□ L □ mL

(2) 8030 mL=□ L □ mL

03 다음 중 옳은 것은 어느 것인가요?

(   )

① 4 L 80 mL=4800 mL
② 3200 mL=3 L 200 mL
③ 2 L 500 mL=250 mL
④ 7300 mL=73 L
⑤ 1 L 600 mL=700 mL

○ 안에 >, =, <를 알맞게 써넣으세요. [04~05]

04 1490 mL ○ 1 L 500 mL

05 9 L 470 mL ○ 9800 mL

06 계산해 보세요.

(1)
```
   3 L 700 mL
 + 4 L 150 mL
 ------------
```

(2) 4 L 800 mL+3 L 250 mL

07 계산해 보세요.

(1)
```
   6 L 850 mL
 - 2 L 250 mL
 ------------
```

(2) 5 L 200 mL−1 L 450 mL

08 들이의 합과 차를 구해 보세요.

5 L 300 mL	3 L 900 mL

합 (   )
차 (   )

09 계산 결과가 6 L보다 큰 것은 어느 것인가요? (   )

① 3 L 250 mL+2 L 600 mL
② 7 L 800 mL−2 L 400 mL
③ 4 L 550 mL+1 L 800 mL
④ 8 L 350 mL−3 L 100 mL
⑤ 9 L−3 L 200 mL

10 계산 결과가 가장 큰 것부터 차례대로 기호를 써 보세요.

㉠ 8 L 100 mL−3 L 400 mL
㉡ 3 L 400 mL−2 L 800 mL
㉢ 4 L 500 mL+1 L 400 mL
㉣ 3 L 250 mL+2 L 950 mL

(   )

11 저울의 눈금은 몇 kg 몇 g인가요?

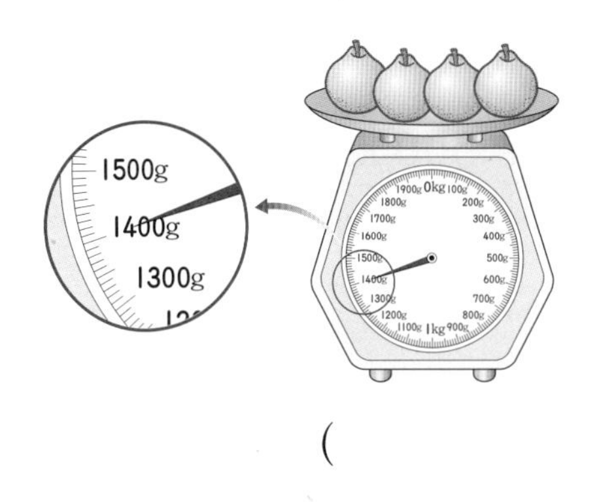

(   )

12 □ 안에 알맞은 수를 써넣으세요.

(1) 3 kg 250 g=□ g

(2) 8 kg 80 g=□ g

13 □ 안에 알맞은 수를 써넣으세요.

(1) 40070 g=□ kg □ g

(2) 9205 kg=□ t □ kg

5 단원

○ 안에 >, =, <를 알맞게 써넣으세요. [14~15]

14 2 t 500 kg ○ 1700 kg

15 7350 g ○ 73 kg 50 g

16 가장 무거운 것은 어느 것인가요? (　　)

① 2 kg 300 g　② 3 kg
③ 3300 g　④ 1350 g
⑤ 1 kg 800 g

17 계산해 보세요.

(1)
$$\begin{array}{r} 4\text{ kg }\ 150\text{ g} \\ +\ 5\text{ kg }\ 600\text{ g} \\ \hline \end{array}$$

(2) 10 kg 250 g+7 kg 950 g

18 계산해 보세요.

(1)
$$\begin{array}{r} 9\text{ t }\ 700\text{ kg} \\ -\ 3\text{ t }\ 200\text{ kg} \\ \hline \end{array}$$

(2) 14 kg 150 g−6 kg 400 g

19 무게의 합과 차를 구해 보세요.

9 kg 300 g　4 kg 800 g

합 (　　　　)
차 (　　　　)

20 계산 결과가 가장 큰 것은 어느 것인가요? (　　)

① 4 kg 200 g+3 kg 300 g
② 5 kg 100 g+1 kg 950 g
③ 8 kg 700 g−2 kg 500 g
④ 11 kg 200 g−3 kg 400 g
⑤ 9 kg 450 g−1 kg 900 g

단원 6

그림그래프

이번에 배울 내용

1 자료를 조사하여 표로 나타내기

2 그림그래프 알아보기

3 그림그래프 그리기

4 그림그래프로 자료 해석하기

이전에 배운 내용

- 기준에 따라 분류하기
- 분류한 자료를 간단한 그래프로 정리하기
- 여러 가지 물체, 무늬, 수의 배열에서 규칙을 찾고, 여러 가지 방법으로 나타내기

다음에 배울 내용

- 막대그래프, 꺾은선그래프, 비율그래프
- 대응 관계를 식으로 나타내기
- 비와 비율, 비례식과 비례배분

원리 꼼꼼

1. 자료를 조사하여 표로 나타내기

• 민수네 모둠 학생들이 좋아하는 음식을 조사하여 나타낸 것입니다.

민수	성진	다윤	문영	하영
경환	영민	수민	영수	경주

좋아하는 음식별 학생 수

음식	자장면	피자	떡볶이	김밥	합계
학생 수(명)	2	4	1	3	10

• 조사한 자료를 표로 나타내면 항목별 조사한 수를 알아보기 쉽고, 전체 합계를 쉽게 알 수 있습니다.
• 조사한 자료를 표로 나타낼 때에는 서로 다른 표시를 하여 빠뜨리거나 겹치지 않게 세어야 합니다.

1 소영이네 반 학생들이 좋아하는 계절을 조사하여 나타낸 것입니다. 물음에 답하세요.

소영 여름	도진 겨울	경수 겨울	자영 여름	진원 봄
기봉 겨울	연주 여름	서진 가을	광수 봄	혁재 가을
선희 가을	경환 겨울	재철 겨울	기환 여름	성호 겨울

(1) 소영이가 좋아하는 계절은 무엇인가요? ( )

(2) 여름을 좋아하는 학생은 몇 명인가요? ( )

(3) 조사한 것을 보고 표를 완성해 보세요.

좋아하는 계절별 학생 수

계절	봄	여름	가을	겨울	합계
학생 수(명)	2				

기본 문제를 통해 개념과 원리를 다져요.

경숙이네 반 학생들이 좋아하는 과일을 조사하여 나타낸 것입니다. 물음에 답하세요. [1~6]

경숙	정연	민주	한별	가연
용주	병만	철욱	광현	규민
성환	수진	하늘	민지	도윤

1 광현이가 좋아하는 과일은 무엇인가요?

( )

2 조사한 것을 표로 나타내 보세요.

좋아하는 과일별 학생 수

과일	사과	수박	바나나	딸기	합계
학생 수(명)	4				

3 바나나를 좋아하는 학생은 몇 명인가요?

( )

4 수박을 좋아하는 학생은 몇 명인가요?

( )

5 바나나를 좋아하는 학생은 수박을 좋아하는 학생보다 몇 명 더 많은가요?

( )

6 가장 많은 학생들이 좋아하는 과일부터 순서대로 써 보세요.

( )

2. 표의 장점
① 항목별 조사한 수를 알아보기 쉽습니다.
② 전체 합계를 쉽게 알 수 있습니다.

원리 척척

조사한 것을 보고 표를 완성해 보세요. [1~4]

1

영수가 가지고 있는 붙임 딱지

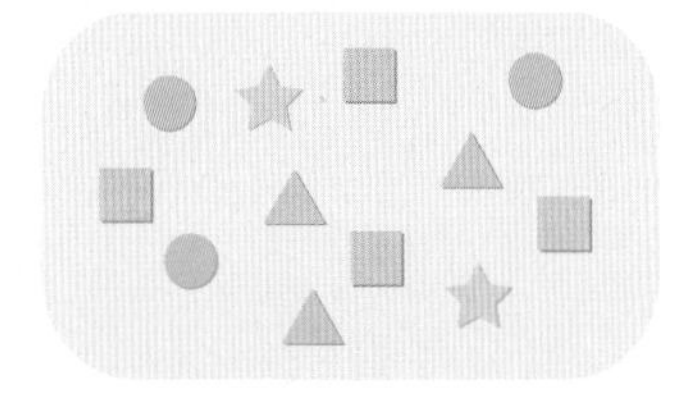

종류별 붙임 딱지의 수

종류	●	■	▲	★	합계
붙임 딱지의 수(장)					

2

예슬이네 집에 있는 과일

종류별 과일 수

종류	사과	딸기	수박	바나나	합계
과일 수(개)					

3

가영이가 가지고 있는 옷

종류별 가영이의 옷의 수

종류	윗옷	바지	치마	합계
윗옷의 수(벌)				

4

좋아하는 동물

이름	동물	이름	동물	이름	동물
석기	사자	효근	곰	민수	사자
한초	사슴	영수	사자	선희	사슴
예슬	곰	동민	사슴	선민	곰
가영	사슴	용희	사슴	지혜	사자

좋아하는 동물별 학생 수

동물	사자	곰	사슴	합계
학생 수(명)				

한초네 모둠 학생들이 좋아하는 과일을 조사한 것입니다. 물음에 답하세요. [5~7]

좋아하는 과일

이름	과일	이름	과일	이름	과일
한초	사과	효근	감	신영	사과
석기	감	동민	귤	용희	감
가영	감	상연	사과	규형	배
예슬	사과	지영	사과	웅이	귤

5 웅이가 좋아하는 과일은 무엇인가요? ( )

6 조사한 것을 보고 표를 만들어 보세요.

좋아하는 과일별 학생 수

과일	사과	감	배	귤	합계
학생 수(명)	5				

7 가장 많은 학생들이 좋아하는 과일부터 순서대로 써 보세요. ( )

한별이가 가지고 있는 붙임 딱지입니다. 물음에 답하세요. [8~9]

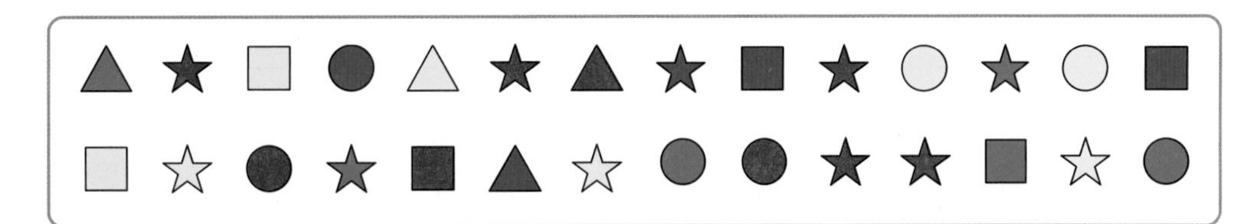

8 모양별 붙임 딱지의 수를 표로 나타내 보세요.

모양별 붙임 딱지의 수

모양	삼각형	별	사각형	원	합계
붙임 딱지의 수(장)					

9 색깔별 붙임 딱지의 수를 표로 나타내 보세요.

색깔별 붙임딱지의 수

색깔	초록색	빨간색	노란색	파란색	합계
붙임 딱지의 수(장)					

원리 꼼꼼

2. 그림그래프 알아보기

동영상강의

조사한 수를 그림으로 나타낸 그래프를 그림그래프라고 합니다.

농장별 돼지 수

농장	천사	무지개	하늘	구름
돼지 수				

10마리
1마리

① 는 **10**마리, 는 **1**마리를 나타냅니다.
② 돼지 수가 가장 많은 농장은 하늘 농장이고 **40**마리를 기르고 있습니다.
③ 돼지 수가 가장 적은 농장은 구름 농장이고 **7**마리를 기르고 있습니다.

원리 확인 

어느 아파트의 동별 자동차 수를 조사하여 나타낸 그림그래프입니다. 물음에 답하세요.

동별 자동차 수

동	가	나	다	라
자동차 수				

10대 1대

(1) 그림 는 자동차 몇 대를 나타내나요? ( )

(2) 그림 는 자동차 몇 대를 나타내나요? ( )

(3) 가 동의 자동차는 몇 대인가요? ( )

(4) 라 동의 자동차는 몇 대인가요? ( )

(5) 자동차가 가장 적은 동은 어느 동인가요? ( )

원리 탄탄

기본 문제를 통해 개념과 원리를 다져요.

친구들의 집에서 기르고 있는 오리의 수를 조사하여 그림그래프로 나타내었습니다. 물음에 답하세요. [1~2]

기르고 있는 오리의 수

이름	오리의 수
예슬	
지혜	
신영	
동민	
상연	

10마리

1마리

1 동민이네 집에서 기르고 있는 오리는 몇 마리인가요?

( )

2 집에서 기르고 있는 오리가 가장 많은 집은 누구네 집인가요?

( )

마을별 초등학생 수를 조사하여 그림그래프로 나타내었습니다. 물음에 답하세요. [3~4]

마을별 등학생 수

마을	초등학생 수
햇빛	
달빛	
옥빛	
보람	
꽃	

10명

● 1명

3 초등학생 수가 달빛 마을의 **2**배가 되는 마을의 이름을 써 보세요.

( )

4 초등학생 수가 가장 많은 마을부터 차례로 이름을 써 보세요.

( )

1. 오리의 크기에 따라 나타내는 수량이 다르므로 큰 오리와 작은 오리 그림의 수를 각각 세어 봅니다.

2. 큰 오리 그림의 수가 가장 많은 집을 찾습니다.

6 단원

step 3 원리 척척

마을별 기르고 있는 염소의 수를 조사하여 나타낸 그림그래프입니다. 물음에 답하세요. [1~4]

마을별 염소 수

마을	해님	별님	달님
염소 수			

(큰 염소) 10마리 (작은 염소) 1마리

1 (큰 염소) 와 (작은 염소) 는 각각 몇 마리를 나타내나요?

(큰 염소) (　　　　　　)

(작은 염소) (　　　　　　)

2 해님 마을에서 기르고 있는 염소는 몇 마리인가요? (　　　　　　)

3 기르고 있는 염소의 수가 가장 적은 마을은 어느 마을인가요? (　　　　　　)

4 기르고 있는 염소의 수가 가장 많은 마을은 어느 마을인가요? (　　　　　　)

어느 마을의 과일별 수확량을 조사하여 나타낸 그림그래프입니다. 물음에 답하세요. [5~6]

과일별 수확량

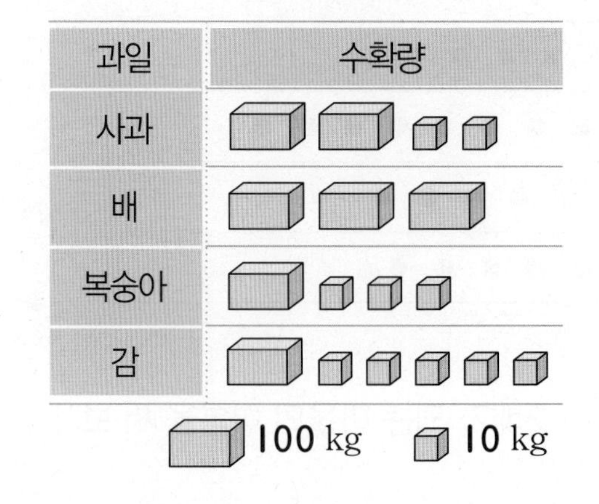

과일	수확량
사과	
배	
복숭아	
감	

(큰 상자) 100 kg (작은 상자) 10 kg

5 수확한 감은 몇 kg인가요? (　　　　　　)

6 가장 많이 수확한 과일은 무엇이며 몇 kg을 수확하였나요? (　　　　), (　　　　)

마을별 3학년 학생 수를 조사하여 나타낸 그림그래프입니다. 물음에 답하세요. [7~8]

마을별 3학년 학생 수

마을	학생 수
무지개	☺ ☺ ○○○○○○○
잔디	☺ ☺
서래	☺ ☺ ☺ ○○
꽃	☺ ○○○○○○○○○

☺ 10명 ○ 1명

7 잔디 마을의 3학년 학생은 몇 명인가요? ( )

8 3학년 학생 수가 가장 적은 마을은 어느 마을인가요? ( )

어느 꽃 가게에서 하루 동안 팔린 꽃별 판매량을 조사하여 나타낸 그림그래프입니다. 물음에 답하세요. [9~11]

꽃별 판매량

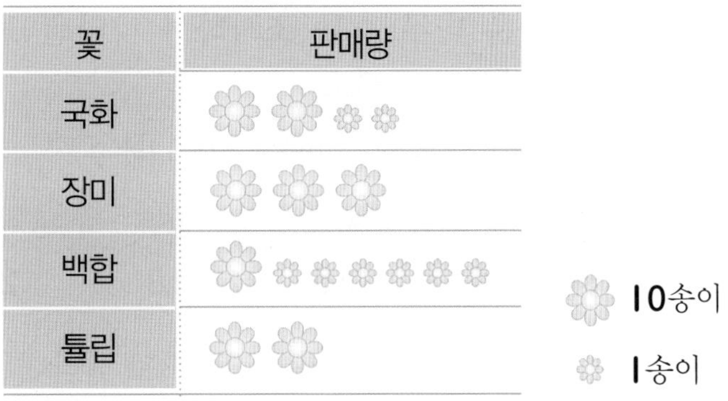

꽃	판매량
국화	✿ ✿ ❀ ❀
장미	✿ ✿ ✿
백합	✿ ❀ ❀ ❀ ❀ ❀ ❀
튤립	✿ ✿

✿ 10송이

❀ 1송이

9 그림그래프를 보고 표를 완성해 보세요.

꽃별 판매량

꽃	국화	장미	백합	튤립	합계
판매량(송이)					

10 가장 적게 팔린 꽃은 무엇인가요? ( )

11 꽃 가게에서는 어느 꽃을 가장 많이 준비해 두는 것이 좋을까요? ( )

3. 그림그래프 그리기

동영상강의

그림그래프 그리기

① 그림을 몇 가지로 나타낼 것인지 정합니다.
② 어떤 그림으로 나타낼 것인지 정합니다.
③ 조사한 수에 맞도록 그림을 그립니다.
④ 그린 그림그래프에 알맞은 제목을 붙입니다.

과수원별 사과 생산량

과수원	최고	튼튼	숲속	합계
생산량(상자)	120	250	230	600

과수원별 사과 생산량

과수원	최고	튼튼	숲속
생산량			

100상자 10상자

원리 확인 1

은영이가 마을별 심은 나무 수를 조사하여 나타낸 표입니다. 알맞은 곳에 ○표 하고 그림그래프를 완성해 보세요.

마을별 심은 나무 수

마을	사랑	행복	희망	합계
나무 수(그루)	45	13	22	80

(1) 마을별 심은 나무 수를 (1 , 2)가지 그림으로 나타내는 것이 좋습니다.

(2) 10그루와 1그루의 크기가 (같은, 다른)그림으로 나타내는 것이 좋습니다.

(3) 마을별 심은 나무 수

마을	사랑	행복	희망
나무 수			

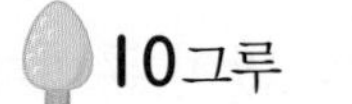
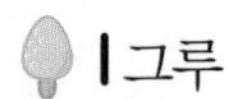

편의점에서 하루 동안 팔린 우유의 수를 조사하여 나타낸 표입니다. 물음에 답하세요. [1~4]

하루 동안 팔린 우유의 수

맛	딸기 맛	바나나 맛	초코 맛	합계
우유의 수(개)	32	15	27	74

1 표를 보고 그림그래프로 나타낼 때 단위를 ◎과 ○으로 나타낸다면 각각 몇 개로 나타내야 하나요?

◎ ☐개 ○ ☐개

2 ◎은 10개, ○은 1개로 나타내려고 합니다. 초코 맛 우유의 수는 ◎과 ○을 각각 몇 개씩 그려야 하나요?

◎ ☐개 ○ ☐개

3 표를 보고 그림그래프로 나타내 보세요.

하루 동안 팔린 우유의 수

맛	우유의 수
딸기 맛	
바나나 맛	
초코 맛	

◎ 10개 ○ 1개

4 가장 적게 팔린 우유는 어떤 맛 우유인가요?

( )

6 단원

원리 척척

 표를 보고 그림그래프를 완성해 보세요. [1~3]

1

마을별 자동차 수

마을	바람	해	달	별	합계
자동차 수(대)	310	250	340	270	1170

마을별 자동차 수

마을	자동차 수
바람	
해	
달	
별	

◯ 100대
○ 10대

2

반별 모은 책의 수

반	1반	2반	3반	4반	합계
책의 수(권)	14	25	16	31	86

반별 모은 책의 수

반	책의 수
1반	
2반	
3반	
4반	

10권
1권

3

마을별 학생 수

마을	달빛	별빛	사랑	소망	계
학생 수(명)	30	35	25	10	100

마을별 학생 수

마을	학생 수
달빛	
별빛	
사랑	
소망	

10명
● 1명

올해 수확한 마을별 감자 생산량을 조사하여 나타낸 표입니다. 물음에 답하세요. [4~7]

마을별 감자 생산량

마을	가	나	다	라	합계
생산량(kg)	240		300	260	1000

4 나 마을에서 생산한 감자는 몇 kg인가요? ( )

5 위의 표를 보고 오른쪽 그림그래프를 완성해 보세요.

마을별 감자 생산량

마을	쌀 생산량
가	
나	
다	
라	

◎ 100 kg ○ 10 kg

6 감자를 가장 많이 생산한 마을과 감자를 가장 적게 생산한 마을의 감자 생산량의 차는 몇 kg인가요? ( )

7 라 마을에서는 내년 감자 생산량을 300 kg으로 늘리려고 합니다. 올해보다 몇 kg을 더 생산해야 하나요? ( )

8 한별이네 반에서 알뜰 바자회에 낼 옷을 모둠별로 모았습니다. 표를 보고 그림그래프를 완성해 보세요.

모둠별 모은 옷의 수

모둠	이슬	풀잎	열매	해님	합계
옷의 수(벌)	20		17	12	64

모둠별 모은 옷의 수

모둠	옷의 수
이슬	
풀잎	
열매	
해님	

△(큰) 10벌 △ 1벌

원리 꼼꼼

4. 그림그래프로 자료 해석하기

동영상강의

지역별 초등학교의 수를 조사하여 나타낸 그래프입니다.

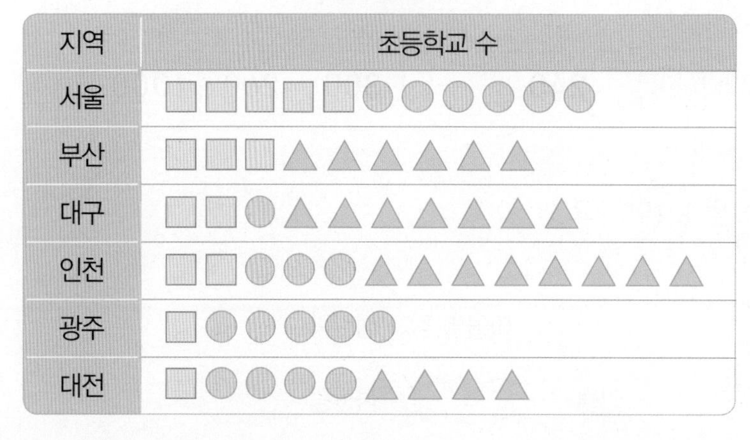

지역별 초등학교 수

지역	초등학교 수
서울	□□□□□○○○○○○
부산	□□□△△△△△△
대구	□□○△△△△△△△
인천	□□○○○△△△△△△△△
광주	□○○○○○
대전	□○○○○△△△△

□ 100개
○ 10개
△ 1개

- 초등학교 수가 가장 많은 지역은 서울입니다.
- 광주에 있는 초등학교 수는 대전에 있는 초등학교 수보다 **6**개 더 많습니다.
- 부산에 있는 초등학교는 **306**개입니다.

원리 확인 1 어느 과일 가게에서 하루 동안 팔린 과일 수를 조사하여 나타낸 그림그래프입니다. 물음에 답하세요.

하루 동안 팔린 과일 수

과일	과일 수
배	◎◎○○○○○
사과	◎◎◎◎○○○
감	◎○○○○
오렌지	◎◎◎○○○○○○

◎ 10개
○ 1개

(1) 가장 많이 팔린 과일은 무엇인가요?

( )

(2) 배는 감보다 몇 개 더 많이 팔렸나요?

( )

(3) 과일 가게 주인은 다음 날에 어떤 과일을 더 많이 준비하는 것이 좋을까요? 그 까닭은 무엇인가요?

과일 : ______________

까닭 : ______________________________

유승이네 학교 **3**학년 학생들이 가고 싶은 현장 체험 학습 장소를 조사하여 나타낸 그림그래프입니다. 물음에 답하세요. [1~4]

가고 싶은 현장 체험 학습 장소

장소	학생 수
청와대	◎◎◎◎○○○○○
덕수궁	◎◎○○○
경복궁	◎◎○○○○○
창경궁	◎◎◎○○
박물관	◎◎○○○○○○○

◎ 10명
○ 1명

1 박물관으로 현장 체험 학습을 가고 싶어 하는 학생은 몇 명인가요?

( )

> **1.** ◎는 10명, ○는 1명을 나타냅니다.

2 가장 많은 학생이 가고 싶어 하는 현장 체험 학습 장소는 어디인가요?

( )

> **2.** 가고 싶은 현장 체험 학습 장소별 학생 수를 각각 알아보고 비교해 봅니다.

3 창경궁으로 현장 체험 학습을 가고 싶어 하는 학생은 덕수궁으로 현장 체험 학습을 가고 싶어 하는 학생보다 몇 명이 더 많은지 구해 보세요.

( )

4 유승이네 학교 **3**학년 학생들이 현장 체험 학습을 가려고 할 때, 현장 체험 학습 장소로 한 곳만 정한다면 어느 곳으로 정하는 것이 좋을지 써 보세요.

장소 : ____________

까닭 : ____________________________

____

> **4.** 가장 많은 학생들이 가고 싶어하는 현장 체험 학습 장소를 알아봅니다.

6 단원

수빈이네 반 학생들이 키우고 싶어 하는 반려동물을 조사하기 위해 붙임딱지 붙이기 방법으로 자료를 수집했습니다. 물음에 답하세요. [1~4]

키우고 싶은 반려동물

개	햄스터	고양이	거북
● ● ● ● ● ● ● ● ● ● ● ●	● ● ● ●	● ● ● ● ● ●	● ● ●

1 수집한 자료를 표로 나타내 보세요.

키우고 싶은 반려동물

반려동물	개	햄스터	고양이	거북	합계
학생 수(명)					

2 1번의 표를 그림그래프로 나타내 보세요.

키우고 싶은 반려동물

반려동물	학생 수
개	
햄스터	
고양이	
거북	

□ 5명
△ 1명

3 가장 많은 학생이 키우고 싶어 하는 반려동물과 가장 적은 학생이 키우고 싶어 하는 반려동물에 해당하는 학생 수의 차를 구해 보세요.

( )

4 수빈이네 반 한 명의 학생이 새로 전학을 왔다면 전학을 온 학생이 키우고 싶어하는 반려동물은 무엇일지 쓰고, 그 까닭을 써 보세요.

반려동물 : ______________

까닭 : ____

은지네 학교 **3**학년 학생들이 좋아하는 운동을 조사하기 위해 붙임딱지 붙이기 방법으로 자료를 수집했습니다. 물음에 답하세요. [5~8]

좋아하는 운동

축구	농구	야구	배구
● ●	● ● ● ● ● ● ● ● ● ● ● ● ● ●	● ● ● ● ● ● ● ● ● ● ● ● ● ● ● ● ●	● ● ● ● ● ● ● ●

5 수집한 자료를 표로 나타내 보세요.

좋아하는 운동

운동	축구	농구	야구	배구	합계
학생 수(명)					

6 **5**번의 표를 그림그래프로 나타내 보세요.

좋아하는 운동

운동	학생 수
축구	
농구	
야구	
배구	

◎ 10개
○ 1개

7 은지네 학교 **3**학년 학생들이 가장 좋아하는 운동부터 순서대로 써 보세요.

( )

8 다음 체육 대회에 **3**학년 학생들이 운동을 함께 하려면 어떤 운동을 해야 좋을지 쓰고, 그 까닭을 써 보세요.

운동 : ____________

까닭 : ____

step 4 유형 콕콕

학생들이 가장 좋아하는 운동을 조사하였습니다. 물음에 답하세요. [01~04]

수영	농구	수영	농구	축구
축구	축구	농구	수영	수영
야구	축구	야구	축구	야구
야구	수영	농구	야구	축구
축구	야구	축구	축구	야구

01 조사한 자료를 보고 표를 만들어 보세요.

좋아하는 운동

운동	야구	수영	농구	축구	합계
학생 수(명)					

02 가장 많은 학생들이 좋아하는 운동은 무엇인가요?

( )

03 야구를 좋아하는 학생은 농구를 좋아하는 학생보다 몇 명이 더 많은가요?

( )

04 학생들이 모두 같은 운동을 하려고 한다면 어떤 운동을 하는 것이 좋을까요?

( )

그림그래프를 보고 물음에 답하세요. [05~06]

과수원별 딸기 생산량

과수원	생산량
해오름	
꿈꾸미	
햇살	
늘푸름	

100상자

10상자

05 그림 와 은 각각 몇 상자를 나타내고 있나요? ( )

06 햇살 과수원에서는 딸기를 몇 상자 생산하였나요? ( )

어촌 마을의 가구별 일주일 어획량을 조사하여 그림그래프로 나타낸 것입니다. 물음에 답하세요. [07~09]

가구별 일주일 어획량

가구	어획량
가	
나	
다	
라	

100 kg

10 kg

1 kg

07 나 가구의 일주일 어획량은 몇 kg인가요?

( )

08 일주일 어획량이 가장 많은 가구는 어느 가구인가요? ( )

09 가 가구와 라 가구의 일주일 어획량의 차는 몇 kg인가요? ( )

표를 보고 물음에 답하세요. [10~11]

마을별 자동차의 수

마을	장수	효자	푸른	풍년	샘터	합계
자동차의 수(대)	33	42	31	24	23	153

10 표를 보고 그림그래프를 그려 보세요.

마을별 자동차의 수

마을	자동차의 수
장수	
효자	
푸른	
풍년	
샘터	

10대 1대

11 자동차의 수가 가장 많은 마을부터 차례대로 이름을 써 보세요.

( )

12 동민이네 학교 학생들이 태어난 계절을 조사하여 나타낸 표입니다. 표를 보고 그림그래프를 그려 보세요.

태어난 계절별 학생 수

계절	봄	여름	가을	겨울	계
학생 수(명)	200	175	314	228	917

태어난 계절별 학생 수

계절	학생 수
봄	
여름	
가을	
겨울	

100명 10명 1명

효심이네 학교 3학년 학생들이 좋아하는 간식을 조사하기 위해 붙임딱지 붙이기 방법으로 자료를 수집했습니다. 물음에 답하세요. [13~15]

좋아하는 간식

과일	빵	과자	떡
●●●● ●●●● ●●●	●●●● ●●●● ●●●●	●●●● ●●●● ●●●● ●●●● ●	●●●● ●●●● ●

13 수집한 자료를 표로 나타내 보세요.

좋아하는 간식

간식	과일	빵	과자	떡	합계
학생 수(명)					

14 13번의 표를 그림그래프로 나타내 보세요.

좋아하는 간식

간식	학생 수
과일	
빵	
과자	
떡	

◎ 5명 ○ 1명

15 14번의 그림그래프를 보고 알 수 있는 내용을 써 보세요.

6. 그림그래프

점수

어느 해 1월의 날씨를 조사한 것입니다. 물음에 답하세요. [01~03]

1일	2일	3일	4일	5일	6일	7일
맑음	맑음	흐림	흐림	눈	눈	맑음
8일	9일	10일	11일	12일	13일	14일
맑음	맑음	흐림	눈	흐림	비	맑음
15일	16일	17일	18일	19일	20일	21일
맑음	맑음	흐림	비	비	흐림	맑음
22일	23일	24일	25일	26일	27일	28일
맑음	맑음	흐림	흐림	눈	눈	맑음
29일	30일	31일				
비	흐림	눈				

맑음 흐림 비 눈

01 조사한 것을 보고 표로 나타내 보세요.

날씨별 날수

날씨	맑음	흐림	비	눈	합계
날수(일)					

02 눈이 내린 날은 비가 온 날보다 며칠이 더 많은가요?

( )

03 가장 많았던 날씨부터 순서대로 써 보세요.

( )

한초네 반 학생들이 가장 좋아하는 음식을 조사하여 나타낸 그림그래프입니다. 물음에 답하세요. [04~06]

좋아하는 음식별 학생 수

음식	학생 수
피자	◉ ◎◎◎◎◎◎
햄버거	◉ ◎◎◎◎
떡볶이	◉◉ ◎◎
김밥	◉ ◎

◉ 10명 ◎ 1명

04 그림 ◉ 은 몇 명을 나타내나요?

( )

05 그림 ◎ 은 몇 명을 나타내나요?

( )

06 가장 많은 학생들이 좋아하는 음식은 무엇인가요?

( )

식목일날 심은 나무 수를 마을별로 조사하여 나타낸 그림그래프입니다. 물음에 답하세요. [07~10]

마을별 심은 나무 수

마을	나무 수
별빛	
달빛	
은빛	
양지	

10그루 1그루

07 달빛 마을에서 심은 나무는 몇 그루인가요?

( )

08 나무를 가장 적게 심은 마을은 어느 마을이고, 몇 그루를 심었나요?

( ), ( )

09 나무를 가장 많이 심은 마을과 가장 적게 심은 마을의 나무 수의 차는 몇 그루인가요?

( )

10 위의 그림그래프를 보고 표를 완성해 보세요.

마을	별빛	달빛	은빛	양지	합계
나무 수(그루)					

마을별 자동차 수를 조사하여 나타낸 표입니다. 물음에 답하세요. [11~13]

마을별 자동차 수

마을	하늘	초록	지구	매실	합계
자동차 수(대)	12	20	31	7	70

11 표를 보고 그림그래프로 나타내려고 합니다. 그림의 단위로 가장 알맞은 것을 2가지 골라 기호를 써 보세요.

㉠ 100대 ㉡ 10대
㉢ 50대 ㉣ 1대

( )

12 표를 보고 그림그래프를 완성해 보세요.

마을별 자동차 수

마을	자동차 수
하늘	
초록	
지구	
매실	

10대 1대

13 자동차가 가장 적은 마을은 어느 마을인가요?

( )

6 단원

가게별 팔린 음료수의 수를 조사하여 나타낸 표입니다. 물음에 답하세요. [14~16]

가게별 팔린 음료수의 수

가게	사랑	행복	으뜸	하나	합계
음료수의 수(개)	40	13	22	31	106

14 표를 보고 그림그래프로 나타내 보세요.

가게별 팔린 음료수의 수

가게	음료수의 수
사랑	
행복	
으뜸	
하나	

10개 1개

15 음료수를 가장 많이 판 가게부터 차례대로 이름을 써 보세요.

( )

16 가게에서 팔린 음료수가 모두 몇 개인지 알아보기 편리한 것은 표와 그림그래프 중 어느 것인가요?

( )

수빈이네 학교 3학년 학생들이 좋아하는 책을 조사하기 위해 붙임딱지 붙이기 방법으로 자료를 수집했습니다. 물음에 답하세요. [17~20]

좋아하는 책

위인전	역사책	과학책
●●●●● ●●●●● ●●●●● ●	●●●●● ●●●●● ●●●●	●●●●● ●●●●● ●●●●● ●●●●●

17 수집한 자료를 표로 나타내 보세요.

좋아하는 책

책	위인전	역사책	과학책	합계
학생 수(명)				

18 17번의 표를 그림그래프로 나타내 보세요.

좋아하는 책

책	학생 수
위인전	
역사책	
과학책	

◎ 10명
○ 1명

19 18번의 그림그래프를 보고 가장 많은 학생이 좋아하는 책은 무엇인지 써 보세요.

( )

20 학교 도서관에서 3학년 학생들이 읽을 책을 1권 구입하려 한다면 어떤 종류의 책을 구입하면 좋을지 쓰고, 그 까닭을 써보세요.

책종류 : ____________

까닭 : ____________

왕수학

왕수학

정답과 풀이

3-2

왕수학

3-2

1. 곱셈

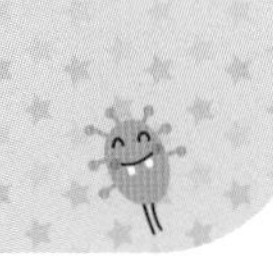

step 1 원리 꼼꼼 6쪽

원리 확인 1 (1) 2, 2, 4 (2) 2, 6
(3) 2 (4) 462

원리 확인 2 (1) 6, 30, 900, 936 / 3, 10, 3
(2) 8, 80, 400, 488 / 4, 20, 4

1 (1) 백 모형은 **2**개씩 **2**묶음이므로 **4**개입니다.
(2) 십 모형은 **3**개씩 **2**묶음이므로 **6**개입니다.
(3) 일 모형은 **1**개씩 **2**묶음이므로 **2**개입니다.
(4) $231 \times 2 = 400 + 60 + 2 = 462$

step 2 원리 탄탄 7쪽

1 20, 1, 3, 600, 60, 3, 663
2 200, 80, 6, 286
3 (1) 648 (2) 936
(3) 824 (4) 448
4 (1) $>$ (2) $<$
5 $223 \times 3 = 669$ / 669

4 (1) $314 \times 2 = 628$, $312 \times 2 = 624$
(2) $212 \times 2 = 424$, $121 \times 4 = 484$

5 (**3**상자에 들어 있는 지우개의 수)
=(**1**상자에 들어 있는 지우개의 수)×(상자 수)
$= 223 \times 3 = 669$(개)

step 3 원리 척척 8~9쪽

1 824 2 369
3 286 4 666
5 969 6 486
7 282 8 888
9 628 10 408
11 862 12 606
13 822 14 936
15 264 16 884
17 806 18 399
19 248 20 468
21 428 22 206
23 693 24 930
25 339 26 484
27 642 28 906
29 488

step 1 원리 꼼꼼 10쪽

원리 확인 1 (1) 2, 3, 6 (2) 3, 15
(3) 12 (4) 762, 762

원리 확인 2 (1) 15, 210, 1200, 1425 / 3, 70, 3
(2) 20, 300, 1000, 1320 / 5, 60, 5

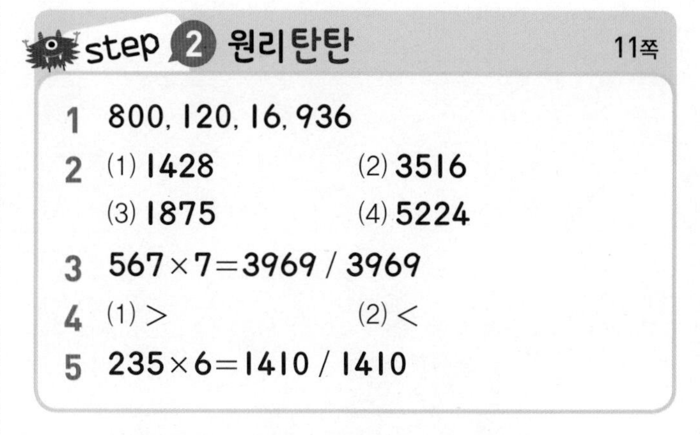

step 2 원리 탄탄 11쪽

1 800, 120, 16, 936
2 (1) 1428 (2) 3516
(3) 1875 (4) 5224
3 $567 \times 7 = 3969$ / 3969
4 (1) $>$ (2) $<$
5 $235 \times 6 = 1410$ / 1410

4 (1) $257 \times 3 = 771$, $189 \times 4 = 756$
(2) $283 \times 4 = 1132$, $358 \times 6 = 2148$

5 (전체 딸기의 수)
=(한 상자에 들어 있는 딸기의 수)×(상자의 수)
$= 235 \times 6 = 1410$(개)

step 3 원리척척 12~13쪽

1	627	2	381
3	654	4	296
5	595	6	828
7	494	8	954
9	812	10	270
11	454	12	843
13	768	14	1648
15	1086	16	1694
17	2468	18	1472
19	740	20	888
21	1388	22	2124
23	2772	24	522
25	770	26	1278
27	1885	28	1275
29	2346	30	3096

step 1 원리꼼꼼 14쪽

원리 확인 1 (1) 8, 80 (2) 80, 80 /8, 8

원리 확인 2 (1) 45, 450 (2) 45, 45

step 2 원리탄탄 15쪽

1 (1) 12, 120, 1200
(2) 35, 350, 3500

2 (1) 1000, 10 (2) 920, 92

3 (1) 1800 (2) 800
(3) 2800 (4) 960

4 $57 \times 40 = 2280$ / 2280

4 (전체 사과의 수)
=(한 상자에 들어 있는 사과의 수)×(상자의 수)
$= 57 \times 40 = 2280$(개)

step 3 원리척척 16~17쪽

1	600	2	2000
3	1400	4	900
5	800	6	2100
7	7200	8	4800
9	2500	10	2400
11	2100	12	6400
13	6300	14	2800
15	1600	16	1410
17	1360	18	1340
19	3240	20	2520
21	1650	22	1360
23	2220	24	1840
25	1920	26	2160
27	1920	28	3120
29	1700	30	1350

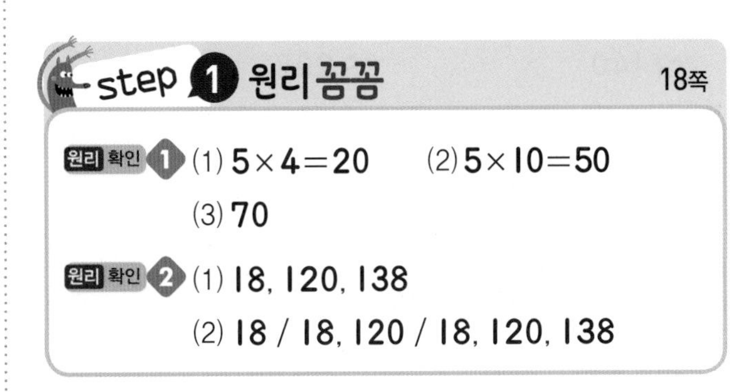

step 1 원리꼼꼼 18쪽

원리 확인 1 (1) $5 \times 4 = 20$ (2) $5 \times 10 = 50$
(3) 70

원리 확인 2 (1) 18, 120, 138
(2) 18 / 18, 120 / 18, 120, 138

1 (3) $5 \times 14 = 5 \times 4 + 5 \times 10 = 20 + 50 = 70$

step 2 원리탄탄 19쪽

1 24, 200, 224 / 6, 50, 24, 200

2 20, 24, 60, 84　　3 128

4 78, 144, 192　　5 $6\times26=156$ / 156

1 (몇)×(몇십몇)의 계산은 (몇)×(몇)과 (몇)×(몇십)으로 나누어서 곱한 후 두 곱을 더합니다.

3 $4\times32=128$

4 $6\times13=78$, $6\times24=144$, $6\times32=192$

step 3 원리척척 20~21쪽

1	105	2	84
3	126	4	288
5	92	6	60
7	96	8	68
9	189	10	72
11	81	12	126
13	328	14	84
15	128	16	252
17	222	18	235
19	216	20	336
21	245	22	198
23	336	24	231
25	160	26	192
27	134	28	140
29	140	30	208

step 1 원리꼼꼼 22쪽

원리 확인 1 (1) 250　　(2) 200

(3) 10, 8, 250, 200, 450

원리 확인 2 (1) 144, 720, 864 / 6, 24

(2) 216, 3600, 3816 / 3, 72

step 2 원리탄탄 23쪽

1 20, 39, 260, 299

2 (1) 888　　(2) 1944

3 805, 1458, 621, 1890

4 (1) $<$　　(2) $>$

5 $27\times35=945$ / 945

3 $23\times35=805$, $27\times54=1458$, $23\times27=621$, $35\times54=1890$

4 (1) $32\times53=1696$, $74\times25=1850$
(2) $61\times37=2257$, $82\times26=2132$

5 (학생들이 주운 도토리의 수)
=(학생 수)×(한 학생이 주운 도토리의 수)
=$27\times35=945$(개)

step 3 원리척척 24~25쪽

1	552	2	1080
3	1024	4	228
5	1008	6	1533
7	1196	8	918
9	406	10	208
11	888	12	600
13	465	14	1722
15	559	16	1494
17	1575	18	2444
19	2432	20	6192
21	3552	22	1431
23	1596	24	1577
25	1904	26	1898
27	1591	28	2296
29	3108	30	1425

step 1 원리꼼꼼 26쪽

원리 확인 1 (1) 장난감의 수 (2) 80
(3) 30 (4) 80, 30, 2400
(5) 2400

원리 확인 2 (1) 서 있는 학생 수 (2) 12
(3) 35 (4) 12, 35, 420
(5) 420

step 2 원리탄탄 27쪽

1 (1) 5 (2) 1
(3) 140, 700 (4) 700
2 4, 520 / 520
3 20, 600 / 600
4 28, 1260 / 1260

2 (4일 동안 넘은 줄넘기 횟수)
=(하루에 넘는 줄넘기 횟수)×(날수)
=130×4=520(번)

3 (운동장에 서 있는 학생 수)
=(한 줄에 서 있는 학생 수)×(줄 수)
=30×20=600(명)

4 (버스 28대에 탈 수 있는 사람 수)
=(버스 1대에 탈 수 있는 사람 수)×(버스 수)
=45×28=1260(명)

step 3 원리척척 28~29쪽

1 124×6=744 / 744
2 98×8=784 / 784
3 30×40=1200 / 1200
4 27×40=1080 / 1080
5 33×24=792 / 792
6 246×3=738 / 738
7 134×5=670 / 670
8 423×4=1692 / 1692
9 40×25=1000 / 1000
10 15×20=300 / 300
11 16×24=384 / 384
12 31×28=868 / 868

1 (한별이네 학교의 전체 학생 수)
=(한 학년의 학생 수)×(학년 수)
=124×6=744(명)

2 (지혜가 6일 동안 읽은 쪽수)
=(하루에 읽은 쪽수)×(날수)
=98×8=784(쪽)

3 (전체 계란의 수)
=(계란 한 판에 들어 있는 계란의 수)×(계란판 수)
=30×40=1200(개)

4 (전체 사탕의 수)
=(한 봉지에 들어 있는 사탕의 수)×(봉지의 수)
=27×40=1080(개)

5 (전체 구슬의 수)
=(한 상자에 있는 구슬의 수)×(상자의 수)
=33×24=792(개)

7 매일 줄넘기를 134번씩 했으므로 5일 동안 모두 134×5=670(번) 했습니다.

8 한 시간에 초콜릿을 423개씩 만드므로 4시간 동안 모두 423×4=1692(개)의 초콜릿을 만들 수 있습니다.

9 버스 한 대에 40명씩 탈 수 있으므로 버스 25대에는 모두 40×25=1000(명)이 탈 수 있습니다.

10 한 줄에 15명씩 20줄이므로 줄을 선 사람은 모두 15×20=300(명)입니다.

11 도화지 한 장에 별을 16개씩 그릴 수 있으므로 도화지 24장에는 별을 모두 16×24=384(개) 그릴 수 있습니다.

12 종이테이프 한 장의 길이가 **31** mm이므로 **28**장을 이어 붙인 종이테이프의 전체 길이는 $31 \times 28 = 868$(mm)입니다.

step 4 유형콕콕 30~31쪽

01 (1) 944 (2) 1068 (3) 1415 (4) 3162
02 (1) > (2) <
03 768, 6144
04 1365개
05 (1) 2000 (2) 1800 (3) 2100 (4) 4800
06 1800, 3500, 1500, 4200
07 ⑤
08 2800번
09 (1) 690 (2) 330 (3) 3360 (4) 581
10 1800, 2280, 3440
11 ㉡, ㉣, ㉠, ㉢
12 2300 cm
13 (1) 1682 (2) 3120 (3) 1998 (4) 3807
14 846
15 (선 잇기)
16 1675장

04 $273 \times 5 = 1365$(개)

08 $70 \times 40 = 2800$(번)

11 ㉠ 2730 ㉡ 1460 ㉢ 4480 ㉣ 2350

12 $46 \times 50 = 2300$(cm)

14 $47 \times 18 = 846$

16 $25 \times 67 = 1675$(장)

단원 평가 32~34쪽

01 (1) 1275 (2) 4070
02 (1) 936 (2) 3060
03 (1) > (2) >
04 1935
05 (1) 2800 (2) 4500
06 (1) 1080 (2) 1590
07 ④
08 336
09 (1) 2592 (2) 4032
10 (1) 522 (2) 2418
11 (1) 4212 (2) 1505
12 <
13 (선 잇기)
14

$$\begin{array}{r} 37 \\ \times\ 62 \\ \hline 74 \\ 2220 \\ \hline 2294 \end{array}$$

15 1075, 4680, 1950, 2580
16 ②
17 50×18
18 (1) 736, 5888 (2) 880, 7920
19 7, 8, 2, 3
20 3, 9, 4, 2, 2

03 (1) $237 \times 8 = 1896$
(2) $403 \times 2 = 806$

04 $387 \times 5 = 1935$

07 ① 240 ② 240 ③ 240 ④ 2400 ⑤ 240

08 $8 \times 42 = 336$

12 $42 \times 18 = 756$, $24 \times 32 = 768$

16 ① 720 ② 800 ③ 720 ④ 720 ⑤ 720

17 $42 \times 13 = 546$, $138 \times 4 = 552$
$50 \times 18 = 900$

2. 나눗셈

step 1 원리꼼꼼 36쪽

원리 확인 1 (1) 3 (2) 3, 30 (3) 30

원리 확인 2 30

1 10원짜리 동전 6개는 60원이므로 2곳으로 똑같이 나누면 한 곳에는 60×2=30(원)씩입니다.

2 십 모형 9개를 3곳으로 똑같이 나누면 한 곳에는 모형이 3개씩이므로 90÷3의 몫은 30입니다.

step 2 원리탄탄 37쪽

1 40
2 (1) 1, 10 (2) 2, 20
3 (1) 10 (2) 10 (3) 30 (4) 20
4 30÷3=10 / 10
5 40÷2=20 / 20

step 3 원리척척 38~39쪽

1	30	2	40
3	20	4	30
5	20	6	2, 20
7	1, 10	8	1, 10
9	3, 30	10	3, 30
11	1, 10	12	2, 20
13	4, 40	14	1, 10
15	1, 10	16	1, 10
17	1, 10		

step 1 원리꼼꼼 40쪽

원리 확인 1 (1) 2 (2) 3 (3) 23

원리 확인 2 12

1 46원을 2곳으로 똑같이 나누면 한 곳에는 46÷2=23(원)씩입니다.

2 십 모형 4개와 일 모형 8개를 4곳으로 똑같이 나누면 한 곳에는 십 모형이 1개, 일 모형이 2개씩이므로 48÷4의 몫은 12입니다.

step 2 원리탄탄 41쪽

1 21
2 (1) 2, 3, 6, 9, 9 (2) 1, 1, 5, 5, 5
3 (1) 32 (2) 21
4 66÷6=11 / 11
5 24÷2=12 / 12

1 십모형 6개와 일 모형 3개를 3곳으로 똑같이 나누면 한 곳에 십모형 2개와 일 모형 1개이므로 21입니다.

step 3 원리척척 42~43쪽

1	14	2	24
3	13	4	22
5	21	6	23
7	11	8	31
9	11	10	13
11	21	12	32
13	32	14	44
15	11	16	22
17	34		

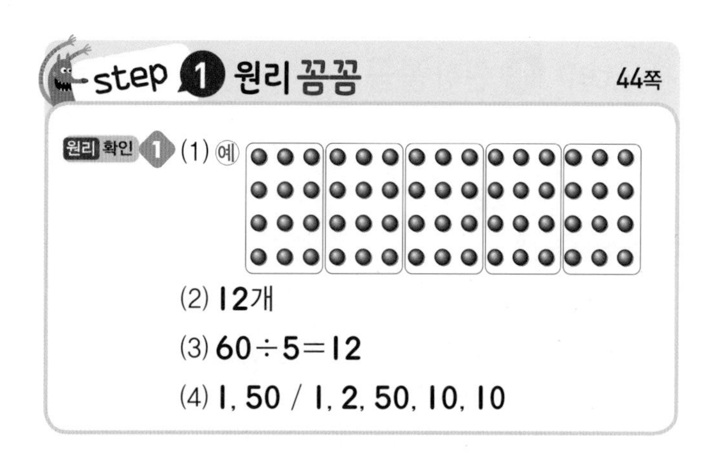

step 1 원리 꼼꼼 44쪽

원리 확인 1 (1) 예 (figure)

(2) 12개

(3) $60 \div 5 = 12$

(4) 1, 50 / 1, 2, 50, 10, 10

step 2 원리 탄탄 45쪽

1 25

2 (1) 5, 80, 10 / 40, 5

(2) 6, 50, 30 / 10, 6

3 14

4 15

5 $90 \div 5 = 18$ / 18

1 십 모형 5개를 2묶음으로 똑같이 묶으면 한 묶음에는 십 모형이 2개, 일 모형이 5개이므로 $50 \div 2 = 25$입니다.

4 10이 9개인 수: 90
➡ $90 \div 6 = 15$

step 3 원리 척척 46~47쪽

1 15

2 25

3 45

4 15

5 14

6 5, 60, 10 / 30, 5

7 5, 80, 10 / 40, 5

8 2, 50, 10 / 10, 2

9 5, 40, 20 / 10, 5

10 25, 40, 10, 10 / 20, 5

11 16, 50, 30, 30 / 10, 6

12 18, 50, 40, 40 / 10, 8

13 15, 60, 30, 30 / 10, 5

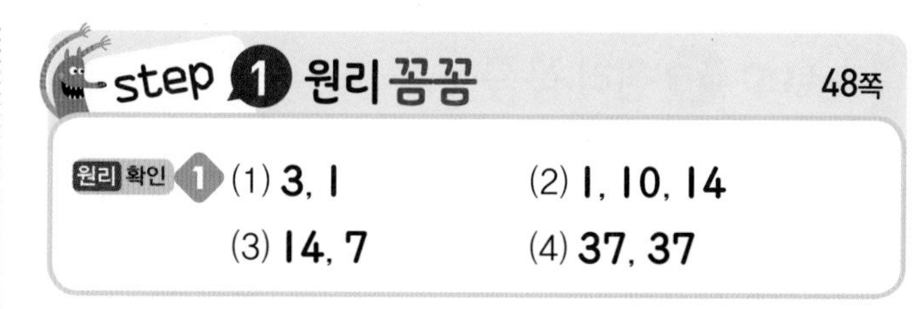

step 1 원리 꼼꼼 48쪽

원리 확인 1 (1) 3, 1

(2) 1, 10, 14

(3) 14, 7

(4) 37, 37

1 (4)

```
   3 7
2)7 4
  6
  1 4
  1 4
    0
```

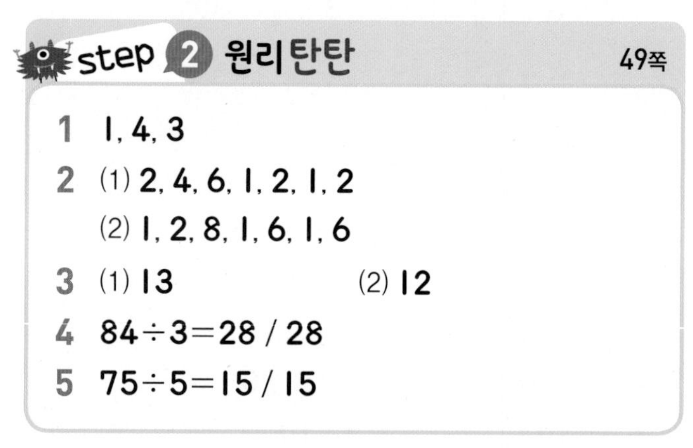

step 2 원리 탄탄 49쪽

1 1, 4, 3

2 (1) 2, 4, 6, 1, 2, 1, 2

(2) 1, 2, 8, 1, 6, 1, 6

3 (1) 13

(2) 12

4 $84 \div 3 = 28$ / 28

5 $75 \div 5 = 15$ / 15

4 (나누어 줄 수 있는 학생 수)
=(전체 연필의 수)÷(한 명에게 나누어 줄 연필의 수)
$= 84 \div 3 = 28$(명)

5 (한 봉지에 담을 수 있는 고구마의 수)
=(전체 고구마의 수)÷(나누어 담을 봉지의 수)
$= 75 \div 5 = 15$(개)

step 3 원리 척척 50~51쪽

1 16

2 14

3 13

4 27

5 25

6 24

7 13

8 17

9 17

10 29

11 14

12 18

13 12

14 29

15 19

16 16

17 19

step 1 원리꼼꼼 52쪽

원리 확인 1 (1) 2, 3 (2) 2, 3

원리 확인 2 3, 3, 0

1 참고 나머지는 나누는 수보다 반드시 작아야 합니다.

$$\begin{array}{r} 2 \\ 7\overline{)17} \\ 14 \\ \hline 3 \end{array}$$

2 구슬 **12**개를 **4**개씩 묶으면 **3**묶음이 됩니다.

step 2 원리탄탄 53쪽

1 (1) 5, 2 (2) 5, 6
2 4, 4 / 4, 4
3 (1) 7, 2 (2) 6, 3
4 $\begin{array}{r} 8 \\ 4\overline{)34} \\ 32 \\ \hline 2 \end{array}$ 이유: 나머지 6이 나누는 수인 4보다 크므로 잘못되었습니다. 나머지는 나누는 수보다 항상 작아야 합니다.
5 $22\div6=3\cdots4$ / 3, 4

2 일 모형 **40**개를 **9**개씩 묶어 보면 **4**묶음이 되고 **4**개가 남으므로 몫은 **4**이고 나머지는 **4**입니다.

5 (전체 학생 수)÷(한 모둠의 학생 수)
=(모둠의 수)⋯(남은 학생 수)이므로
$22\div6=3$(모둠)$\cdots4$(명)

step 3 원리척척 54~55쪽

1	5, 3	2	5, 2
3	4, 4	4	5, 2
5	7, 8	6	3, 2
7	8, 2	8	8, 1
9	9, 5	10	8, 3
11	7, 1	12	6, 2
13	7, 1	14	7, 3
15	7, 2	16	6, 2
17	8, 1	18	8, 2
19	5, 4	20	5, 1
21	6, 2	22	7, 6
23	9, 7	24	4, 3

step 1 원리꼼꼼 56쪽

원리 확인 1 (1) 1, 1 (2) 1, 10, 17
(3) 17, 5, 2 (4) 15, 2, 15, 2

step 2 원리탄탄 57쪽

1 (1) 1, 4, 4, 1, 8, 1, 6, 2
(2) 1, 2, 6, 1, 7, 1, 2, 5
2 (1) $\begin{array}{r} 14 \\ 5\overline{)74} \\ 5 \\ \hline 24 \\ 20 \\ \hline 4 \end{array}$ (2) $\begin{array}{r} 11 \\ 7\overline{)82} \\ 7 \\ \hline 12 \\ 7 \\ \hline 5 \end{array}$
3 (1) 23, 1 (2) 14, 1
4 13개
5 $94\div6=15\cdots4$ / 15, 4

4 $54\div4=13$(개)$\cdots2$(장)이므로 **13**개를 만들 수 있습니다.

5 $94\div6=15$(모둠)$\cdots4$(개)

step 3 원리척척 58~59쪽

1 15, 1
2 14, 1
3 36, 1
4 12, 3
5 17, 2
6 12, 2
7 12, 3
8 25, 1
9 48, 1
10 19, 2
11 16, 1
12 16, 1
13 13, 4
14 28, 1
15 17, 3
16 13, 5
17 18, 3

step 1 원리꼼꼼 60쪽

원리 확인 1 (1) 1 (2) 10 (3) 100

원리 확인 2 4, 20, 3 / 47, 20, 35, 35, 0

step 2 원리탄탄 61쪽

1 1, 5, 0, 5 / 10, 5, 0, 50 / 100, 5, 0, 500

2 250, 200, 50

3 (1)

$$\begin{array}{r} 45 \\ 5\overline{)225} \\ \underline{20} \\ 25 \\ \underline{25} \\ 0 \end{array}$$

(2)

$$\begin{array}{r} 75 \\ 6\overline{)450} \\ \underline{42} \\ 30 \\ \underline{30} \\ 0 \end{array}$$

4 >
5 9

4 648÷8=81, 462÷7=66

5 630÷9=70으로 나누어떨어지므로 □÷9가 나누어떨어지려면 □ 안에 0 또는 9가 들어가야 합니다.

step 3 원리척척 62~63쪽

1 152, 3, 15, 15, 6, 6
2 124, 6, 14, 12, 24, 24
3 165, 5, 32, 30, 25, 25
4 157, 4, 22, 20, 28, 28
5 121, 7, 14, 14, 7, 7
6 116, 8, 12, 8, 48, 48
7 46, 24, 36, 36
8 82, 56, 14, 14
9 77, 63, 63, 63
10 200
11 200
12 210
13 107
14 156
15 162
16 69
17 56
18 63
19 300
20 206
21 153
22 69
23 68
24 52

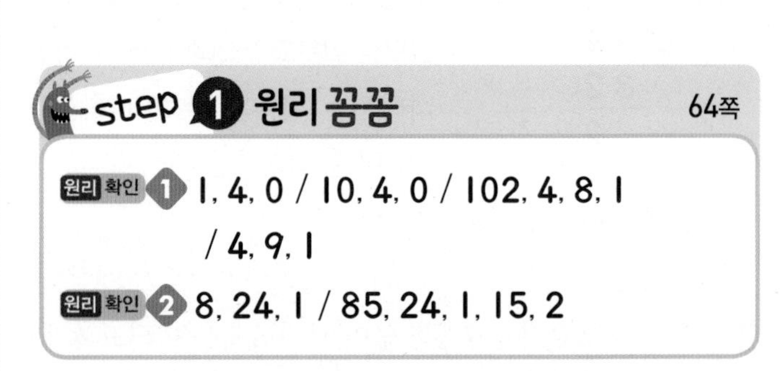

step 1 원리꼼꼼 64쪽

원리 확인 1 1, 4, 0 / 10, 4, 0 / 102, 4, 8, 1 / 4, 9, 1

원리 확인 2 8, 24, 1 / 85, 24, 1, 15, 2

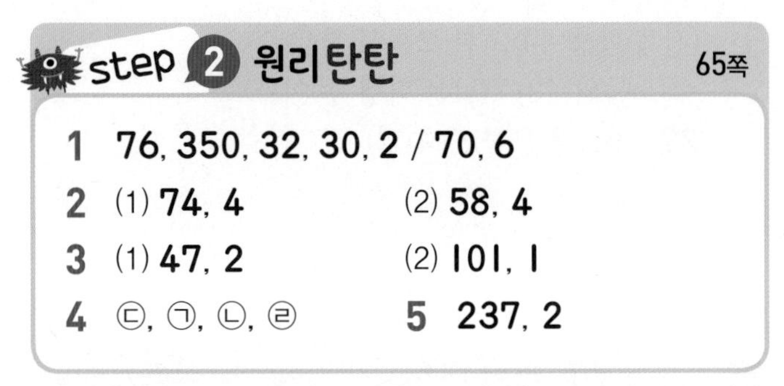

step 2 원리탄탄 65쪽

1 76, 350, 32, 30, 2 / 70, 6
2 (1) 74, 4 (2) 58, 4
3 (1) 47, 2 (2) 101, 1
4 ㉢, ㉠, ㉡, ㉣
5 237, 2

4 ㉠ 349÷5=69…4
㉡ 327÷6=54…3
㉢ 425÷7=60…5
㉣ 569÷8=71…1

5 몫이 가장 크게 되려면 나눗셈식을 (가장 큰 세 자리 수)÷(가장 작은 한 자리 수)로 만들어야 합니다.
이때 0은 나누는 수가 될 수 없습니다.
$950 \div 4 = 237 \cdots 2$

step 3 원리척척 66~67쪽

1 101, 5, 0, 0, 8, 5, 3
2 104, 6, 2, 0, 27, 24, 3
3 121, 7, 14, 14, 9, 7, 2
4 252, 6, 15, 15, 7, 6, 1
5 143, 4, 17, 16, 15, 12, 3
6 234, 8, 13, 12, 18, 16, 2
7 43, 24, 19, 18, 1
8 54, 35, 32, 28, 4
9 51, 45, 17, 9, 8
10 117, 1
11 103, 1
12 144, 3
13 135, 5
14 48, 5
15 56, 5
16 78, 1
17 36, 4

step 1 원리꼼꼼 68쪽

원리 확인 1 (1) 7, 4, 9, 4 / 7, 4
(2) 7, 49 / 49, 4, 53

원리 확인 2 9, 2 / 9, 45 / 45, 2, 47

step 2 원리탄탄 69쪽

1

2 13, 5 / 13, 91 / 91, 5, 96
3 11, 4 / 11, 88 / 88, 4, 92
4 87

4 $6 \times 14 = 84$, $84 + 3 = 87$

step 3 원리척척 70~71쪽

1 7, 42 / 42, 1, 43
2 8, 56 / 56, 3, 59
3 9, 81 / 81, 2, 83
4 20, 120 / 120, 3, 123
5 36, 144 / 144, 1, 145
6 19, 171 / 171, 7, 178
7 9, 3 / 9, 81 / 81, 3, 84
8 12, 2 / 12, 72 / 72, 2, 74
9 16, 2 / 16, 128 / 128, 2, 130
10 35, 3 / 35, 245 / 245, 3, 248
11 40, 7 / 40, 320 / 320, 7, 327
12 81, 4 / 81, 405 / 405, 4, 409

7
$$\begin{array}{r} 9 \\ 9\overline{)84} \\ 81 \\ \hline 3 \end{array}$$

8
$$\begin{array}{r} 12 \\ 6\overline{)74} \\ 60 \\ \hline 14 \\ 12 \\ \hline 2 \end{array}$$

9
$$\begin{array}{r} 16 \\ 8\overline{)130} \\ 80 \\ \hline 50 \\ 48 \\ \hline 2 \end{array}$$

10
$$\begin{array}{r} 35 \\ 7\overline{)248} \\ 210 \\ \hline 38 \\ 35 \\ \hline 3 \end{array}$$

11

$$\begin{array}{r} 40 \\ 8\overline{)327} \\ \underline{320} \\ 7 \end{array}$$

12

$$\begin{array}{r} 81 \\ 5\overline{)409} \\ \underline{400} \\ 9 \\ \underline{5} \\ 4 \end{array}$$

step 4 유형콕콕 72~73쪽

01 12, 21, 32
02 (1) $<$ (2) $=$
03 ㉣
04 $69\div3=23$ / 23
05 ⑤
06 ⑤
07 ㉠
08 $54\div7=7\cdots5$ / 7, 5
09
10 ㉣
11 ③
12 $72\div3=24$ / 24
13 ③
14 $88\div5=17\cdots3$ / 17, 3
15 ㉠, ㉢, ㉣, ㉡
16 $250\div9=27\cdots7$ / 27개, 7개

07 ㉠ 4 ㉡ 2 ㉢ 3 ㉣ 0

10 ㉠ 16 ㉡ 16 ㉢ 13 ㉣ 34

11 ① 14 ② 14 ③ 12 ④ 16 ⑤ 17

13 ① 2 ② 1 ③ 4 ④ 1 ⑤ 2

15 ㉠ $41\cdots3$ ㉡ $32\cdots0$ ㉢ $24\cdots2$ ㉣ $71\cdots1$

단원평가 74~76쪽

01 40
02 (1) 2, 20 (2) 2, 20
03 23
04 (1) 12 (2) 34
05 6, 2
06 9, 3
07 ㉣
08 (1) $14\cdots4$ (2) $11\cdots6$
09 ⑤
10 ①
11 $<$
12 24, 12
13

$$\begin{array}{r} 26 \\ 3\overline{)79} \\ \underline{60} \\ 19 \\ \underline{18} \\ 1 \end{array}$$

14 12, 3, 16, 4
15 ③
16 ①
17 ③
18 ④
19 ㉣, ㉡, ㉠, ㉢
20 2, 8, 8, 8

09 ① 16 ② 16 ③ 19 ④ 30 ⑤ 31

10 몫이 가장 크려면 나누는 수가 가장 작아야 합니다.

13 나머지는 항상 나누는 수보다 작아야 합니다.

16 ① 18 ② 13 ③ 10 ④ 14 ⑤ 12

17 ① 3 ② 1 ③ 5 ④ 1 ⑤ 1

19 ㉠ 2 ㉡ 1 ㉢ 4 ㉣ 0

3. 원

step 1 원리 꼼꼼 78쪽

원리 확인 1 (1) 원의 중심 (2) 생략
(3) 원의 반지름

원리 확인 2 점 ㄷ

원리 확인 3 예

2 원의 중심은 원 위의 어떤 점과 연결하여도 같은 거리에 있습니다.

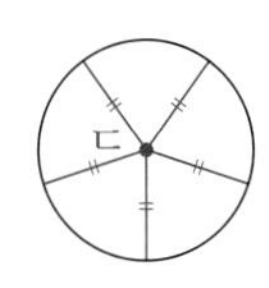

3 원의 중심과 원 위의 한 점을 이은 선분은 원의 반지름입니다.

step 2 원리 탄탄 79쪽

1 (1) 선분 ㄴㅇ (2) 선분 ㄱㅇ
2 (1) 3 cm (2) 4 cm
3 (1) 10 cm (2) 11 cm
4 (1) 생략, 1 cm 5 mm / 3 cm
(2) 생략, 2 cm / 4 cm

2 원의 중심 ㅇ과 원 위의 한 점을 이은 선분이 원의 반지름입니다.

step 3 원리 척척 80~81쪽

1	점 ㄴ	2	점 ㄷ
3	선분 ㄱㅇ	4	선분 ㄷㅇ
5	선분 ㄴㅇ	6	선분 ㄴㅇ
7	생략, 1	8	생략, 1, 5
9	선분 ㄴㄹ	10	선분 ㄱㄹ
11	선분 ㄴㅁ	12	선분 ㄱㄷ
13	선분 ㄴㄹ	14	선분 ㄴㄹ
15	생략, 3, 5	16	생략, 2

step 1 원리 꼼꼼 82쪽

원리 확인 1 (1) 지름 (2) 긴
(3) 많이

원리 확인 2 (1) 예

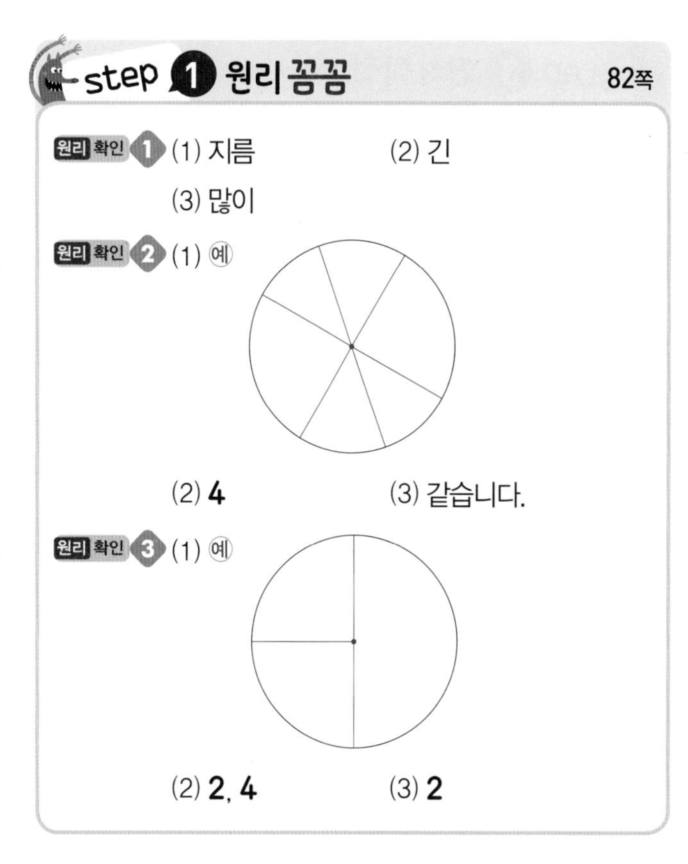

(2) 4 (3) 같습니다.

원리 확인 3 (1) 예

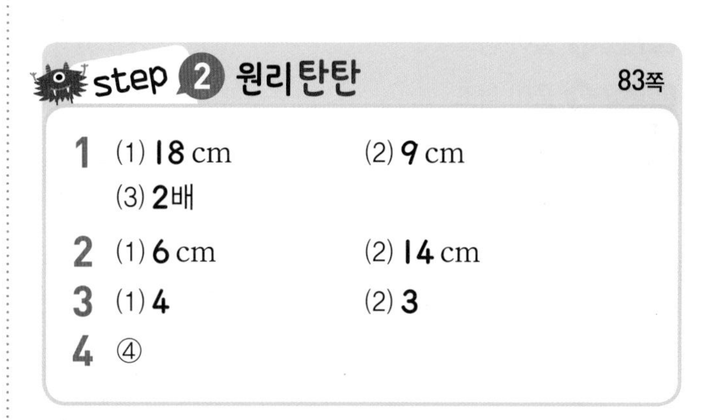

(2) 2, 4 (3) 2

2 지름 3개의 길이를 재어 보면 모두 4 cm입니다.

step 2 원리 탄탄 83쪽

1 (1) 18 cm (2) 9 cm
(3) 2배
2 (1) 6 cm (2) 14 cm
3 (1) 4 (2) 3
4 ④

1 (2) 지름이 18 cm이므로 반지름은 $18 \div 2 = 9$(cm)입니다.

2 (1) 반지름이 3 cm이므로 지름은 $3 \times 2 = 6$(cm)입니다.
(2) 반지름이 7 cm이므로 지름은 $7 \times 2 = 14$(cm)입니다.

3 (반지름)=(지름)÷2
(1) $8 \div 2 = 4$(cm) (2) $6 \div 2 = 3$(cm)

4 반지름의 길이가 길어질수록 원의 크기는 커집니다.

step 3 원리척척 84~85쪽

1	1, 2, 2	2	4, 8
3	5, 10	4	3, 6
5	5, 10	6	7, 14
7	6, 12	8	2, 1, 절반
9	6, 3	10	8, 4
11	10, 5	12	12, 6
13	6, 3	14	18, 9

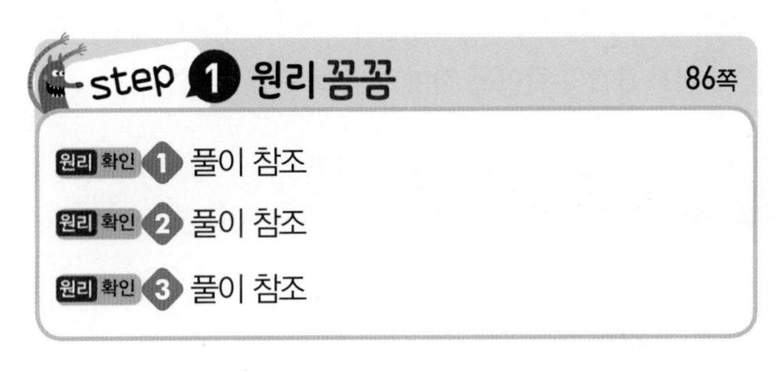

step 1 원리꼼꼼 86쪽

원리 확인 1 풀이 참조

원리 확인 2 풀이 참조

원리 확인 3 풀이 참조

1 컴퍼스로 원을 그릴 때 컴퍼스의 침과 연필심 사이의 길이를 맞추어야 하고, 침을 꽂은 쪽에 힘을 조금 더 주어 자연스럽게 돌리되 컴퍼스를 바로 세워서 돌립니다.

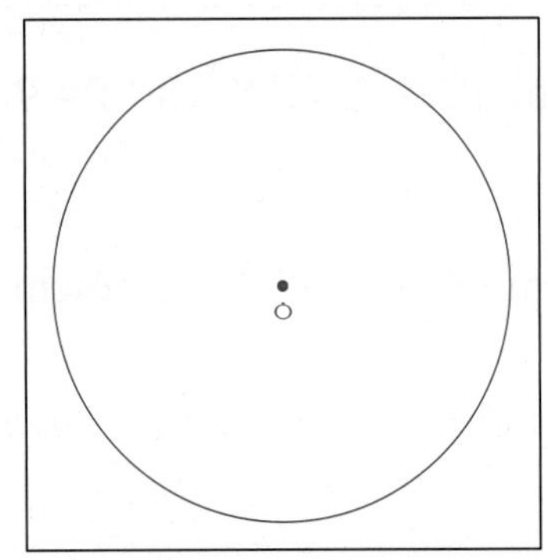

2 컴퍼스의 침과 연필심 사이의 길이를 **3** cm가 되도록 벌린 다음 컴퍼스의 침을 점 ㅇ에 꽂고 연필을 돌려 반지름이 **3** cm인 원을 그립니다.

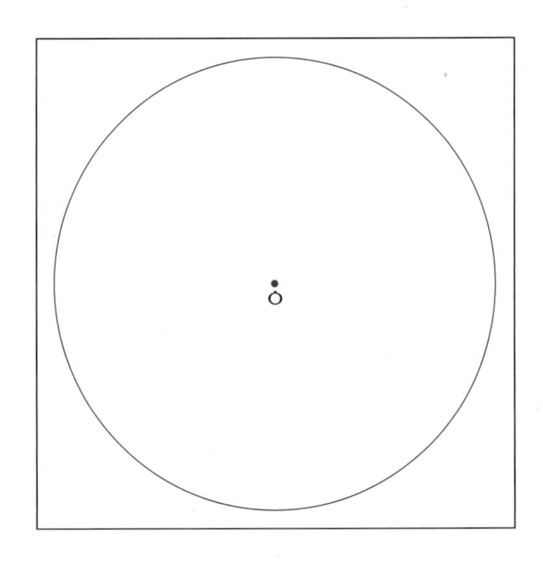

3 왼쪽 원의 반지름은 **1** cm **5** mm입니다. 컴퍼스를 사용하여 같은 원을 그립니다.

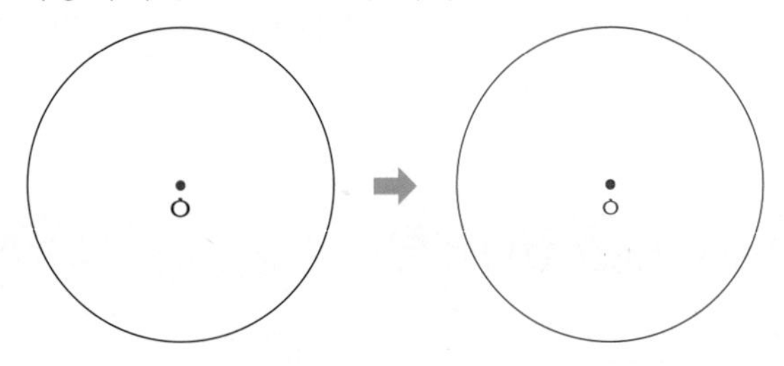

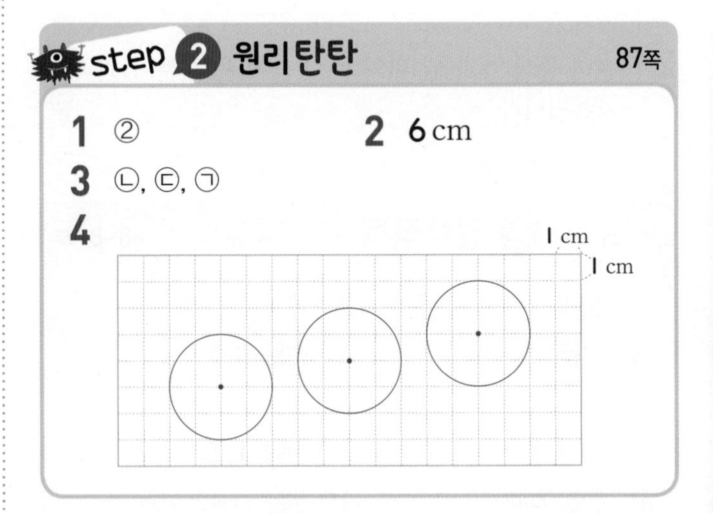

step 2 원리탄탄 87쪽

1 ②　　**2** **6** cm

3 ㉡, ㉢, ㉠

4

2 주어진 원과 같은 원을 그리려면 반지름이 같은 원을 그리면 됩니다. 주어진 원의 반지름이 **6** cm이므로 컴퍼스의 침과 연필심 사이를 **6** cm가 되도록 벌려 원을 그려야 합니다.

step 3 원리척척 88~89쪽

1~6 풀이 참조

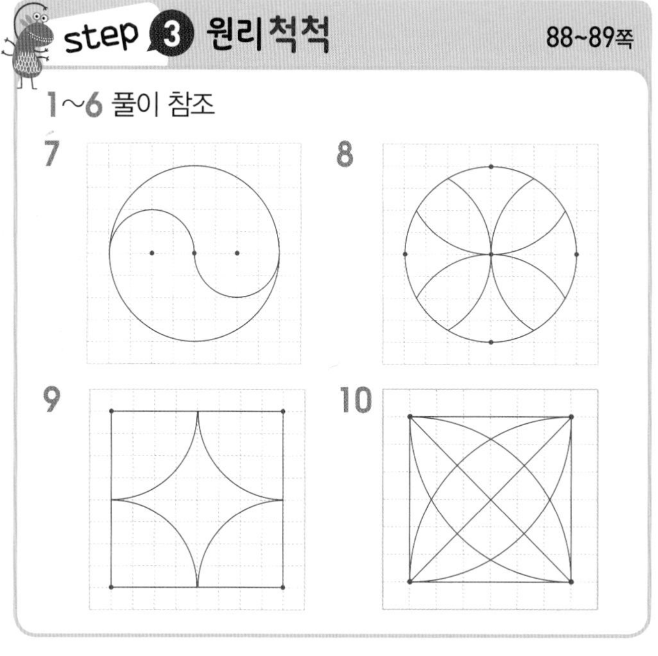

1

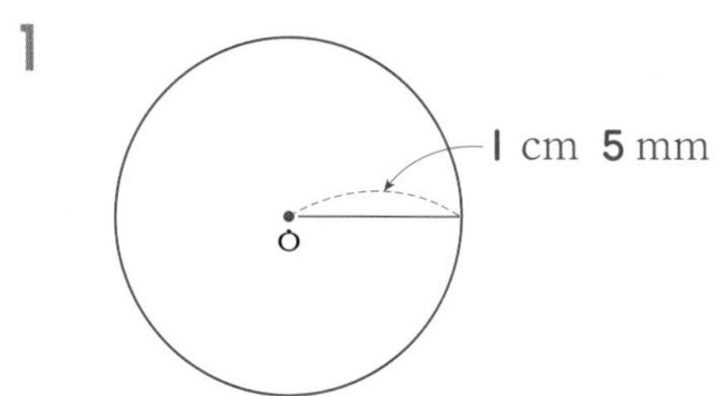

2

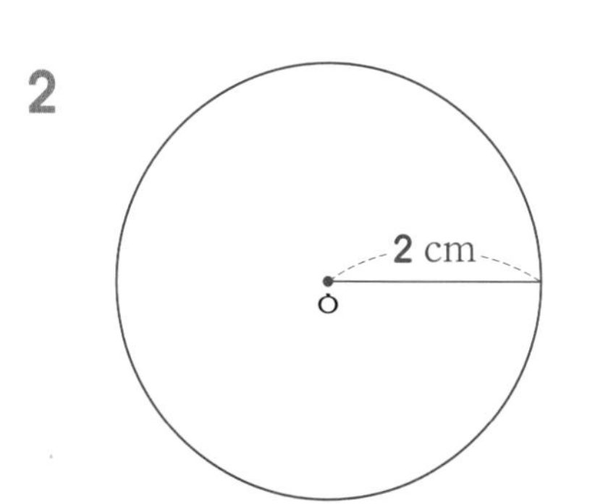

3

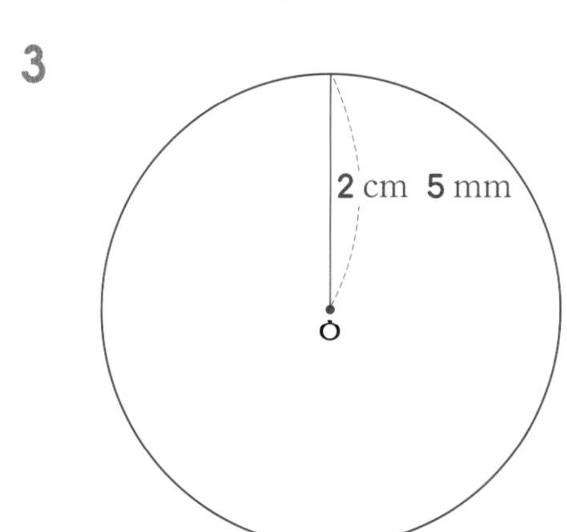

4

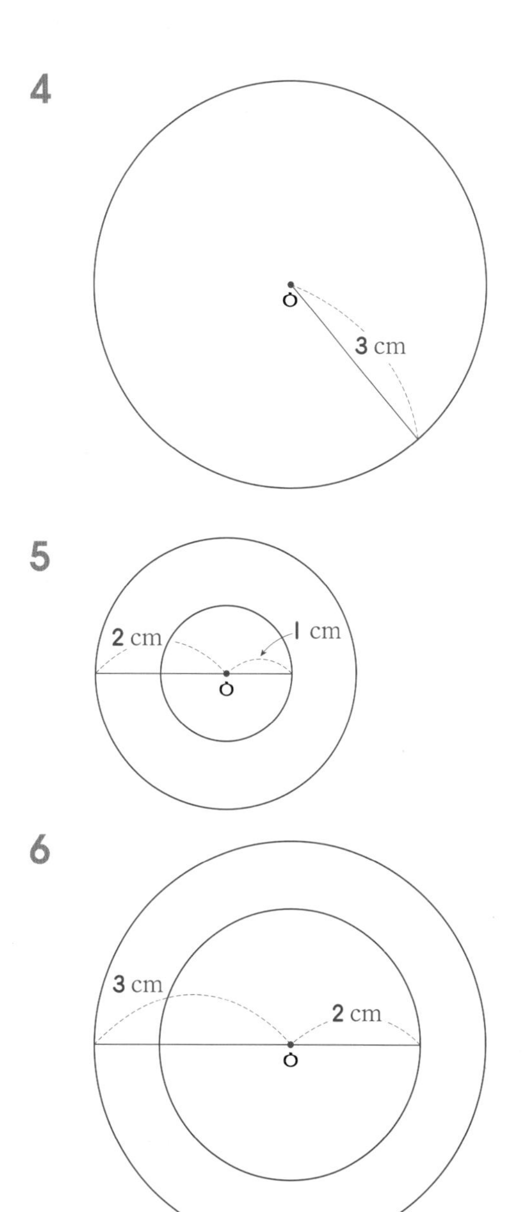

step 1 원리꼼꼼 90쪽

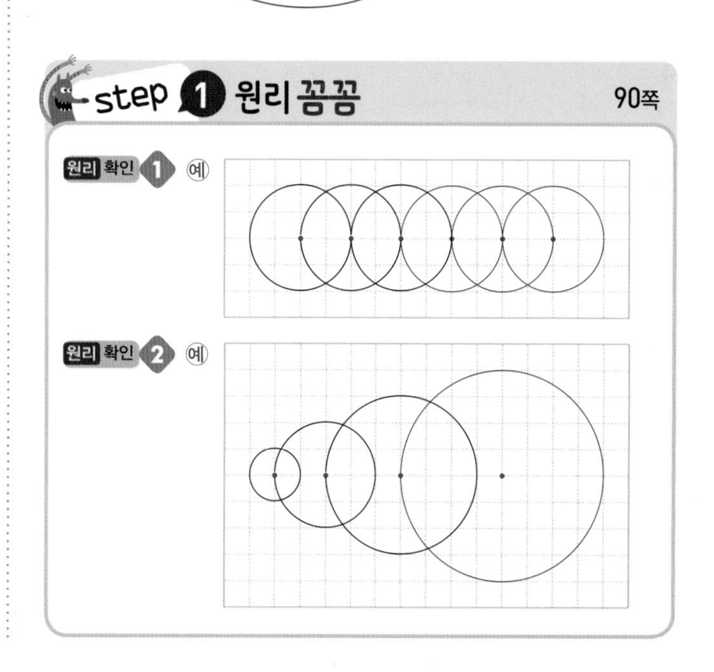

step 2 원리탄탄 91쪽

1 ㉢ 2 3개
3 ㉡ 4 풀이 참조

3 참고 원의 중심을 고정하였으므로 컴퍼스의 침을 꽂은 곳이 한 군데인 것을 찾습니다.

4 점 ㄱ을 원의 중심으로 하고 반지름이 4칸인 가장 큰 원을 그린 다음, 점 ㄴ, ㄷ, ㄹ, ㅁ을 원의 중심으로 하고, 큰 원의 반지름을 지름으로 하는 원을 4개 그립니다.

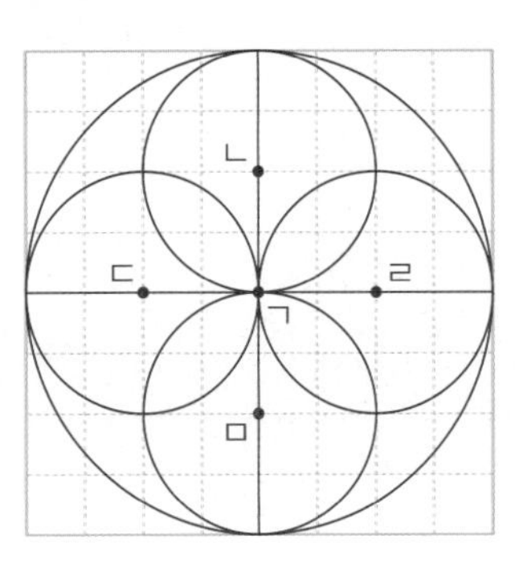

step 3 원리척척 92~93쪽

1~8 풀이 참조

1

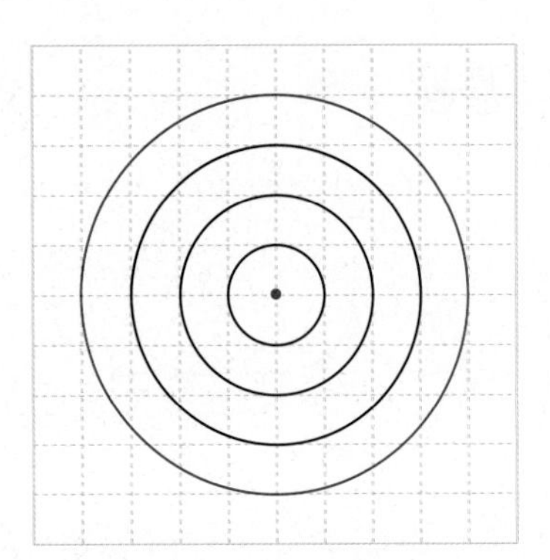

2

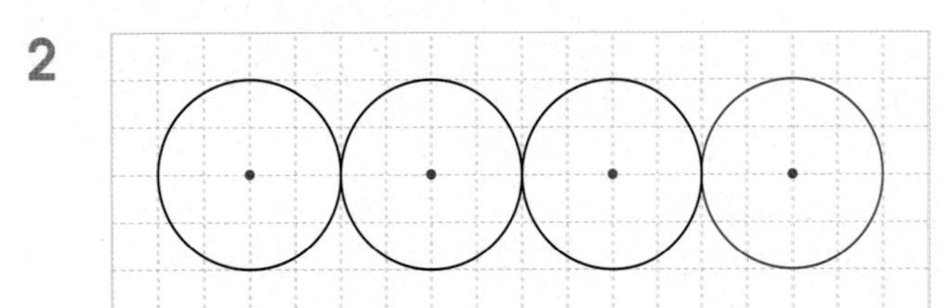

3

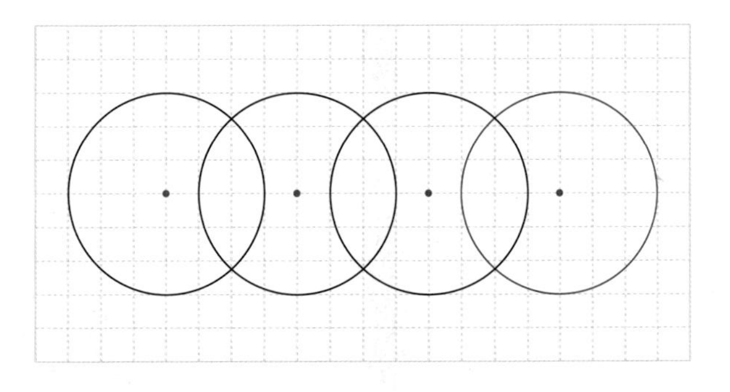

4

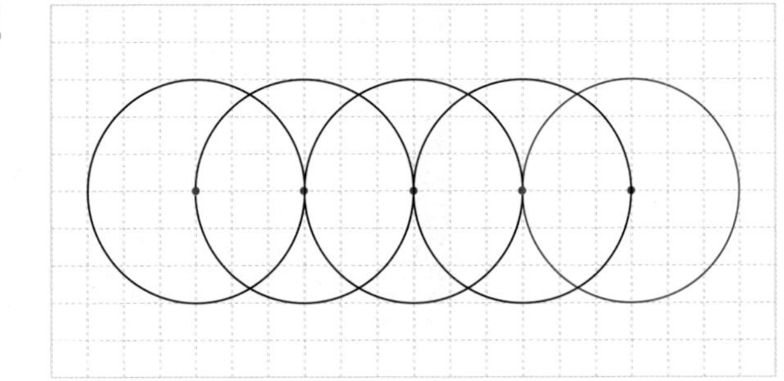

5

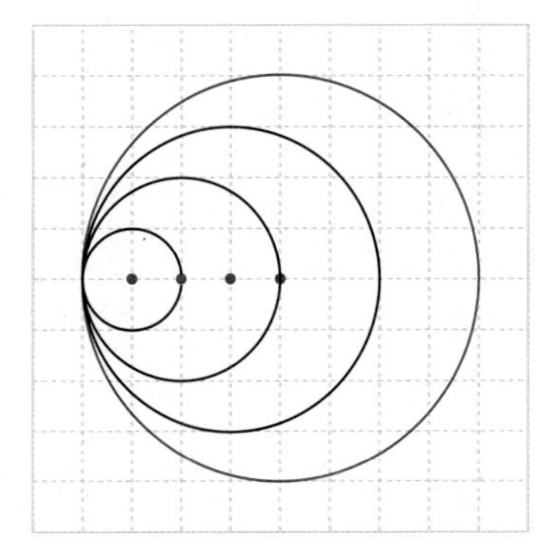

6

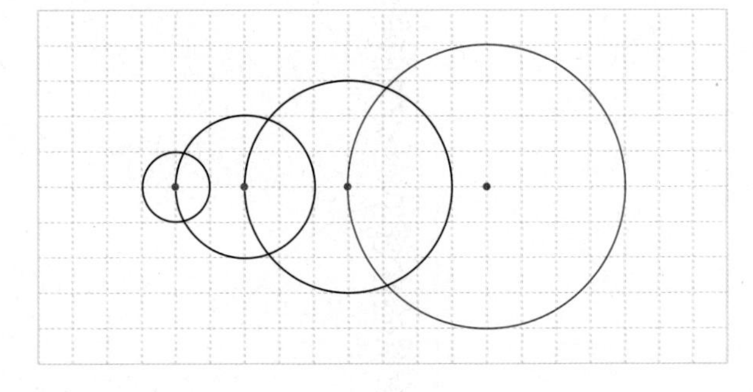

7

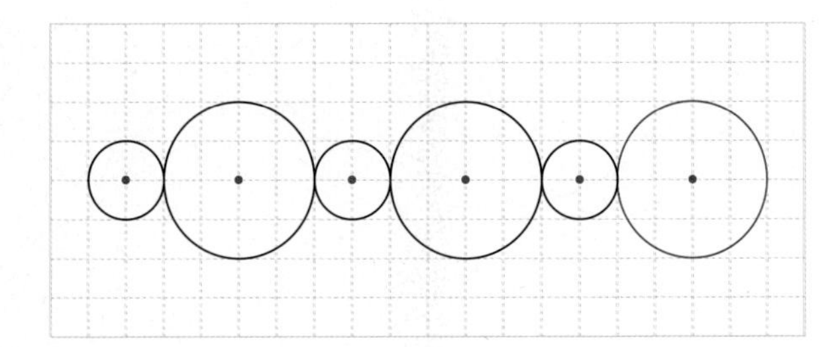

8

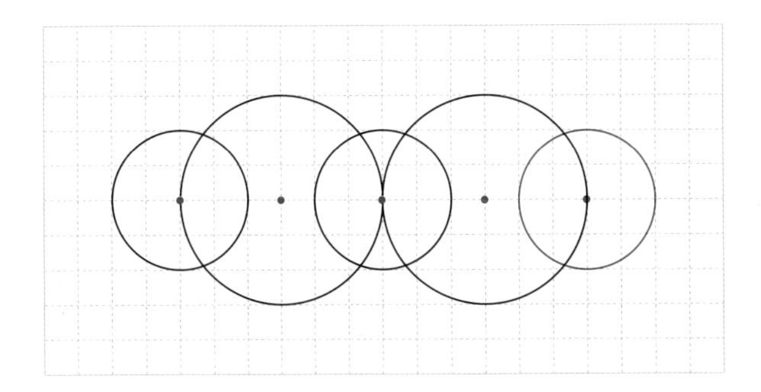

14

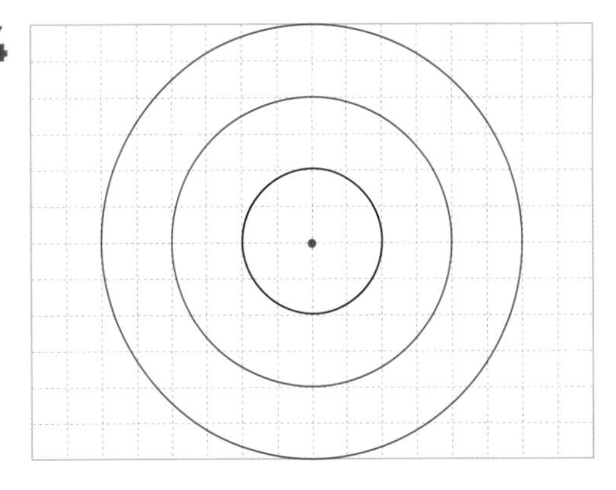

16

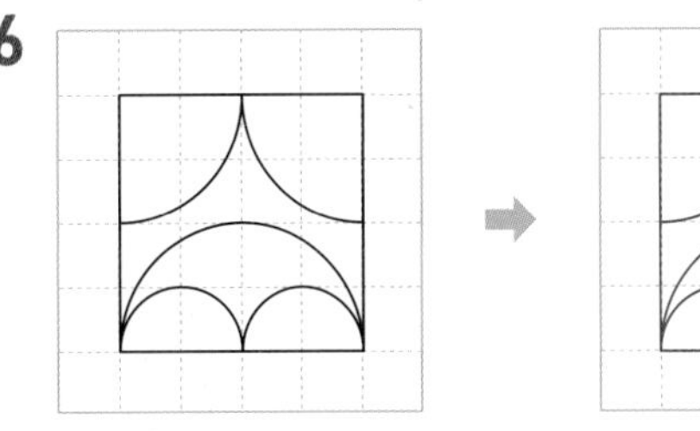

step 4 유형콕콕

94~95쪽

01 중심, 지름
02 무수히 많이 그을 수 있습니다.
03 (1) 선분 ㄴㅇ, 선분 ㅅㅇ
(2) 선분 ㄴㅅ
04 (1) 8 cm (2) 10 cm
05 5, 10
06 16 cm
07 9 cm
08 5 cm
09 11 cm
10 5 cm
11 10 cm
12 (1) 4 cm (2) 8 cm
13 풀이 참조
14 풀이 참조
15 4개
16 풀이 참조

13

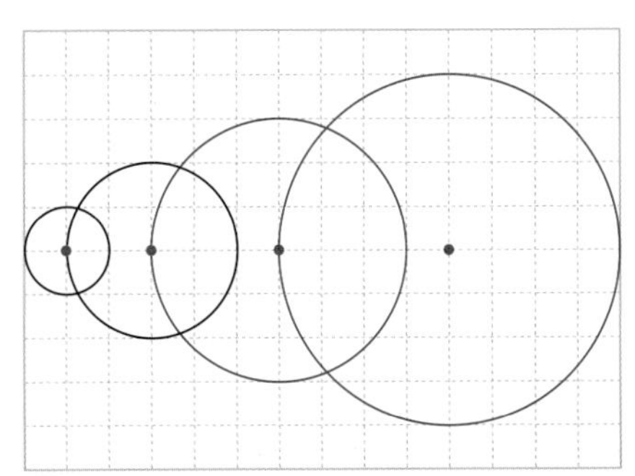

단원 평가

96~98쪽

01 점 ㄷ
02 반지름, 중심
03 5 cm
04 8 cm
05 풀이 참조
06 선분 ㄱㄹ
07 선분 ㄴㄹ
08 14 cm
09 10 cm
10 16 cm
11 10 cm
12 30 cm
13 ⑤
14 ㉠, ㉣
15 30 cm
16 8 cm
17 30 cm
18 ~20 풀이 참조

05

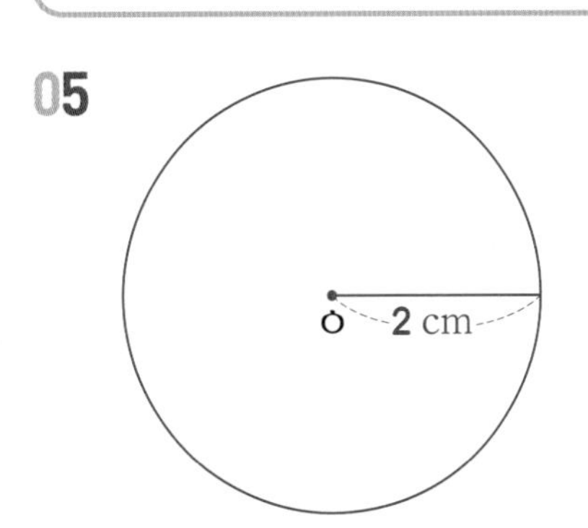

15 (선분 ㄱㄴ의 길이)$=6\times5=30$(cm)

16 (작은 원의 지름)=(큰 원의 지름)$\div3$

$=24\div3=8$(cm)

17 (삼각형의 한 변)=(원의 지름)

$=5\times2=10$(cm)

따라서 세 변의 길이의 합은 $10\times3=30$(cm)입니다.

18

19

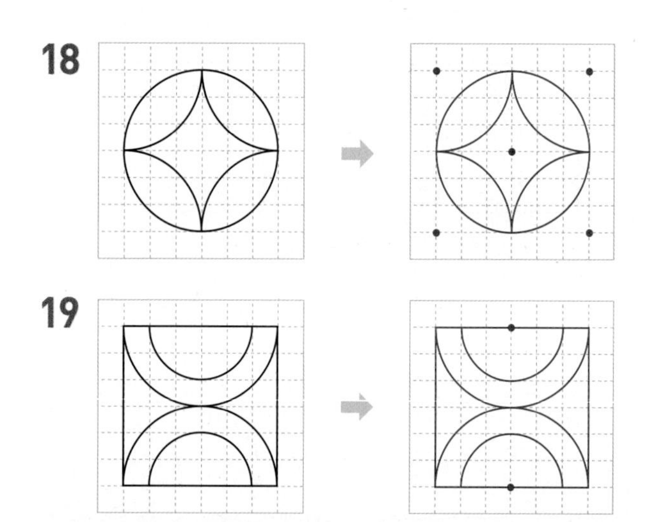

20

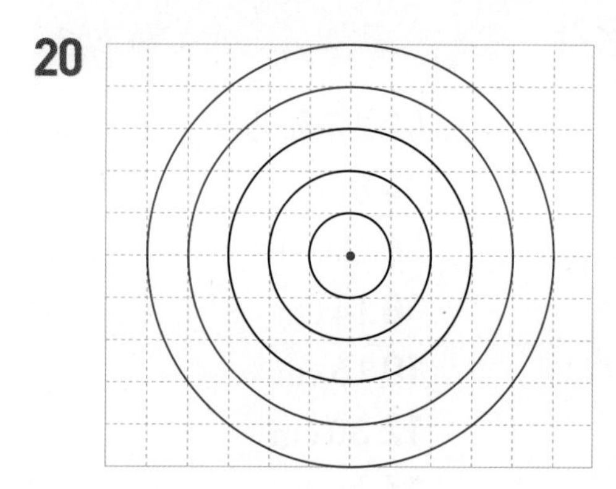

4. 분수

step 1 원리 꼼꼼 100쪽

원리 확인 1 (1) 풀이 참조 (2) 1

(3) $\frac{1}{6}$

원리 확인 2 (1)

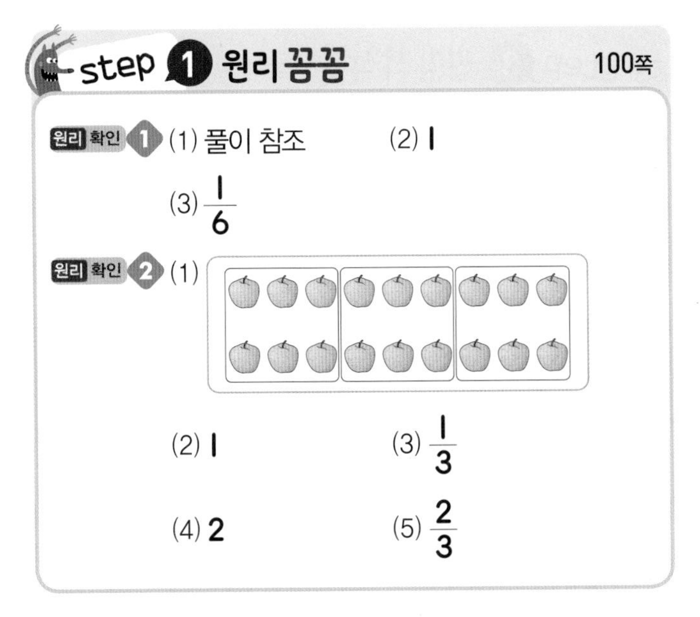

(2) 1 (3) $\frac{1}{3}$

(4) 2 (5) $\frac{2}{3}$

1 (1)

step 2 원리 탄탄 101쪽

1 (1) $\frac{1}{3}$ (2) $\frac{2}{3}$

2 (1) $\frac{1}{3}$ (2) $\frac{2}{3}$

3 (1) $\frac{1}{9}$ (2) $\frac{4}{9}$

4 (1) 2 (2) 5

1 (1) 5는 15를 3묶음으로 나눈 것 중의 1묶음입니다.

➡ 5는 15의 $\frac{1}{3}$입니다.

(2) 10은 15를 3묶음으로 나눈 것 중의 2묶음입니다.

➡ 10은 15의 $\frac{2}{3}$입니다.

2 (1) 3은 9를 3묶음으로 나눈 것 중의 1묶음입니다.

➡ 3은 9의 $\frac{1}{3}$입니다.

(2) 6은 9를 3묶음으로 나눈 것 중의 2묶음입니다.

➡ 6은 9의 $\frac{2}{3}$입니다.

3 (1) 2는 18을 9묶음으로 나눈 것 중의 1묶음입니다.

➡ 2는 18의 $\frac{1}{9}$입니다.

(2) 8은 18을 9묶음으로 나눈 것 중의 4묶음입니다.

➡ 8은 18의 $\frac{4}{9}$입니다.

4 (1) 7과 14를 7씩 묶으면 각각 1묶음과 2묶음이므로 7은 14의 $\frac{1}{2}$입니다.

(2) 16과 20을 4씩 묶으면 각각 4묶음과 5묶음이므로 16은 20의 $\frac{4}{5}$입니다.

step 3 원리 척척 102~103쪽

1 6, $\frac{1}{6}$, 2, $\frac{2}{6}$

2 3, $\frac{1}{3}$

3 4, $\frac{1}{4}$

4 5, $\frac{2}{5}$

5 5, 2, 5

6 1

7 $\frac{2}{4}$

8 $\frac{2}{3}$

9 $\frac{5}{6}$

step 1 원리 꼼꼼 104쪽

원리 확인 1 (1) 풀이 참조 (2) 3

(3) $\frac{1}{5}$ (4) 3

(5) 9

원리 확인 2 (1) 풀이 참조 (2) 2

(3) 4 (4) 6

(5) 8

원리 확인 3 (1) 3 (2) 9

1 (1)

2 (1)

step 2 원리탄탄 105쪽

1	(1) 4	(2) 12
2	(1) 10	(2) 12
3	(1) 9	(2) 6
	(3) 3	(4) 2
4	(1) 4	(2) 25

1 16개를 똑같이 4묶음으로 나누면 한 묶음은 4개입니다.

(1) 4묶음 중의 1묶음은 4개이므로 16의 $\frac{1}{4}$은 4입니다.

(2) 4묶음 중의 3묶음은 12개이므로 16의 $\frac{3}{4}$은 12입니다.

2 (1) 7묶음 중의 5묶음은 10개이므로 14의 $\frac{5}{7}$는 10입니다.

(2) 7묶음 중의 6묶음은 12개이므로 14의 $\frac{6}{7}$은 12입니다.

3 18개를 똑같이 2묶음, 3묶음, 6묶음, 9묶음으로 나누면 한 묶음은 각각 9개, 6개, 3개, 2개입니다.

4 (1) 24를 똑같이 6묶음으로 나눈 것 중의 1묶음은 4입니다.

(2) 45를 똑같이 9묶음으로 나눈 것 중의 5묶음은 25입니다.

step 3 원리척척 106~107쪽

1 3, 6	**2** 2, 4
3 3, 9	**4** 2, 6
5 8, 12	**6** 2
7 6	**8** 5
9 3	**10** 8
11 4	**12** 7
13 6	**14** 12
15 15	**16** 15
17 27	**18** 10
19 20	

step 1 원리꼼꼼 108쪽

원리 확인 **1** 풀이 참조

(1) $\frac{1}{7}$, $\frac{2}{7}$, $\frac{4}{7}$ (2) $\frac{10}{7}$, $\frac{12}{7}$

(3) $\frac{7}{7}$

(4) 같다고 말할 수 있습니다.

원리 확인 **2** (1) 예 $\frac{1}{6}$, $\frac{2}{6}$, $\frac{3}{6}$

(2) 예 $\frac{6}{6}$, $\frac{7}{6}$, $\frac{8}{6}$ (3) $\frac{6}{6}$

1

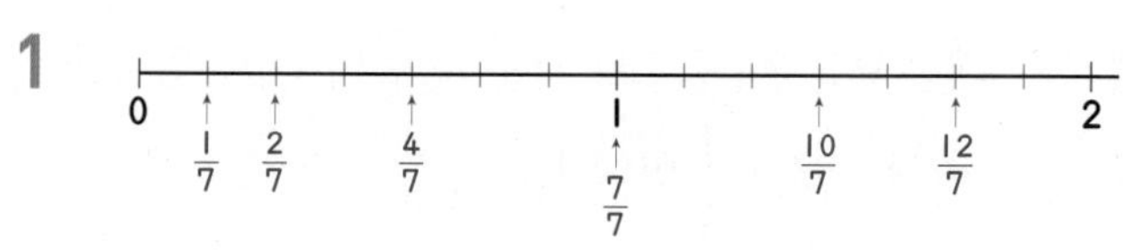

(4) $\frac{7}{7}$과 1은 수직선 위의 같은 위치에 있으므로 크기가 같습니다.

step 2 원리탄탄 109쪽

1 진분수
2 가분수
3 $\frac{1}{2}$, $\frac{4}{6}$, $\frac{7}{9}$
4 4개
5 $\frac{8}{8}$, $\frac{9}{8}$, $\frac{10}{8}$

4 가분수는 $\frac{9}{5}$, $\frac{5}{3}$, $\frac{5}{5}$, $\frac{10}{3}$으로 모두 4개입니다.

5 $\frac{★}{8}$이 가분수이므로 ★은 8이거나 8보다 큰 수이어야 합니다.

step 3 원리척척 110~111쪽

1 $\frac{1}{3}$, $\frac{3}{5}$, $\frac{6}{7}$
2 $\frac{1}{2}$, $\frac{3}{4}$, $\frac{7}{9}$
3 $\frac{7}{8}$, $\frac{1}{5}$, $\frac{3}{7}$
4 $\frac{1}{3}$
5 $\frac{2}{6}$
6 $\frac{3}{8}$
7 $\frac{3}{4}$
8 $\frac{5}{8}$
9 $\frac{3}{6}$
10 $\frac{8}{7}$, $\frac{4}{3}$, $\frac{9}{5}$
11 $\frac{9}{9}$, $\frac{10}{10}$, $\frac{9}{4}$
12 $\frac{8}{4}$, $\frac{9}{6}$, $\frac{8}{8}$
13 $\frac{7}{2}$
14 $\frac{19}{8}$
15 $\frac{10}{3}$

step 1 원리꼼꼼 112쪽

원리 확인 1 (1) 예

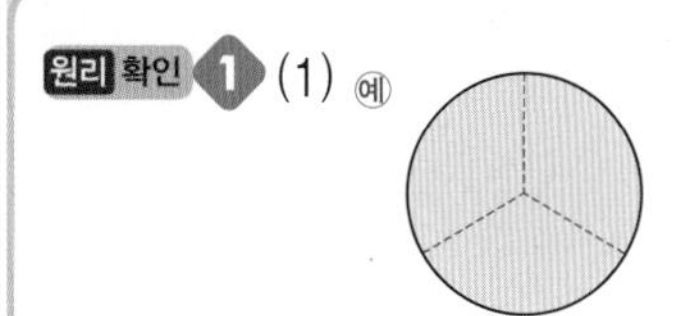
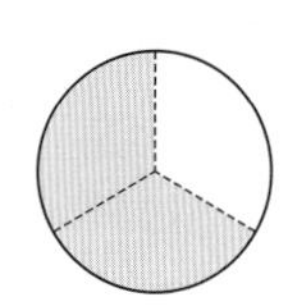

(2) $\frac{5}{3}$

원리 확인 2 (1)

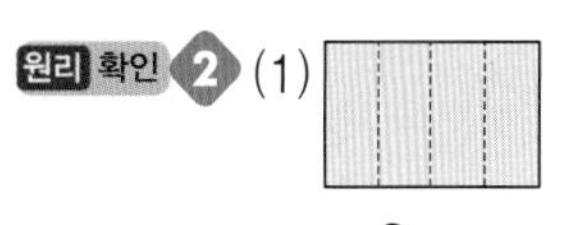
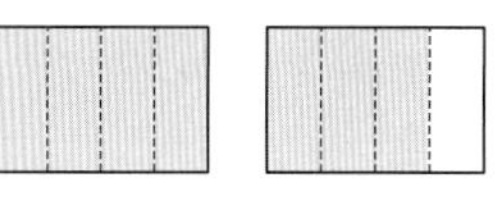

(2) $2\frac{3}{4}$

2 (2) 큰 사각형을 모두 색칠한 것 2개와 $\frac{1}{4}$이 3개이므로 $2\frac{3}{4}$입니다.

step 2 원리탄탄 113쪽

1 (1) $6\frac{1}{2}=\frac{6\times2+1}{2}=\frac{13}{2}$
(2) $1\frac{7}{9}=\frac{1\times9+7}{9}=\frac{16}{9}$

2 (1) $19\div9=2\cdots1$ ➡ $2\frac{1}{9}$
(2) $23\div6=3\cdots5$ ➡ $3\frac{5}{6}$

3 $3\frac{1}{4}$, $\frac{13}{4}$

4 (1) $\frac{22}{3}$ (2) $\frac{49}{9}$
(3) $8\frac{1}{4}$ (4) $3\frac{3}{5}$

3 큰 삼각형을 모두 색칠한 것 3개와 $\frac{1}{4}$이 1개이므로 대분수로 나타내면 $3\frac{1}{4}$이고, $\frac{1}{4}$이 13개이므로 가분수로 나타내면 $\frac{13}{4}$입니다.

4 (1) $7\frac{1}{3}=\frac{7\times3+1}{3}=\frac{22}{3}$
(2) $5\frac{4}{9}=\frac{5\times9+4}{9}=\frac{49}{9}$
(3) $\frac{33}{4}$ ➡ $33\div4=8\cdots1$ ➡ $8\frac{1}{4}$
(4) $\frac{18}{5}$ ➡ $18\div5=3\cdots3$ ➡ $3\frac{3}{5}$

step 3 원리척척 114~115쪽

1 $2\frac{3}{4}, 1\frac{3}{7}, 3\frac{1}{2}$

2 $1\frac{1}{5}, 2\frac{2}{3}$

3 $5\frac{2}{6}, 7\frac{2}{3}, 6\frac{4}{5}$

4 $3\frac{1}{3}$

5 $3\frac{2}{4}$

6 $4\frac{3}{5}$

7 3, 5, 3, 8

8 5, 12, 5, 17

9 2, 12, 2, 14

10 4, 14, 4, 18

11 6, 5, 29

12 5, 3, 43

13 4, 3, 27

14 7, 2, 37

15 2, 1, 1, 1

16 3, 1, 1, 1

17 4, 1, 1, 3

18 6, 2, 2, 2

19 17, 5, 3, 2, 3, 2

20 25, 6, 4, 1, 4, 1

21 30, 7, 4, 2, 4, 2

22 35, 8, 4, 3, 4, 3

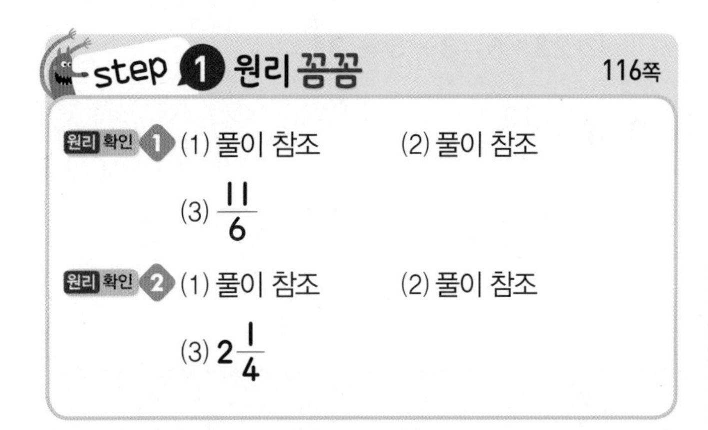

step 1 원리꼼꼼 116쪽

원리확인 1 (1) 풀이 참조 (2) 풀이 참조 (3) $\frac{11}{6}$

원리확인 2 (1) 풀이 참조 (2) 풀이 참조 (3) $2\frac{1}{4}$

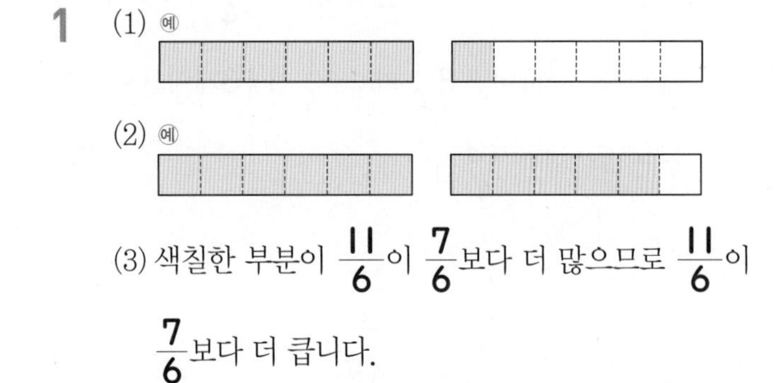

1 (1) 예

(2) 예

(3) 색칠한 부분이 $\frac{11}{6}$이 $\frac{7}{6}$보다 더 많으므로 $\frac{11}{6}$이 $\frac{7}{6}$보다 더 큽니다.

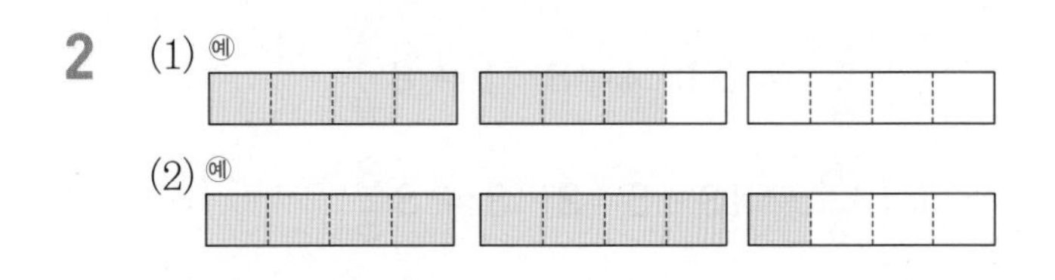

2 (1) 예

(2) 예

(3) 큰 사각형을 모두 색칠한 것이 $1\frac{3}{4}$은 1개, $2\frac{1}{4}$은 2개이므로 $2\frac{1}{4}$이 $1\frac{3}{4}$보다 더 큽니다.

step 2 원리탄탄 117쪽

1 (1) $>$, 8, 6 (2) $<$, 5, 4

2 (1) $<$ (2) $>$ (3) $>$ (4) $<$

3 풀이 참조, $\frac{18}{7}, \frac{13}{7}, \frac{8}{7}$

4 $5\frac{1}{9}, 4\frac{7}{9}, 4\frac{5}{9}, 3\frac{6}{9}$

2 (1) $10<13$이므로 $\frac{10}{9}<\frac{13}{9}$

(2) $9>6$이므로 $\frac{9}{6}>\frac{6}{6}$

(3) $3\frac{4}{5}=\frac{19}{5}$이므로 $3\frac{4}{5}>\frac{13}{5}$

(4) $3<5$이므로 $4\frac{3}{7}<4\frac{5}{7}$

3

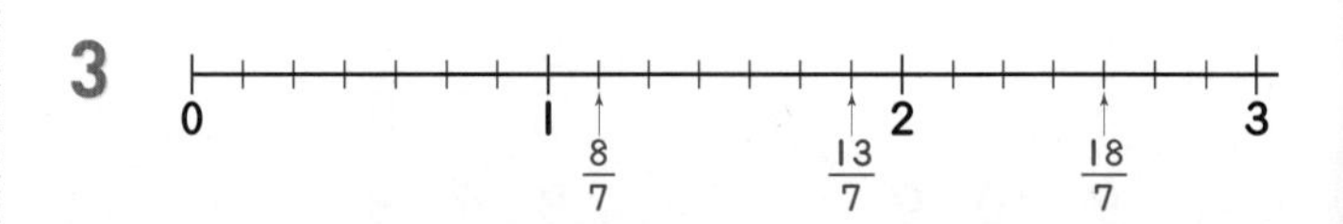

4 $5\frac{1}{9}>4\frac{7}{9}>4\frac{5}{9}>3\frac{6}{9}$

($5>4$, $7>5$, $4>3$)

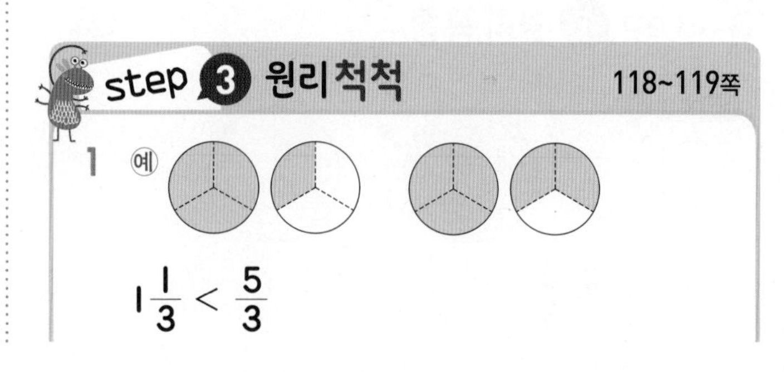

step 3 원리척척 118~119쪽

1 예

$1\frac{1}{3} < \frac{5}{3}$

2 예 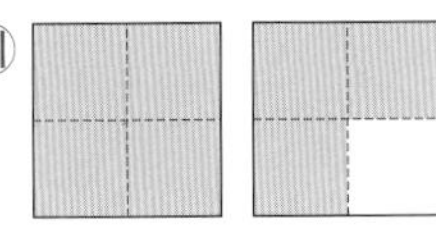 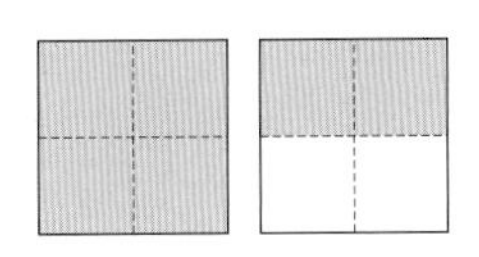

$1\frac{3}{4} > \frac{6}{4}$

3 11, <　　4 >, 17

5 2, 4, >　　6 <, 5, 1

7 $\frac{21}{13}$, $\frac{19}{13}$, $\frac{14}{13}$　　8 $6\frac{7}{12}$, $6\frac{5}{12}$, $5\frac{11}{12}$

9 $\frac{28}{8}$, $3\frac{3}{8}$, $\frac{25}{8}$　　10 $\frac{23}{7}$, $\frac{20}{7}$, $2\frac{5}{7}$

11 $4\frac{1}{5}$, $3\frac{4}{5}$, $\frac{17}{5}$　　12 $5\frac{1}{9}$, $4\frac{8}{9}$, $\frac{40}{9}$

9 $3\frac{3}{8}=\frac{27}{8}$

10 $2\frac{5}{7}=\frac{19}{7}$

11 $\frac{17}{5}=3\frac{2}{5}$

12 $\frac{40}{9}=4\frac{4}{9}$

step 4 유형콕콕 120~121쪽

01 (1) 5　　(2) 2

02 (1) 30　　(2) 21

03 $\frac{3}{5}$, $\frac{1}{5}$　　04 $\frac{1}{6}$, $\frac{2}{6}$, $\frac{3}{6}$, $\frac{4}{6}$, $\frac{5}{6}$

05 $\frac{3}{3}$, $\frac{8}{5}$, $\frac{7}{2}$에 ○표, $4\frac{5}{6}$, $1\frac{3}{4}$에 △표

06 $\frac{15}{9}$, $\frac{9}{9}$, $\frac{20}{9}$　　07 $1\frac{5}{7}$

08 $\frac{7}{3}$, $\frac{8}{3}$, $\frac{9}{3}$, $\frac{10}{3}$, $\frac{11}{3}$　　09 $1\frac{3}{4}$, $\frac{7}{4}$

10 (1) $\frac{43}{8}$　　(2) $7\frac{1}{4}$

(3) $\frac{67}{9}$　　(4) $2\frac{3}{6}$

11 (선 잇기)　　12 $5\frac{3}{8}$ kg

13 $\frac{13}{7}$

14 (1) $\frac{9}{4}$　　(2) $3\frac{2}{7}$

15 6개　　16 영수

13 가분수를 대분수로 바꾸어 비교합니다.

$\frac{9}{7} \Rightarrow 9\div7=1\cdots2 \Rightarrow 1\frac{2}{7}$

$\frac{13}{7} \Rightarrow 13\div7=1\cdots6 \Rightarrow 1\frac{6}{7}$

15 대분수 $1\frac{\square}{7}$에서 □는 0보다 크고 7보다 작아야 하므로 만족하는 대분수는 $1\frac{1}{7}$, $1\frac{2}{7}$, $1\frac{3}{7}$, $1\frac{4}{7}$, $1\frac{5}{7}$, $1\frac{6}{7}$으로 6개입니다.

단원평가 122~124쪽

01 3　　02 6

03 $\frac{2}{3}$

04 (1) 1　　(2) 3

05 (1) 2　　(2) 6

06 (1) 30　　(2) 10

07 $\frac{3}{5}$, $\frac{9}{5}$ 또는 $1\frac{4}{5}$

08 (1) $\frac{3}{4}$　　(2) $\frac{2}{3}$

09 ㉠, ㉢, ㉦　　10 ㉡, ㉤, ㉧

11 $\frac{1}{5}$, $\frac{2}{5}$, $\frac{3}{5}$, $\frac{4}{5}$　　12 $\frac{9}{4}$, $\frac{10}{4}$, $\frac{11}{4}$

13 $1\frac{2}{5}$, $1\frac{1}{3}$

14 (1) 1, 10, 1, 11 (2) 3, 28, 3, 31

15 (1) $\frac{11}{4}$ (2) $\frac{34}{5}$

16 (1) 24, 6, $6\frac{2}{4}$ (2) 30, 5, $5\frac{3}{6}$

17 (1) $5\frac{1}{7}$ (2) $7\frac{4}{9}$

18 (1) > (2) <

19
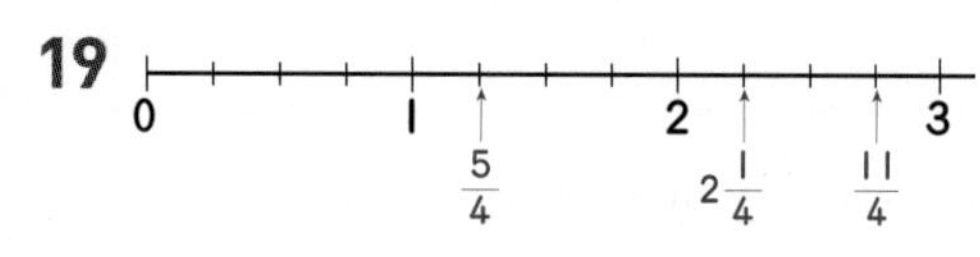

$\frac{5}{4}$, $2\frac{1}{4}$, $\frac{11}{4}$

20 $1\frac{4}{7}$

09 분자가 분모보다 작은 분수를 진분수라고 합니다.

10 분자가 분모와 같거나 분모보다 큰 분수를 가분수라고 합니다.

11 분모가 5인 진분수의 분자는 5보다 작은 1, 2, 3, 4입니다.

12 가분수는 분자가 분모와 같거나 큰 분수입니다.
2보다 크고 3보다 작은 분수 중 분모가 4인 가분수는 $\frac{9}{4}$, $\frac{10}{4}$, $\frac{11}{4}$입니다.

13 $2\frac{8}{7}$은 자연수와 가분수로 이루어진 분수이므로 대분수가 아닙니다.

15 (1) $2\frac{3}{4}=2+\frac{3}{4}=\frac{8}{4}+\frac{3}{4}=\frac{11}{4}$

(2) $6\frac{4}{5}=6+\frac{4}{5}=\frac{30}{5}+\frac{4}{5}=\frac{34}{5}$

17 (1) $\frac{36}{7}=\frac{35}{7}+\frac{1}{7}=5+\frac{1}{7}=5\frac{1}{7}$

(2) $\frac{67}{9}=\frac{63}{9}+\frac{4}{9}=7+\frac{4}{9}=7\frac{4}{9}$

18 (1) 분모가 같은 대분수는 자연수가 클수록 큰 분수입니다.

(2) 대분수를 가분수로 또는 가분수를 대분수로 고쳐서 비교합니다.

20 $1\frac{4}{7}=\frac{11}{7}$, $1\frac{1}{7}=\frac{8}{7}$

5. 들이와 무게

step 1 원리 꼼꼼 126쪽

원리 확인 1 (1) 9 (2) 7
(3) 양동이

1 (3) 물을 가득 채운 컵의 수가 많을수록 들이가 더 많습니다.
양동이(9컵) (>) 주전자(7컵)

step 2 원리 탄탄 127쪽

1	㉢, ㉡, ㉠	**2**	음료수 병
3	㉯, ㉰, ㉮	**4**	㉣

1 들이를 직관적으로 비교합니다.

2 음료수 병의 물의 높이가 우유갑보다 높으므로 음료수 병의 들이가 더 많습니다.

3 물의 높이가 높을수록 들이가 많습니다.

4 덜어낸 횟수가 적을수록 컵의 들이가 많습니다.

step 3 원리 척척 128~129쪽

1 ( )(○) **2** (○)( )
3 (○)( ) **4** ( )(○)
5 ( )(○) **6** (○)( )
7 (○)( )(△)
8 ( )(△)(○)
9 (2)(1)(3)
10 (2)(3)(1)
11 (1)(2)(3)
12 가 그릇 **13** ㉢

5 옮겨 담은 그릇에서 물의 높이가 낮을수록 들이가 적습니다.

6 옮겨 담은 컵의 수가 적을수록 들이가 적습니다.

13 덜어 내는 횟수가 가장 적은 컵의 들이가 가장 많습니다.

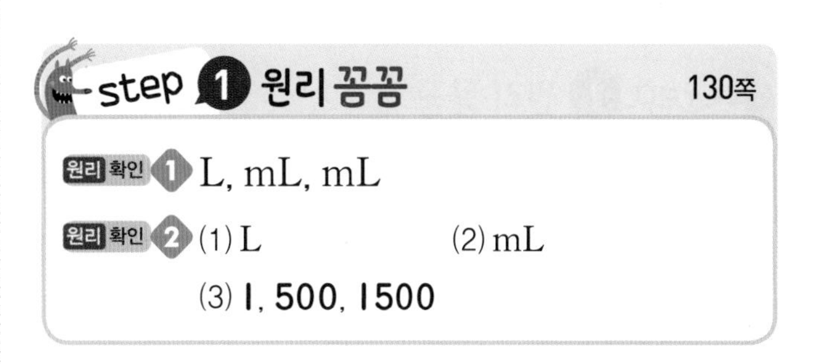

step 1 원리 꼼꼼 130쪽

원리 확인 1 L, mL, mL
원리 확인 2 (1) L (2) mL
(3) 1, 500, 1500

2 (1) 물의 높이에 해당하는 눈금을 읽으면 1 L입니다.
(2) 물의 높이에 해당하는 눈금은 1 L의 반입니다.

step 2 원리 탄탄 131쪽

1 (1) mL (2) L
2 3, 600
3 (1) 4000 (2) 2, 2000, 400, 2400
(3) 3000, 3, 500, 3, 500
4 (1) > (2) <

step 3 원리 척척 132~133쪽

1	mL	**2**	L
3	L	**4**	mL
5	mL	**6**	mL
7	mL	**8**	L
9	5400	**10**	7500

11 3850 12 4180
13 8080 14 9050
15 6900 16 7030
17 2, 900 18 7, 800
19 3, 470 20 6, 320
21 8, 10 22 1, 90

step 1 원리꼼꼼 134쪽

원리 확인 1 2

원리 확인 2 (1) 6, 700 / 6, 700
(2) 2, 500 / 2, 500

2 들이의 합과 차는 같은 단위끼리 더하고 빼어 계산합니다.

step 2 원리탄탄 135쪽

1 약 3 L
2 (1) 3, 900 (2) 2, 300
3 (1) 5700, 5, 700 (2) 4500, 4, 500
4 (1) 4 L 700 mL (2) 7 L 900 mL
(3) 4 L 400 mL (4) 4 L 200 mL
5 1 L 350 mL

1 ■L ▲mL를 L로 어림하기
▲>500 ➡ 약 (■+1) L
▲<500 ➡ 약 ■ L

step 3 원리척척 136~137쪽

1 3 L 400 mL 2 6 L 700 mL
3 7 L 200 mL 4 7 L 700 mL
5 8 L 100 mL 6 8 L 250 mL
7 9 L 140 mL 8 9 L 150 mL
9 6 L 200 mL 10 5 L 200 mL
11 9 L 100 mL 12 7 L 250 mL
13 9 L 450 mL 14 9 L 700 mL
15 3 L 500 mL 16 1 L 300 mL
17 2 L 700 mL 18 2 L 600 mL
19 4 L 450 mL 20 7 L 750 mL
21 6 L 700 mL 22 6 L 470 mL
23 1 L 600 mL 24 2 L 800 mL
25 4 L 600 mL 26 2 L 750 mL
27 3 L 750 mL 28 2 L 900 mL

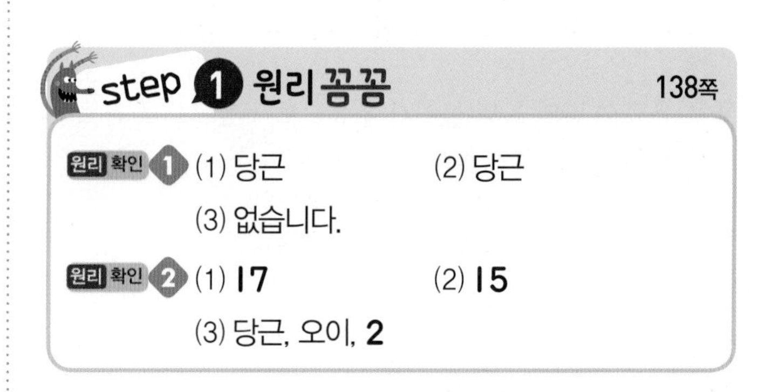

step 1 원리꼼꼼 138쪽

원리 확인 1 (1) 당근 (2) 당근
(3) 없습니다.

원리 확인 2 (1) 17 (2) 15
(3) 당근, 오이, 2

1 (3) 양팔 저울만을 사용하면 어느 것이 더 무거운지는 알 수 있으나 얼마나 더 무거운지는 알 수 없습니다.

step 2 원리탄탄 139쪽

1 ㉠, ㉡, ㉣, ㉢
2 (1) 필통 (2) 배
3 사과, 귤, 18
4 바나나가 감보다 추 1개만큼 더 무겁습니다.

3 귤은 동전 **34**개와 수평을 이루었고, 사과는 동전 **52**개와 수평을 이루었으므로 사과가 귤보다 동전 **52**−**34**=**18**(개)만큼 더 무겁습니다.

4 감은 추 **3**개와 수평을 이루었고, 바나나는 추 **4**개와 수평을 이루었으므로 바나나가 감보다 추 **1**개만큼 더 무겁습니다.

step 3 원리척척 140~141쪽

1	(○)( )	2	(○)( )
3	( )(○)	4	(○)( )
5	(2)(3)(1)		
6	(3)(1)(2)		
7	(2)(3)(1)		
8	(3)(2)(1)		
9	3	10	2
11	사과, 1	12	28
13	6	14	필통, 22

step 1 원리꼼꼼 142쪽

원리 확인 1 (1) 500 (2) 700
(3) 1300

원리 확인 2 (1) 5, 600, 5000, 600, 5600
(2) 4000, 4, 560, 4, 560
(3) 3, 400, 3000, 400, 3400
(4) 5000, 5, 340, 5, 340

step 2 원리탄탄 143쪽

1 (1) 400 (2) 1600
2 ⑤
3 (1) 3000 (2) 2800
(3) 4 (4) 5, 450
4
5 5 t

1 (1) 큰 눈금 한 칸은 100 g이고, 큰 눈금 **4**칸을 갔으므로 **400** g입니다.
(2) 큰 눈금 한 칸은 100 g이고, 큰 눈금 **16**칸을 갔으므로 **1600** g입니다.

5 5000 kg=5 t

step 3 원리척척 144~145쪽

1	400	2	800
3	900	4	4, 300
5	1	6	1300
7	1, 200	8	1, 800
9	1000	10	2
11	3, 3000, 3200	12	2000, 2, 2, 700
13	1700	14	5100
15	4500	16	9800
17	1, 500	18	5, 300
19	6, 400	20	7, 800
21	7300	22	5030

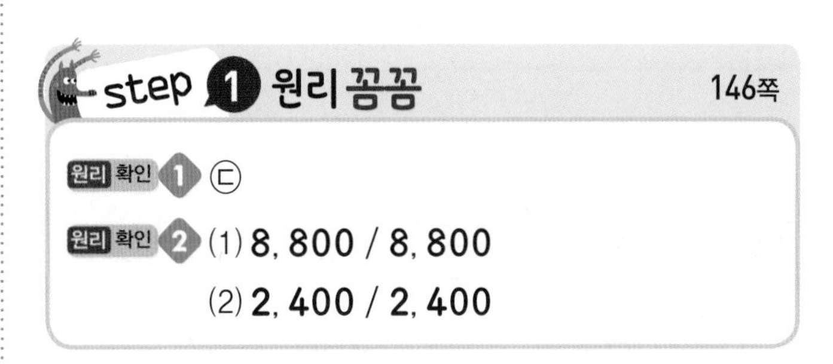

step 1 원리꼼꼼 146쪽

원리 확인 1 ㉢

원리 확인 2 (1) 8, 800 / 8, 800
(2) 2, 400 / 2, 400

1 일상 생활에서 kg과 g으로 된 물건을 알아봅니다.

step 2 원리탄탄 147쪽

1 (1) 연습장 (2) 연습장
2 (1) 6, 800 (2) 4, 100
3 (1) 8 kg 800 g (2) 5 kg 500 g
(3) 4 kg 500 g (4) 3 kg 100 g
4 1 kg 150 g

1 (1) 인형: 700 g−400 g=300 g,
연습장: 300 g−250 g=50 g
가방: 900 g−600 g=300 g

4 3 kg 750 g−2 kg 600 g=1 kg 150 g

step 3 원리척척 148~149쪽

1 6 kg 900 g 2 10 kg 700 g
3 8 kg 100 g 4 11 kg 300 g
5 8 kg 200 g 6 10 kg 500 g
7 15 kg 400 g 8 14 kg 100 g
9 10 kg 10 12 kg 200 g
11 12 kg 200 g 12 14 kg 300 g
13 10 kg 150 g 14 13 kg 300 g
15 2 kg 100 g 16 4 kg 400 g
17 1 kg 500 g 18 4 kg 600 g
19 700 g 20 900 g
21 3 kg 450 g 22 1 kg 450 g
23 5 kg 900 g 24 5 kg 800 g
25 3 kg 500 g 26 2 kg 800 g
27 5 kg 350 g 28 3 kg 200 g

step 4 유형콕콕 150~151쪽

01 (1) 2075 (2) 3, 57
02 ④ 03 2 L 350 mL
04 냄비
05 (1) 7700, 7, 700 (2) 3400, 3, 400
06 ㉠ 07 2 L 150 mL
08 1 L 160 mL 09 1, 300
10 (1) 4600 (2) 8, 70
11 (1) < (2) >
12 용희
13 (1) 16, 600 (2) 9, 240
14 ㉡ 15 15 kg 860 g
16 2 kg 550 g

06 ㉠ 5 L 370 mL ㉡ 5 L 330 mL

14 ㉠ 8 kg 650 g ㉡ 8 kg 870 g
㉢ 8 kg 530 g ㉣ 8 kg 350 g

단원평가 152~154쪽

01 (1) 4300 (2) 7080
02 (1) 3, 870 (2) 8, 30
03 ② 04 <
05 <
06 (1) 7 L 850 mL (2) 8 L 50 mL
07 (1) 4 L 600 mL (2) 3 L 750 mL
08 9 L 200 mL, 1 L 400 mL
09 ③ 10 ㉣, ㉢, ㉠, ㉡
11 1 kg 400 g
12 (1) 3250 (2) 8080
13 (1) 40, 70 (2) 9, 205
14 > 15 <
16 ③
17 (1) 9 kg 750 g (2) 18 kg 200 g
18 (1) 6 t 500 kg (2) 7 kg 750 g
19 14 kg 100 g, 4 kg 500 g
20 ④

03 ① 4080 mL ③ 2500 mL
④ 7 L 300 mL ⑤ 1600 mL

04 1490 mL=1 L 490 mL

05 9800 mL=9 L 800 mL

09 ① 5 L 850 mL ② 5 L 400 mL
③ 6 L 350 mL ④ 5 L 250 mL
⑤ 5 L 800 mL

10 ㉠ 4 L 700 mL ㉡ 600 mL
㉢ 5 L 900 mL ㉣ 6 L 200 mL

11 큰 눈금 한 칸은 100 g을 나타냅니다.

12 (1) 3 kg 250 g=3 kg+250 g
=3000 g+250 g
=3250 g

13 (1) 40070 g=40000 g+70 g
=40 kg+70 g
=40 kg 70 g

14 2 t 500 kg=2500 kg

15 7350 g=7 kg 350 g

16 ③ 3 kg 300 g ④ 1 kg 350 g

19

```
     1
   9 kg  300 g
 + 4 kg  800 g
 ─────────────
  14 kg  100 g
```

```
   8     1000
   9 kg  300 g
 - 4 kg  800 g
 ─────────────
   4 kg  500 g
```

20 ① 7 kg 500 g ② 7 kg 50 g
③ 6 kg 200 g ④ 7 kg 800 g
⑤ 7 kg 550 g

6. 그림그래프

step 1 원리 꼼꼼 156쪽

원리 확인 1 (1) 여름 (2) 4명
(3) 4, 3, 6, 15

step 2 원리 탄탄 157쪽

1 사과
2 3, 6, 2, 15
3 6명
4 3명
5 3명
6 바나나, 사과, 수박, 딸기

step 3 원리 척척 158~159쪽

1 3, 4, 3, 2, 12
2 5, 3, 2, 2, 12
3 4, 3, 2, 9
4 4, 3, 5, 12
5 귤
6 4, 1, 2, 12
7 사과, 감, 귤, 배
8 4, 11, 6, 7, 28
9 6, 9, 8, 5, 28

step 1 원리 꼼꼼 160쪽

원리 확인 1 (1) 10대 (2) 1대
(3) 23대 (4) 50대
(5) 다 동

step 2 원리 탄탄 161쪽

1 26마리
2 지혜
3 보람
4 보람, 옥빛, 꽃, 햇빛, 달빛

3 달빛 마을의 학생 수는 17명이므로
$17 \times 2 = 34$(명)인 마을을 찾으면 보람 마을입니다.

4 햇빛: 22명, 달빛: 17명, 옥빛: 28명, 보람: 34명, 꽃: 25명

step 3 원리 척척 162~163쪽

1 10마리, 1마리
2 34마리
3 별님 마을
4 해님 마을
5 150 kg
6 배, 300 kg
7 20명
8 꽃마을
9 22, 30, 16, 20, 88
10 백합
11 장미

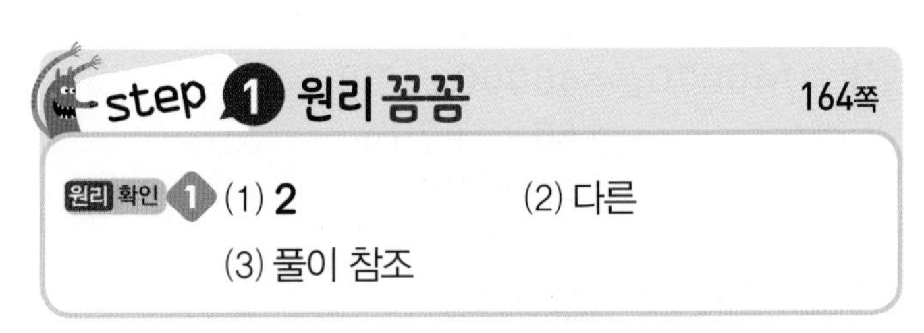

step 1 원리 꼼꼼 164쪽

원리 확인 1 (1) 2 (2) 다른
(3) 풀이 참조

1 (3)

마을	사랑	행복	희망
나무 수			

step 2 원리 탄탄 165쪽

1 10, 1
2 2, 7
3

맛	우유의 수
딸기 맛	◎ ◎ ◎ ○ ○
바나나 맛	◎ ○ ○ ○ ○ ○
초코 맛	◎ ◎ ○ ○ ○ ○ ○ ○ ○

4 바나나맛 우유

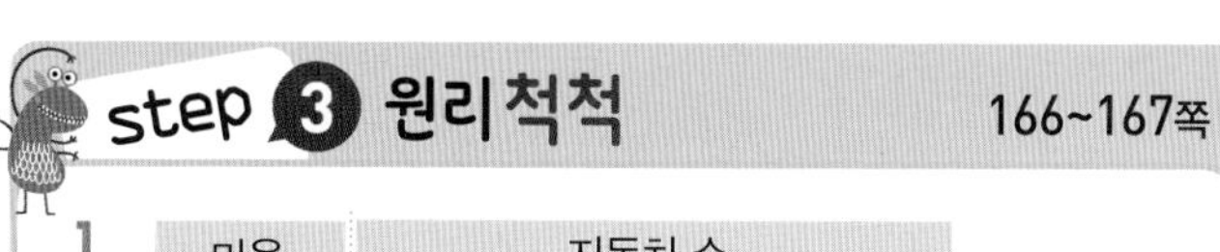

step 3 원리척척 166~167쪽

1

마을	자동차 수
바람	◯◯◯○
해	◯◯○○○○○
달	◯◯◯○○○○
별	◯◯○○○○○○○

2

반	책의 수
1반	■▪▪▪▪
2반	■■▪▪▪▪▪
3반	■▪▪▪▪▪▪
4반	■■■▪

3

마을	학생 수
달빛	☺☺☺
별빛	☺☺☺●●●●●
사랑	☺☺●●●●●
소망	☺

4 200 kg

5

마을	쌀 생산량
가	◎◎○○○○
나	◎◎
다	◎◎◎
라	◎◎○○○○○○

6 100 kg　　7 40 kg

8

모둠	옷의 수
이슬	▲▲
풀잎	▲△△△△△
열매	▲△△△△△△△
해님	▲△△

8 (풀잎)$=64-20-17-12=15$(벌)

step 1 원리 꼼꼼 168쪽

원리 확인 1 (1) 사과　(2) 11개

(3) 사과 / 하루 동안 가장 많이 팔린 과일이 사과이기 때문입니다.

step 2 원리탄탄 169쪽

1 27명　2 청와대

3 9명

4 청와대 / 청와대로 현장 체험 학습을 가고 싶어 하는 학생이 가장 많기 때문입니다.

3 창경궁: 32명, 덕수궁: 23명

➡ $32-23=9$(명)

step 3 원리척척 170~171쪽

1 12, 4, 6, 3, 25

2

반려동물	학생 수
개	□□△△
햄스터	△△△△
고양이	□△
거북	△△△

3 9명

4 개 / 예 가장 많은 학생이 키우고 싶어 하는 반려동물은 개이기 때문입니다.

5 23, 14, 17, 8, 62

6

운동	학생 수
축구	◎◎○○○
농구	◎○○○○
야구	◎○○○○○○○○
배구	○○○○○○○○

7 축구, 야구, 농구, 배구

8 축구 / 예 가장 많은 학생들이 좋아하는 운동은 축구이기 때문입니다.

step 4 유형콕콕 172~173쪽

01 7, 5, 4, 9, 25
02 축구
03 3명
04 축구
05 100상자, 10상자
06 270상자
07 240 kg
08 다 가구
09 17 kg

10

마을	자동차의 수
장수	
효자	
푸른	
풍년	
샘터	

11 효자, 장수, 푸른, 풍년, 샘터

12

계절	학생 수
봄	
여름	●●●●●
가을	●●●●
겨울	●●●●●●●●

13 11, 12, 17, 9, 49

14

간식	학생 수
과일	◎◎○
빵	◎◎○○
과자	◎◎◎○○
떡	◎○○○○

15 ㊎ • 가장 많은 학생이 좋아하는 간식은 과자입니다.
• 과일을 좋아하는 학생은 떡을 좋아하는 학생보다 2명이 더 많습니다.

단원평가 174~176쪽

01 12, 9, 4, 6, 31
02 2일
03 맑음, 흐림, 눈, 비
04 10명
05 1명
06 떡볶이
07 30그루
08 별빛 마을, 23그루
09 9그루
10 23, 30, 32, 25, 110
11 ㉡, ㉣

12

마을	자동차 수
하늘	
초록	
지구	
매실	

13 매실 마을

14

가게	음료수의 수
사랑	
행복	
으뜸	
하나	

15 사랑, 하나, 으뜸, 행복
16 표
17 16, 14, 20, 50

18

책	학생 수
위인전	◎○○○○○○
역사책	◎○○○○
과학책	◎◎

19 과학책
20 과학책 / ㊎ 가장 많은 학생이 좋아하는 책은 과학책이기 때문입니다.

11 조사한 자동차 수가 몇십 몇대이므로 그림은 10대, 1대로 나타내는 것이 편리합니다.

16 표는 합계를 나타내지만 그림그래프는 합계를 나타내지 않습니다.

왕수학

정답과 풀이

왕수학

왕수학